矿物加工工程卓越工程师培养 · 应用型本科规划教材

化学选矿

何东升　主编
张泽强　主审

HUAXUE
XUANKUANG

U0243587

化学工业出版社

·北京·

《化学选矿》较系统地介绍了化学选矿的基本概念、原理和方法，全书共 7 章。首先介绍了化学选矿的发展历程、特点、基本作业及其应用概况，在此基础上分别阐述了焙烧、浸出、固液分离、溶剂萃取、离子交换与吸附等工艺过程的原理及设备。最后，结合实践介绍了金矿、锰矿、铝土矿、石煤型钒矿、铀矿等矿石的化学选矿方法及工艺。

　　本书可作为矿物加工工程、湿法冶金、应用化学等专业本科生的教学用书，也可供高校、科研院所研究人员和企业技术人员参考阅读使用。

图书在版编目（CIP）数据

化学选矿/何东升主编. —北京：化学工业出版社，
2019.10（2024.2重印）
　　矿物加工工程卓越工程师培养·应用型本科规划教材
　　ISBN 978-7-122-35099-2

Ⅰ.①化…　Ⅱ.①何…　Ⅲ.①化学-应用-选矿-高等
学校-教材　Ⅳ.①TD925.6

中国版本图书馆 CIP 数据核字（2019）第 184339 号

责任编辑：袁海燕　　　　　　　文字编辑：向　东
责任校对：张雨彤　　　　　　　装帧设计：王晓宇

出版发行：化学工业出版社（北京市东城区青年湖南街 13 号　邮政编码 100011）
印　　装：北京科印技术咨询服务有限公司数码印刷分部
787mm×1092mm　1/16　印张 13　字数 316 千字　2024 年 2 月北京第 1 版第 2 次印刷

购书咨询：010-64518888　　　　　　售后服务：010-64518899
网　　址：http://www.cip.com.cn
凡购买本书，如有缺损质量问题，本社销售中心负责调换。

定　　价：49.80 元　　　　　　　　　　　　　　　　版权所有　违者必究

前　言

　　矿物加工工程专业是实践性非常强的工科专业，教育部大力提倡应用型人才培养，各高校积极开展卓越工程师培养计划、专业综合改革等本科教学工程建设，在此背景下，化学工业出版社会同贵州大学、武汉理工大学、华北理工大学、武汉科技大学、武汉工程大学、东北大学、昆明理工大学的专家教授，规划出版一套"应用型本科规划教材"。

　　矿产资源禀赋存在差异，矿石性质不同时，采用的分选方法亦不相同。化学选矿是相对重选、磁选、电选和浮选等物理选矿方法而言的，其与物理选矿的显著区别是会改变分选对象的化学组成。化学选矿可以用于处理物理选矿难以处理的低品位、共生关系复杂的矿石，也可用于处理有价值的尾矿、尾渣及电子废弃物，其应用十分广泛。随着矿产资源不断消耗，矿石日益贫化，加工处理难度增加，基于物理选矿和化学选矿联合的"选-冶"工艺越来越受到青睐。

　　从学科划分来看，化学选矿属于矿业工程与冶金工程之间的交叉学科，在冶金工程领域，其属于火法冶金或湿法冶金范畴。化学选矿相关书籍各有特色，本书侧重于从交叉学科角度阐述化学选矿的相关知识，并列举了化学选矿实际应用案例，以便读者更好理解和学习。

　　本书较系统地介绍了化学选矿的基本概念、原理和方法，化学选矿的发展历程、特点、基本作业及其应用概况，焙烧、浸出、固液分离、溶剂萃取、离子交换与吸附等工艺过程的原理及设备，结合实践介绍了几种典型矿石的化学选矿方法。

　　本书共7章，其中第1章由李洪强编写，第2章由何东升、邵延海编写，第3章、第5章和第6章由余洪编写，第4章由邵延海编写，第7章由何东升、邵延海、李洪强编写。全书由何东升、李洪强统稿。李硕、何浩、谢志豪、胡洋等参与撰写。

　　本书在出版过程中得到了化学工业出版社的大力支持和帮助，尤其是编辑为本书的出版付出了大量精力和心血，在此致以衷心感谢。

　　本书在写作过程中引用和借鉴了相关文献资料，在书中列出了这些文献，在此谨向所有参考文献的作者致以诚挚的谢意。

　　由于作者水平有限，书中难免存在疏漏之处，恳请各位读者指正。

编者

2019 年 6 月

目 录

第1章 绪 论

第2章 焙 烧

第3章 浸 出

参 考 文 献

第 1 章

绪 论

1.1 化学选矿的发展历程

化学选矿的起源可追溯至古代。中国早在西汉初年（公元前 2 世纪）就已发现用铁从胆水（硫酸铜溶液）中置换铜的作用。五代初期（公元 10 世纪）开始用胆铜法生产铜。世界上其他国家到 16 世纪才利用湿法提铜。

1887 年用氰化物溶液直接从矿石中浸出提取金银，是近代化学选矿的开端。

1888 年发明的拜耳法和 20 世纪初处理铝矿物原料生产氧化铝的联合法先后用于工业生产。

20 世纪 40 年代起，随着原子能工业的发展，用酸浸法和碱浸法直接浸出铀矿石的工艺在工业上获得应用；硫酸浸出法及氨浸法处理次生铜矿的工艺早已工业化。

20 世纪 60 年代末期，处理难选氧化铜矿的离析法开始用于工业生产。

20 世纪 60 年代以后，化学选矿除用于处理难选原矿外，还用于物理选矿产出的尾矿、中矿和混合精矿的处理以及粗精矿的除杂，化学选矿已被成功用于处理许多金属矿物和非金属矿物的原料，如铁、锰、铅、铜、锌、钨、铝、金、银、磷、稀土等固体矿物原料，还可从矿坑水、废水及海水中提取某些有用组分。

近二三十年来焙烧、浸取和溶液净化分离工艺飞速发展，特别是溶剂萃取和离子交换技术的应用，使过去难于解决的、性质非常接近的许多稀有和稀土金属分离问题得以解决。

1.2 化学选矿的特点及基本作业

1.2.1 化学选矿的特点

化学选矿是基于矿物组分化学性质的差异，利用化学方法改变矿物的性质，然后用相应方法使目的组分富集的矿物加工工艺，包括各种焙烧法、浸出法以及诸如沉淀、吸附、萃取、离子浮选等从溶液中回收有用组分的方法。

化学选矿的处理对象一般为有用组分含量低、杂质组分和有害组分含量高、组成复杂的难选矿物原料。化学选矿与物理选矿、传统冶金的关系见表 1-1。

表 1-1	化学选矿与物理选矿、传统冶金的关系				
选矿方式	原理	对象	目的	方法	产物
化学选矿	基于矿物组分化学性质差异,选矿过程中改变矿物	天然矿石、不合格冶金及化工原料、选矿或冶金的废水及废渣	使组分富集、分离及综合利用矿物资源	化学	化学精矿
物理选矿	基于矿物物理性质差异,选矿过程中不改变矿物组成	相对易选的较高品位原矿	使组分富集、分离及综合利用矿物资源	物理	物理精矿
传统冶金	与化学选矿相似	高品位精矿(矿物精矿、化学精矿)	从精矿中提取高纯度产品	化学	高纯度产品

1.2.2 化学选矿的基本作业

典型的化学选矿过程一般包括六个主要作业,其原则流程如图 1-1 所示。

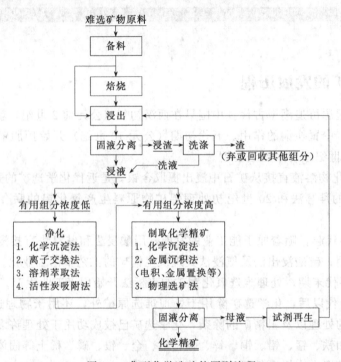

图 1-1 典型化学选矿的原则流程

(1) 原料准备 与物理选矿方法相似,包括对天然矿石或其他原料的破碎筛分、磨矿分级、配料混匀等过程。目的是使物料破磨至一定粒度,解理更完全,为后续作业提供细度、浓度适宜的物料。有时还需要借助物理选矿方法除去某些有害杂质,预先富集目的矿物,为后续作业创造有利条件。

(2) 焙烧 焙烧的目的是除去有害杂质,使目的矿物转变成易浸或易于用物理选矿方法分选的形态。焙烧分为氧化焙烧、还原焙烧和氯化焙烧等。焙烧产物有焙砂、干尘、湿法收尘液和泥浆,可根据其组分及性质采用相应方法回收其中的有用组分。

(3) 浸出 根据原料性质和工艺要求,使有用组分或杂质组分选择性地溶于浸出溶剂中,从而达到分离有用组分和杂质组分或有用组分相分离的目的。一般优先浸出含量少的组分,原料可直接浸出,亦可焙烧后浸出。浸出后采用相应方法从浸出液或浸出渣中回收有用组分。

（4）固液分离　一般采用沉降倾析、过滤和分级等方法处理浸出矿浆，以便获得下一作业处理的澄清液或含少量细矿粒的稀矿浆。除用于处理浸出矿浆外，固液分离的方法也常用于化学选矿中其他需要使悬浮物与溶液分离的作业。

（5）浸出液的净化　为获得高品位化学精矿，浸出液常采用化学沉淀法、离子交换法或溶剂萃取法等进行净化分离，除去杂质，获得有用组分含量较高的净化溶液。

（6）制取化学精矿　从净化液中提取有用组分得到化学精矿，一般采用化学沉淀法、金属置换法、电积法、炭吸附法、离子交换法或溶剂萃取法等。

1.3　化学选矿的应用

（1）难选氧化铜矿　运用化学选矿处理难选氧化铜矿可分为浸出法和离析-浮选法两种方法。根据浸出方式的不同，浸出法可分为搅拌浸出和渗滤浸出，目前以搅拌浸出为主；根据浸出剂的不同，浸出法可分为酸浸和氨浸，选用酸浸或氨浸，需视矿石性质而定。离析-浮选法，又叫氯化还原焙烧-浮选法，该方法适用于矿石含泥量大、氧化铜结合度高的情况，运用该方法可得到较高的铜回收率和精矿品位，但需要消耗较多的煤粉和食盐。

（2）金矿　氰化法是提取金的主要方法之一，常与浮选法联合使用以达到更好的效果。随着化学选矿的迅速发展，出现了一些新的金浸出剂和工艺。硫脲法采用硫脲为浸出剂，并选择适当的氧化剂，可以大大加快提金速率；硫代硫酸盐法以硫代硫酸盐为浸出剂，具有毒性小、浸出速度快、浸出剂用量低的优点；此外混汞法、水氯化法、堆浸法、热压氧化法、炭浆法、磁炭法、离子交换树脂法等都是近年来研究的重点。

（3）铀矿　化学选矿是铀的主要提取方法。铀矿石可分为硅酸盐型、碳酸盐型和可燃有机物型。碳酸盐型铀矿常用碱法浸出，硅酸盐型及含少量碳酸盐型铀矿用酸法浸出，可燃有机物型需先经过焙烧处理，然后用酸法或碱法浸出。

化学选矿方法除用于处理上述矿物外，还常用于从碳质页岩提取钒、镍、钼、铜、磷、钾等；富集低品位钽铌矿物原料；钨、锡的化学选矿等。

本章思考题

1. 什么是化学选矿？化学选矿与物理选矿、冶金有何异同？
2. 化学选矿的基本作业及其特点有哪些？
3. 简述化学选矿的应用情况。

第2章

焙 烧

2.1 焙烧过程理论

焙烧是在适宜的气氛条件下，以低于矿物原料熔点的温度加热矿物原料，使矿物原料中的目的组分矿物发生物理或化学变化，以改变目的矿物的工艺特性，使其转化为易浸或易于物理分选的形态，其目的如下。

(1) 改善被浸物料的结构、构造，使目的矿物转化为易浸或难浸状态　采用煅烧、磁化焙烧或硫酸化焙烧等方法，改善有用组分的可溶性，使物料适于浸出法处理。

(2) 提高精矿中有用组分的含量　当矿石中有用组分为碳酸盐矿物时，通过焙烧除去其中的 CO_2 可以大幅度地提高精矿品位。

(3) 除去有害杂质　通过焙烧可以降低精矿中有害杂质含量，从而获得合格精矿。例如从铜锌粗精矿中通过氧化焙烧除去砷、锑等有害杂质。

根据焙烧过程中发生化学反应的物料种类不同，可以将其分为三类：矿物自身的分解反应、矿物间的化学反应及矿物与添加剂间的反应。化学选矿中的添加剂一般为气相、液相、固相三种不同的形式，但由于液相在发生反应前就已蒸发，呈气相形式存在；且焙烧温度低于矿石的共沸点，液相内及液相与固相间化学反应可以忽略不计。因此，化学选矿中的焙烧反应可分为：固相的分解反应、固相间的接触面反应、固相与气相的反应。

2.1.1　固相的分解反应

焙烧过程中固相的分解反应包括各种矿物、化合物和外加固相物质的分解反应。其分解的难易程度取决于其内部相互连接的化学键键能的大小，键能越大，破坏该化学键所需的能量越高，分解越困难。对于有气相释放的分解反应而言，其分解速度及分解程度还与分解体系中气相产物的浓度有关。

假定固相分子中总的化学能为 E，则其能量关系可表示为：

$$E = E_k(T) + U(V) + W(T,V) \tag{2-1}$$

式中　E_k——平均动能（温度 T 的函数）；

U——平均势能（分子体积 V 的函数）；

W——位移能（取决于温度 T 和分子体积 V）。

分子的平均动能 E_k 为固相分子破坏、化学键断裂所需的能量；平均势能 U 和位移能 W 为固相分子内部各质点相互连接的总能量。温度升高，平均动能 E_k 增大，当 $E_k > U + W$ 时，固相分子内的化学键将发生断裂，固相分子将会分解。因此，固相矿物分解的难易程度取决于其内部各质点结合的牢固程度。结合越牢固，分解所需温度越高。分子内各质点结合的牢固程度可根据分子标准生成自由能近似计算、比较。通常标准生成自由能越大，表示固相内部各质点结合得越牢固，分解时所需的温度也越高。因此，对于简单矿物分子，用标准生成自由能可预测矿物分解的难易程度。例如：闪锌矿、方铅矿、辉铜矿的标准生成自由能分别为 47.6kJ/mol、22.15kJ/mol 和 20.6kJ/mol，在同样条件下，粒径为 0.1mm 的矿物开始分解温度分别为 647℃、554℃ 和 430℃。

事实上，每一种矿物或化合物在一定的条件下，都有一个确定的分解温度。通过控制焙烧温度，可以控制物料中目的物料的选择性分解。例如，共生的方解石与白云石，其分解温度分别为 910℃ 和 750℃ 左右，通过控制焙烧温度可实现其特定矿物的分解，当焙烧温度在 750℃ 左右时，仅有白云石分解，若要分解方解石，需要将温度提高到 910℃。

若分解反应的过程中有气相的释放，则分解反应除了与温度有关之外，还与体系内释放气相的分压有关。通常情况下，温度越高，气相产物的分压越低，分解速度越快，分解也越完全。

在某一温度下某矿物分解时，随着分解反应的进行，气相分解产物的分压不断增大，反应逐渐减缓。当其达到某一值时，分解反应达到动态平衡，反应不能继续进行，此时该气相的分压称为分解压。分解压只与温度有关，在某一特定温度下，每一物质的分解压均为定值，且存在差异。例如，在 690℃ 时，硫酸铁的分解压为 54.66kPa，而硫酸锌的分解压仅为 0.8kPa。物质分解的速率与分解压的大小密切相关，在同样焙烧条件下，物质分解压越大，分解速度越快且越完全，通常情况下，分解压随着温度的升高而增大。因此，提高焙烧温度，矿物的分解压增大，有利于矿物分解反应的进行，但是，提高焙烧温度不但增加了热能的消耗，而且破坏了分解反应的选择性、产生副反应，故实际生产中提高温度的同时，需要加快炉内气相的排出速度以保持炉内气相分解物的分压低于分解压。

焙烧反应的速度除了受到温度、气相分解物分压影响之外，还受到物料粒度的影响。在固相内气相的扩散很慢，物料粒度越大，扩散越慢，反应越困难。例如：不同粒度的同种石灰石分解时，粒径为 4cm 的石灰石在焙烧温度为 800℃ 时需要 12h 分解完全，而粒径为 8cm 的石灰石在焙烧温度为 850℃ 时需要 16h 才能分解完全。因此，分解不同粒度的焙烧物料时，有时可看到未分解的大块残留物料。

2.1.2 固相间的接触面反应

焙烧过程中，固相与固相的反应主要发生在矿物间，其次发生在矿物与某些固相反应剂之间。由于固相内部扩散速度很慢，此类反应一般在其接触面上进行，且进行不完全。一般情况下，固相间的反应很难用于有用组分的富集，但往往会伴随有害的副反应。例如，在煅烧消化脱碳酸盐时，如果煅烧温度和煅烧时间控制不适宜，部分分解出来的 CaO 将与 SiO_2 进行反应，生成硅酸钙，而使得脱钙率降低。

固相间的反应主要受到固相内部扩散速度的控制，符合抛物线规律：

$$Y^2 = Kt \tag{2-2}$$

式中 Y——生成物厚度；

t——反应时间；

K——常数。

由于固相间反应是在固相表面进行的，固相物料粒度越小，其比表面积越大，可接触界面越大，反应速度越快，反应越完全。

2.1.3 固相与气相的反应

虽然焙烧过程中加入的反应剂为气相、液相、固相，但由于在焙烧温度下液相汽化、固相分解后的产物气化，因此实际主要是以气相形式与固相反应。例如：处理稀有金属矿石时，采用硫酸化焙烧时，其反应主要是硫酸在焙烧温度下汽化，硫酸的蒸气分子再与矿物发生反应。在加入硫酸铵焙烧磷矿石时，其反应过程中硫酸铵先分解为氨和硫酸，硫酸汽化后，气体硫酸分子与矿石发生反应。氯化焙烧以及其他盐类焙烧也有相似的情况。因此，固相与气相的反应不仅发生在某些氧化焙烧中，还发生在添加反应剂的焙烧反应中。

焙烧过程主要为发生在固-气界面的多相化学反应，遵循热力学和质量作用定律，反应过程中的自由能变化可用下式表示：

$$\Delta G = \Delta G^{\ominus} + RT \ln Q$$
$$= -RT \ln K + RT \ln Q$$
$$= RT(\ln Q - \ln K) \qquad (2\text{-}3)$$

式中 ΔG——反应过程中的自由能变化，J/mol；

$\Delta G^{\ominus}$——反应过程中的标准自由能变化，J/mol；

K——反应平衡常数；

Q——指定条件下各组分的活度熵；

R——理想气体常数，$R = 8.3143 \text{J}/(\text{mol} \cdot \text{K})$；

T——热力学温度，K。

根据式(2-3)可以确定反应进行的方向：当 $Q < K$ 时，$\Delta G < 0$，此时反应向正反应方向自动进行；当 $Q > K$ 时，$\Delta G > 0$，此时反应向逆反应方向自动进行；当 $Q = K$ 时，$\Delta G = 0$，此时反应达到平衡。因此，虽然反应过程中的 $\Delta G^{\ominus}$ 仅为温度的函数，为定值，但只要改变各组分的活度熵或反应温度，就能相应地改变反应进行的方向。

ΔG 为特定条件下反应过程中的自由能变量，是反应温度和活度熵的函数；而 $\Delta G^{\ominus}$ 为标准状态下的标准自由能变量，仅是反应温度的函数，是特定温度（常为298.15K）下物质处于标准状态时反应的自由能变化。因此，可用 $\Delta G^{\ominus}$ 的值来比较相同温度条件下不同物质进行自发反应的能力。通过测定稳定单质及化合物的热力学数据，并将其归纳整理为各种热力学数据表或绘制成不同的曲线图来表示其间的函数关系。其中 $\Delta G^{\ominus}\text{-}T$ 曲线图在焙烧过程中最为常见。从 $\Delta G^{\ominus}\text{-}T$ 图中各曲线的位置可直观地看出在相同 $\Delta G^{\ominus}$ 条件下不同化合物的稳定系，可估计、查明各种化合物在反应过程中的行为。必须明确指出的是，恒温恒压条件下，判断反应过程是否自动进行的真正判据不是 $\Delta G^{\ominus}$，而是 ΔG，但 $\Delta G^{\ominus}$ 为反应自动进行最基本的条件，帮助预测反应能否自动进行。

焙烧过程为多相化学反应的过程，总反应的速度取决于其反应过程中最慢的步骤。整个化学反应的过程可大致分为气体的扩散和吸附-化学反应两个步骤，其相应的总速度常数 K、扩散速度常数 K_D、化学反应速度常数 K_K 与温度 T 的关系如图2-1所示。低温时，扩散速度常数远大于化学反应速度常数（$K_D \gg K_K$），此时总反应速度取决于其界面的化学反应速度，而与气流速度无关，总反应速度常数与温度的关系可用阿伦尼乌斯方程表示：

$$K \approx K_K = A e^{-\frac{E}{RT}} \qquad (2\text{-}4)$$

式中　K——总反应速度常数；

K_K——化学反应速度常数；

A——常数；

E——活化能。

低温时，反应在动力学区进行。随着温度的提高，化学反应的速度增大梯度比扩散速度增大的梯度大，在某一温度后，化学反应速度比扩散速度大得多时（即 $K_K \gg K_D$），总反应速度则取决于扩散速度，其值与温度的关系较小，该过程

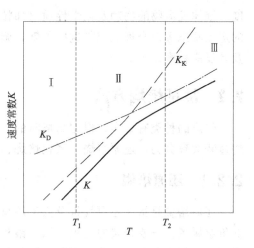

图 2-1　速度常数（K_D、K_K、K）与温度 T 的关系

Ⅰ—动力学区；Ⅱ—过渡区；Ⅲ—扩散区

所在的区域成为扩散区。由动力学区向扩散区转变的温度因反应不同而存在差异。其他条件相同时，扩散常是高温反应的控制步骤。

扩散过程分为外扩散和内扩散。反应初期，反应速度主要与外扩散速度有关，而外扩散速度主要取决于气流的运动特性——层流或紊流流动。气体作层流流动时，气体分子沿着与反应界面平行的方向运动，而垂直于反应界面的分速度为零。此时，气体分子的扩散速度可用菲克定律来表示：

$$\nu_D = -\frac{dc}{d\tau} = \frac{DA}{\delta}(c - c_s)$$
$$= K_D A (c - c_s) \qquad (2\text{-}5)$$

式中　ν_D——气体分子的扩散速度，mol/s；

D——扩散系数，其值为 $\dfrac{c-c_s}{\delta} = 1$ 时，单位面积的扩散速度，cm^2/s；

δ——气膜层厚度，cm；

c——气体在气流本体的浓度，mol/cm^3；

c_s——气体在固体表面的浓度，mol/cm^3；

A——反应表面积，cm^2。

气体作紊流流动时，气体分子的扩散速度大大加快，但此时固体颗粒表面仍保持层流的气膜层，气体分子通过此层流气膜层进行缓慢的扩散，并最终限制外扩散速度。反应进行一定时间后，固体表面生成了固体反应产物，反应生成的气体经解吸后也在固相外面生成了一层气膜，此时反应气体分子需要通过气膜和固体反应产物层才能到达固体表面，此扩散称为内扩散。因此，反应进行一定时间后，通常起决定作用的是内扩散，内扩散速度与固体产物层的厚度成反比。

在固-气多相化学反应中，由于其反应主要在固体表面上进行，反应物的粒度对扩散过程有很大影响。因此，可以缩小固体颗粒的粒度和使物料在不断运动的状态下焙烧，这样可以增大其比表面积，提高反应速度。

总之，影响焙烧反应速度的主要因素为：焙烧温度、气体反应物或生成物的浓度及紊流

度、固体反应物的物理及化学性质（如粒度、孔隙度、化学组成、矿物组成等）、焙烧无效的运动状态等。合理地控制这些因素，调节与其相关的条件，就可以控制反应的方向、速度及其反应程度。

2.2 常见焙烧方法

焙烧的种类有很多，根据焙烧时的气氛条件及目的组分发生的主要化学变化，可以将焙烧过程大致分为：还原焙烧、氯化焙烧、氧化焙烧和硫酸化焙烧、煅烧及钠化焙烧。

2.2.1 还原焙烧

还原焙烧是指在还原气氛及低于炉料熔点的条件下，使焙烧炉料中的金属氧化物转变为低价金属氧化物或金属的过程。除了银和汞的氧化物在低于 400℃ 的温度条件下于空气中加热可分解析出金属外，绝大多数金属氧化物不能通过热分解的方法还原，只能采用添加还原剂的方法将其还原。金属氧化物的还原可用下式表示：

$$MO+R \longrightarrow M+RO$$
$$\Delta G^{\ominus} = \Delta G_{RO}^{\ominus} - \Delta G_{MO}^{\ominus} - \Delta G_{R}^{\ominus} \tag{2-6}$$

式中　MO——金属氧化物；
　　R，RO——还原剂，还原剂氧化物。

上式可由 MO 和 RO 的生成反应合成；

$$R+\frac{1}{2}O_2 \longrightarrow RO \qquad \Delta G_{RO}^{\ominus} = RT\ln p_{O_2(RO)}$$

$$M+\frac{1}{2}O_2 \longrightarrow MO \qquad \Delta G_{MO}^{\ominus} = RT\ln p_{O_2(MO)}$$

$$\overline{MO+R == M+RO \qquad \Delta G^{\ominus} = RT\ln \frac{p_{O_2(RO)}}{p_{O_2(MO)}}} \tag{2-7}$$

金属氧化物能被还原的必要条件是 $\Delta G^{\ominus}<0$，即 $p_{O_2(RO)}<p_{O_2(MO)}$，因此，凡是对氧的亲和力比被还原的金属对氧的亲和力大的物质均可作为该金属氧化物的还原剂。图 2-2 为不同温度下某些金属氧化物的标准生成自由能变化曲线，从图中曲线可知：金属氧化物的标准生成自由能变化随温度的升高而急剧增大，而一氧化碳的标准生成自由能变化随温度升高而显著地降低，故在较高温度的条件下，碳可作为许多金属氧化物的还原剂。图中曲线位置越低的金属氧化物稳定性越好，越难被还原；反之，曲线位置越高的金属氧化物稳定性越差，越易被还原。

还原焙烧时可采用固体还原剂、液体还原剂或气体还原剂。实际生产中常用的还原剂为固体炭、一氧化碳气体和氢气。其中采用固体炭作为还原剂时的还原反应称为直接还原，采用一氧化碳气体还原金属氧化物的反应称为间接反应。

2.2.1.1 C 的燃烧反应

固体炭在燃烧时可发生如下反应：

$$C+O_2 == CO_2 \qquad \Delta G_1^{\ominus} = -393.76 - 0.008T \text{ kJ/mol}$$

$$2C+O_2 == 2CO \qquad \Delta G_2^{\ominus} = -223.21 - 0.175T \text{ kJ/mol}$$

$$2CO+O_2 == 2CO_2 \qquad \Delta G_3^{\ominus} = -564.3 + 0.173T \text{ kJ/mol}$$

$$CO_2 + C \rightleftharpoons 2CO \qquad \Delta G_4^\ominus = -170.54 - 0.174T \text{ kJ/mol}$$

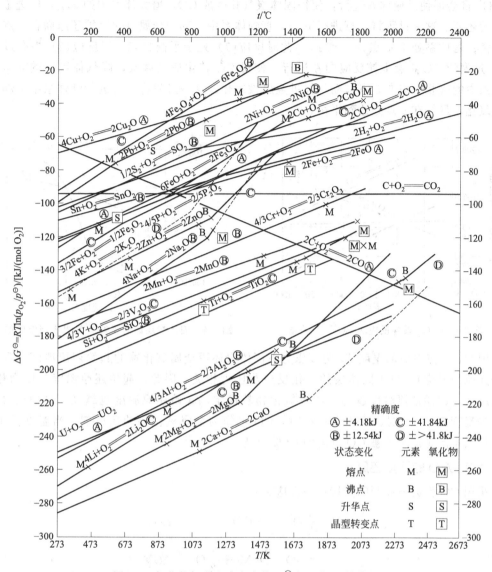

图 2-2　氧化物标准生成自由能 $G^\ominus$ 与温度 T 的关系

$C\text{-}O_2$ 系各反应的 $\Delta G^\ominus\text{-}T$ 关系如图 2-3 所示，图中曲线 2、曲线 4 的斜率为负值，表明炭对氧的化学亲和力随温度的升高而增大。曲线 1、2、3 相交于 978K，因此，当温度低于 978K 时，CO_2 比 CO 更加稳定；当温度高于 978K 时，CO 比 CO_2 更加稳定。

2.2.1.2　C 的直接还原

采用固体炭作还原剂的直接还原反应为：

$$MeO + CO \longrightarrow Me + CO_2 \qquad\qquad (1)$$

$$CO_2 + C \longrightarrow 2CO \qquad\qquad (2)$$

$$MeO + C \longrightarrow Me + CO \qquad\qquad (3)$$

固体炭还原金属氧化物的平衡气相组成与温度的关系如图 2-4 所示，图中两条曲线相交于 a 点，即在 a 点处于平衡状态，当压力不变时，a 点以外的其他各点均为非平衡状态。若

体系处于 c 点，$T_h > T_0$，此时反应（1）处于平衡状态，但反应（2）中有过剩的 CO_2，过剩的 CO_2 将会促使反应向右进行，使得固体炭气化生成 CO，增大体系中的 φ_{CO}，促进金属氧化物的还原。这一过程将一直进行下去，直到体系中全部的金属氧化物被还原而在 b 点处达到平衡；若体系处于 d 点，$T_t < T_0$，此时反应（1）处于平衡状态，但反应（2）中有过剩的 CO，过剩的 CO 将会促使反应向左进行，使得 CO 转化成固体炭，降低体系中的 φ_{CO}，使得体系中的气相组成向 e 点移动，促进金属被氧化。这一过程将一直进行到体系中全部的金属被氧化，最终在 e 点处达到平衡。

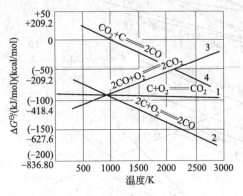

图 2-3 C-O_2 系各反应的 $\Delta G^{\ominus}$-T 关系   图 2-4 固体炭还原时平衡气相组成与温度的关系

因此，a 点对应的温度 T_0 为该压力下固体炭还原金属氧化物的起始还原温度（理论上开始还原的温度）。由于固体炭的气化反应与压力相关，因此，起始还原温度与压力相关，压力越大，起始还原温度越高；金属氧化物越稳定，起始还原温度也越高。且由图 2-4 可知：当温度高于 T_0 时，固体炭存在时，CO 可作为金属氧化物的还原剂；当温度低于 T_0 时，体系中的金属反而被 CO 分解的 CO_2 氧化。

2.2.1.3 CO 的间接还原

采用 CO 作为还原剂的间接还原反应为：

$$CO + \frac{1}{2}O_2 \longrightarrow CO_2 \qquad \Delta G_1^{\ominus}$$

$$MeO \longrightarrow Me + \frac{1}{2}O_2 \qquad \Delta G_2^{\ominus}$$

$$MeO + CO \longrightarrow Me + CO_2 \qquad \Delta G_3^{\ominus}$$

若焙烧过程中该金属及其氧化物均不产生液相，则 CO 与金属氧化物反应的平衡常数为：

$$K_p = \frac{p_{CO_2}}{p_{CO}} = \frac{\varphi_{CO_2}}{\varphi_{CO}} \tag{2-8}$$

其自由能变化为：

$$\begin{aligned} \Delta G_3^{\ominus} &= \Delta G_1^{\ominus} + \Delta G_2^{\ominus} \\ &= -RT\ln K_p \\ &= -RT\ln \frac{p_{CO_2}}{p_{CO}} = -RT\ln \frac{\varphi_{CO_2}}{\varphi_{CO}} \end{aligned} \tag{2-9}$$

CO 还原金属氧化物的平衡气相组成与温度的关系如图 2-5 所示。当还原反应为放热反应时，$\Delta H < 0$，反应平衡常数 K_p 随着温度的升高而降低，此时，平衡气相中 φ_{CO} 将会增大；反之，气相中的 φ_{CO} 将会降低。

在特定温度下，气相组成与反应方向之间的关系可用下式判断：

$$\Delta G = \Delta G^{\ominus} + RT\ln Q$$

$$= -RT\ln K_p + RT\ln\left(\frac{\varphi_{CO_2}}{\varphi_{CO}}\right)_{实际}$$

$$= RT\left[\ln\left(\frac{\varphi_{CO_2}}{\varphi_{CO}}\right)_{实际} - \ln\left(\frac{\varphi_{CO_2}}{\varphi_{CO}}\right)_{平衡}\right] \qquad (2\text{-}10)$$

CO 还原金属氧化物的必要条件是 $\Delta G < 0$，即 $\left(\dfrac{\varphi_{CO_2}}{\varphi_{CO}}\right)_{实际} < \left(\dfrac{\varphi_{CO_2}}{\varphi_{CO}}\right)_{平衡}$，也就相当于图 2-5 中实线的上部区域。若 $\left(\dfrac{\varphi_{CO_2}}{\varphi_{CO}}\right)_{实际} > \left(\dfrac{\varphi_{CO_2}}{\varphi_{CO}}\right)_{平衡}$，则反应向金属氧化物生成的方向进行，也就相当于图中实线的下部区域。

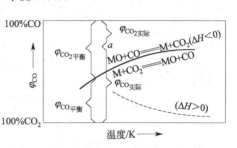

图 2-5　用 CO 还原时平衡气相组成与温度的关系

金属氧化物除呈纯态存在外，还呈结合态存在，结合态的金属氧化物较稳定，较难被还原，需在较高的还原温度条件下才能被还原。

2.2.1.4　影响还原焙烧的因素

影响还原焙烧的因素较多，归纳起来主要包括以下几个方面的因素。

（1）矿石性质　矿石性质主要是指矿物种类、脉石成分及结构状态。这些性质决定了矿石被还原的难易程度。一般而言，具有层状结构的矿石要比致密状、鲕状及结核状易于还原。脉石成分以石英为主的矿石，因受热后石英产生晶型转变，体积膨胀而导致矿石的爆裂，增大了矿石的有效反应面积，从而有利于还原反应进行。

（2）矿石的粒度及粒度组成　矿石粒度的大小及其分布对还原过程的主要影响是矿石还原的均匀性。当其他条件不变时，小块矿石比大块矿石先完成还原过程；对于大块矿石来说，表层比中心部位先完成还原过程。因此，为了改善矿石在还原过程中的均匀性，必须降低入炉矿石粒度上限，提高粒度下限。根据我国生产实践的经验，认为粒度在 20~75mm 比较合适。

（3）焙烧温度和气相成分　矿石只有在一定的焙烧温度和气相成分的条件下才能完成还原反应，下面以弱磁性贫铁矿石的磁化焙烧为例进行说明。贫赤铁矿磁化焙烧温度下限是450℃，上限是 700~800℃。炉内还原气体的成分应选定 $\varphi_{CO_2}/\varphi_{CO}$ 比值不小于1。

温度过高，会导致弱磁性的富氏体（FeO 溶于 Fe_3O_4 中的低熔点熔体）和硅酸铁（Fe_2SiO_4）的生成。因为无论是高温造成的软化炉料或是过还原生成的硅酸铁熔体，都会黏附在炉壁或附属装置上，影响炉料正常运行。温度过低时，如在 250~300℃以下，虽然赤铁矿也可以被还原成磁铁矿，且不会产生过还原现象。但是，还原反应的速度很慢，而且低温生成的 Fe_3O_4 磁性较弱，所以生产上是不能采用低温磁化焙烧的。各种矿石的适宜还原温度及气相成分，由于矿石性质、加热方式及还原剂的种类不同而有较大变化，应通过试验最后确定。

（4）还原剂　还原剂的种类和浓度对还原焙烧有明显的影响。实践证明，在810℃以下用单一的 CO 作还原剂，铁矿石的还原速度是较慢的。若气相中含有适量的 H_2，则能显著加速还原反应。这是由于 H_2 比 CO 扩散能力强，故即使在810℃以下，H_2 还是有较强的还原能力。

2.2.1.5 还原焙烧的应用

还原焙烧法目前主要用于处理难选的铁、锰、镍、铜、锡、锑等矿物原料，使目的矿物转变为易于用物理选矿法富集或易于浸出的形态。

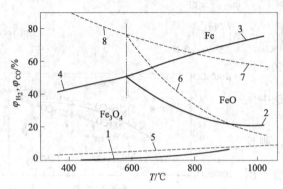

图 2-6　Fe-CO-O_2 系和 Fe-H_2-O_2 系平衡图

（1）弱磁性贫铁矿石的磁化焙烧　处理弱磁性贫铁矿石的有效方法之一是还原磁化焙烧。工业上主要采用各种煤气、天然气及焦炭、煤粉等作还原剂，起还原作用的主要是 CO、H_2 和 C。用一氧化碳和氢还原氧化铁的反应平衡常数计算式列于表 2-1 中。赤铁矿还原焙烧过程中 Fe-CO-O_2 系和 Fe-H_2-O_2 系平衡图如图 2-6 所示，图中实线为用一氧化碳还原的平衡曲线，虚线为用氢还原的平衡曲线，曲线上的数字对应于表 2-1 中的反应式。由图可知：①任意温度下，Fe_2O_3 几乎均易被还原为 Fe_3O_4，但较低温度时反应速度较慢；②当温度高于572℃时，若 φ_{CO}（或 φ_{H_2}）高时，会产生过还原反应，生成弱磁性的氧化亚铁（FeO）；③当温度低于572℃时，若 φ_{CO}（或 φ_{H_2}）高时，同样会产生过还原反应，生成金属铁。因此，还原焙烧时必须严格控制炉温和还原气体的流量，且焙烧时间不宜过长。当温度低于810℃（曲线 2、6 的交点）时，CO 的还原能力比 H_2 强；当温度高于810℃时，H_2 的还原能力比 CO 强。曲线 2、3、4、5、6、7、8 的交点对应于572℃，当温度低于572℃时，无论气相组成如何均不生成氧化亚铁；当温度高于572℃时，温度越高越易生成氧化亚铁。

表 2-1　氧化铁还原反应及其平衡常数计算式

序号	还原反应	平衡常数 K_p
	CO 为还原剂	$\lg K_p = \lg \dfrac{p_{CO_2}}{p_{CO}}$
1	$3Fe_2O_3 + CO = 2Fe_3O_4 + CO_2$	$\lg K_p = \dfrac{1440}{T} + 2.98$
2	$Fe_3O_4 + CO = 3FeO + CO_2$	$\lg K_p = -\dfrac{1834}{T} + 2.17$
3	$FeO + CO = Fe + CO_2$	$\lg K_p = -\dfrac{914}{T} - 1.097$
4	$Fe_3O_4 + 4CO = 3Fe + 4CO_2$	$\lg K_p = -0.009$
	H_2 为还原剂	$\lg K_p = \lg \dfrac{p_{H_2O}}{p_{H_2}}$
5	$3Fe_2O_3 + H_2 = 2Fe_3O_4 + H_2O$	$\lg K_p = -\dfrac{297}{T} + 4.56$
6	$Fe_3O_4 + H_2 = 3FeO + H_2O$	$\lg K_p = -\dfrac{3577}{T} + 3.75$
7	$FeO + H_2 = Fe + H_2O$	$\lg K_p = -\dfrac{827}{T} + 0.468$
8	$Fe_3O_4 + 4H_2 = 3Fe + 4H_2O$	$\lg K_p = -\dfrac{1742}{T} + 1.557$

在焙烧过程中，褐铁矿（$2Fe_2O_3 \cdot 3H_2O$）首先脱除结晶水，然后像赤铁矿一样被还原为磁铁矿。对菱铁矿（$FeCO_3$）则可采用中性磁化焙烧法将其分解为磁铁矿：

$$3FeCO_3 \xrightarrow{300\sim400℃} Fe_3O_4 + 2CO_2 + CO（不通空气时）$$

$$2FeCO_3 + \frac{1}{2}O_2 == Fe_2O_3 + 2CO_2（通入少量空气）$$

$$3Fe_2O_3 + CO == 2Fe_3O_4 + CO_2$$

对于黄铁矿（FeS_2）则只能采用氧化磁化焙烧法，在氧化气氛下，经短时间焙烧可将黄铁矿氧化为磁黄铁矿（Fe_7S_8），长时间焙烧则进一步氧化为磁铁矿（Fe_3O_4）：

$$7FeS_2 + 6O_2 == Fe_7S_8 + 6SO_2$$

$$3Fe_7S_8 + 38O_2 == 7Fe_3O_4 + 24SO_2$$

还原磁化焙烧工艺主要用于处理贫赤铁矿，中性磁化焙烧和氧化磁化焙烧主要用于其他精矿（如磷精矿、稀有金属精矿等）中除去菱铁矿和黄铁矿。

生产中常用还原度来衡量磁化焙烧产品等的质量。还原度为还原磁化焙烧中氧化亚铁含量与全铁含量的比值的百分数：

$$R = \frac{FeO}{TFe} \times 100\% \tag{2-11}$$

式中　R——还原焙烧矿的还原度；

FeO——还原焙烧矿中氧化亚铁的含量，%；

TFe——还原焙烧矿中全铁的含量，%。

磁铁矿的还原度为 42.8%。我国鞍钢烧结总厂根据所处理的矿石性质和烧结条件，认为 $R = 42\% \sim 52\%$ 时，烧结矿的磁性最好，选别指标最高。但必须指出，还原度指标不能真实反映焙烧矿的质量，不过此法简单易行，有一定的实用价值。

（2）含镍红土矿的还原焙烧　世界上最大的氧化镍矿资源是含镍红土矿，但其含镍品位低，且镍呈浸染状存在，目前尚未找到有效的物理选矿法将其富集。工业上一般采用直接酸浸或还原焙烧-低压氨浸的方法回收其中的镍。但直接酸浸需价格昂贵的高温高压设备，应用不广。还原焙烧-低压氨浸是预先用焙烧法将氧化镍还原为易溶于 NH_3-CO_2-H_2O 系溶液的金属镍、钴或镍钴铁合金，然后进行低压氨浸。此工艺出现于 1924 年，1944 年用于工业生产。

常用气体还原剂（含 CO-CO_2、H_2-H_2O 的混合煤气）进行选择性还原焙烧，其主要反应为：

$$NiO + H_2 == Ni + H_2O \tag{1}$$

$$NiO + CO == Ni + CO_2 \tag{2}$$

$$CoO + H_2 == Co + H_2O \tag{3}$$

$$CoO + CO == Co + CO_2 \tag{4}$$

$$3Fe_2O_3 + H_2 == 2Fe_3O_4 + H_2O \tag{5}$$

$$3Fe_2O_3 + CO == 2Fe_3O_4 + CO_2 \tag{6}$$

$$Fe_3O_4 + H_2 == 3FeO + H_2O \tag{7}$$

$$Fe_3O_4 + CO == 3FeO + CO_2 \tag{8}$$

$$FeO + H_2 == Fe + H_2O \tag{9}$$

$$FeO + CO == Fe + CO_2 \tag{10}$$

$$H_2O + CO \Longrightarrow H_2 + CO_2 \tag{11}$$
$$2CO \Longrightarrow C + CO_2 \tag{12}$$

反应式(1)~式(10)的平衡常数分别为：

$$K_p = \frac{\varphi_{CO_2}}{\varphi_{CO}} \ \text{及} \ K_p = \frac{\varphi_{H_2O}}{\varphi_{H_2}} \tag{2-12}$$

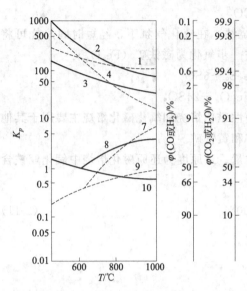

图 2-7　CO-CO$_2$ 和 H$_2$-H$_2$O
混合气体还原 Fe、Ni、Co
数字—反应编号；实线—与 CO-CO$_2$ 有关的平衡；
虚线—与 H$_2$-H$_2$O 有关的平衡

温度为 $500 \sim 1000^\circ\!C$ 范围内的 K_p-T 关系如图 2-7 所示，由于反应式(5)、式(6)在此温度反应区间极易进行，图中未列出此两反应。从图中曲线可知，反应式(1)~式(4)的平衡常数 K_p 较反应式(7)~式(10)的平衡常数 K_p 大得多，故控制气相组成 $\varphi_{CO_2}/\varphi_{CO}$ 大于 2.53，或 $\varphi_{H_2O}/\varphi_{H_2}$ 大于 2.45 时，镍钴氧化物即可优先被还原为金属镍钴，而氧化铁大部分被还原为磁铁矿而非金属铁。由于矿石中金属氧化物的结合状态较复杂，为提高反应速度，生产中采用的上述比值相应小些，当 $\varphi_{CO_2}/\varphi_{CO}=1$ 时，难免会生成少量的氧化亚铁和金属铁。

还原焙烧含镍红土矿时，国外一般采用多层焙烧炉或回转窑。国内采用沸腾炉的工业试验也取得了较好的指标，焙烧温度为 $710 \sim 730^\circ\!C$。还原后的焙砂宜用保护冷却措施以防止其被空气再度氧化。试验表明：以氮气保护密闭冷却的效果最好，二氧化碳保护冷却的效果次之。

此外，可将硫化剂加入炉料中进行还原-硫化焙烧，如某些低品位的氧化镍钴矿，经还原-硫化焙烧后可用浮选天然硫化矿物方法回收焙砂中的镍钴。可用黄铁矿、元素硫、硫化钠、高硫煤或焦炭、石膏、含硫气体等作硫化剂，如某含镍约 1% 的氧化镍矿石，加入 10%~15% 的黄铁矿，在还原气氛下于 1100℃ 条件下进行还原-硫化焙烧，镍的硫化率为 90%~92%，浮选回收率为 84%~89%，精矿中镍的品位可达 2.2%~2.6%。

2.2.2　氯化焙烧

2.2.2.1　氯化焙烧概述

氯化焙烧是指在一定的温度和气氛条件下，用氯化剂使矿物原料中的目的组分转变为气相或凝聚相的氯化物，以使目的组分分离富集的焙烧过程。氯的化学性质活泼，能与许多金属、金属氧化物及金属硫化物作用，生成金属氯化物。金属氯化物具有熔点低、挥发性高、常温下易溶于水及其他溶剂、高温下能在各种气氛中发生化学反应等特殊性质。

根据焙烧温度的不同，氯化焙烧可分为中温氯化焙烧和高温氯化焙烧两类。中温氯化焙烧生成的金属氯化物呈固态留在焙砂中，然后用水或其他溶剂浸出焙砂，再从浸出液中提取与分离金属，故常将其称为氯化焙烧-浸出法。高温氯化焙烧生成的金属氯化物呈气态挥发而直接与脉石分离，挥发出来的金属氯化物用冷凝系统收集后，再用化学方法提取与分离金属，故此法又称为氯化挥发法。根据焙烧过程是否加入还原剂，又可分为还原氯化焙烧和直接氯化焙烧。还原剂在氯化焙烧气相中与游离氧结合，使体系含氧量降低，从而促使某些难于直接氯化的金属氧化物转变为挥发性的金属氯化物。若在还原氯化焙烧过程中，在有价金属氯化物挥发的同时，又使金属氯化物被还原呈金属态析出，然后用物理选矿法将其与其他组分分离，则此过程称为氯化离析（或称离析法）。

早在18世纪，就用直接氯化法处理金银矿石，以后逐渐用于处理重有色金属原料，目前已成功地用于处理黄铁矿烧渣，提取其中的铁、铜、铅、锌、钴、镍、金、银等。较难被氯化的高钛渣、钛铁矿、菱铁矿、贫锡矿以及钽、铌、铍、锆等氧化物的氯化挥发也已大规模工业化。难选氧化铜矿石的氯化离析在20世纪70年代已大规模工业化。据报道，许多能生成挥发性氯化物或氯氧化物的金属如锡、铋、钴、铜、铅、锌、镍、锑、铁、金、银、铂等矿物原料均可采用离析法处理。

氯化焙烧中常用的氯化剂有氯、氯化氢、四氯化碳、氯化钙、氯化铵等，但最常用的是氯、氯化氢、氯化钙和氯化钠。氯化焙烧时主要的氯化剂为从海水、岩盐中获得的氯化钠。工业上用的氯气，几乎全部从电解氯化钠溶液提取。氯气具有氯化能力强、反应迅速、耗损少、副反应小等优点；但具有强腐蚀性，工业应用时需选用耐氯材料及采取防腐措施。

氯化钙主要是从氨碱法制碱与氯酸钾生产的副产溶液经蒸发浓缩结晶而得。在氯化焙烧中，氯化钙常以一定浓度的水溶液加入配料中。就地取材时，可直接使用上述适当浓缩的副产溶液。

2.2.2.2 氯化焙烧的原理

氯化物的热稳定性取决于其受热时离解的难易程度。容易发生热离解的氯化物，其热稳定性低；难于热离解的氯化物，其热稳定性高。在氯化焙烧中，根据生成的金属氯化物的热稳定性，可定性地判断氯化反应进行的方向和结果：金属氯化物的热稳定性越高，表明生成此种金属氯化物的可能性越大，反之，则生成此种金属氯化物的可能性越小，或者该氯化反应不能进行。

氯化物的热稳定性，可直接用离解压表示：离解压低，热稳定性就高；离解压高，热稳定性则低。若焙烧过程的外加氯气压力高于离解压，则氯化反应生成的金属氯化物可稳定存在，反之，则会分解。某些金属氯化物的离解平衡压力列于表2-2中，从表中的数据可知：不同的氯化物具有不同的离解压，且离解压随温度增高而升高，说明氯化物的热稳定性随温度的增高而降低。

表 2-2　某些金属氯化物的离解平衡压力（大气压）

CoCl$_2$		NiCl$_2$		CuCl$_2$		CuCl	
$t/℃$	$\lg p_{O_2}$	$t/℃$	$\lg p_{O_2}$	$t/℃$	$\lg p_{O_2}$	$t/℃$	$\lg p_{O_2}$
300	−20.66	300	−19.59	219	−3.18	250	−21.66
350	−18.52	420	−15.00	267	−2.17	300	−19.02
400	−16.67	450	−14.10	340	−2.01	401	−15.47
500	−23.70	470	−13.55	420	−1.36	507	−12.98
600	−11.40	550	−11.74	458	−1.10	595	−11.42
700	−9.63	600	−11.71	495	−0.58	726	−9.61

定量分析氯化物的热稳定性，可用标准状态下氯化物的生成自由焓 $\Delta G^{\ominus}$ 的大小来判断。$\Delta G^{\ominus}$ 越小，表明金属与氯结合的能力越大，生成金属氯化物的热稳定性越高；$\Delta G^{\ominus}$ 越大则相反。某些氯化物的 $\Delta G^{\ominus}$-T 关系如图 2-8 所示。由图 2-8 可知在一般焙烧温度下，反应生成的各金属氯化物的 $\Delta G_T^{\ominus}$ 均为负值，表明金属能被氯气所氯化；$\Delta G_T^{\ominus}$ 的负值越大，氯化反应越易进行，所生成的金属氯化物的热稳定性则越高；但是，随着反应温度的升高，$\Delta G_T^{\ominus}$ 值增大，金属氯化物的热稳定性则降低。

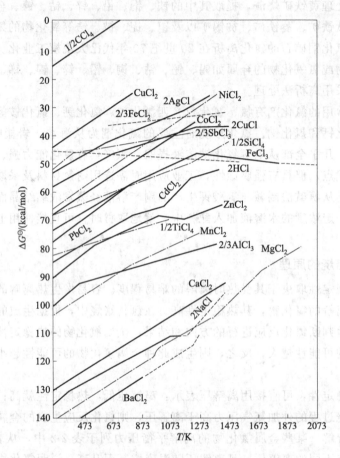

图 2-8　某些氯化物的 $\Delta G^{\ominus}$-T 关系

(1cal＝4.1868J)

在氯化焙烧过程中形成的金属氯化物，其质点处于不停的热运动状态，在一定的温度下不会发生熔化（达熔点温度）、蒸发气化（达沸点温度）的相态转变，其转变趋势的大小，通常以氯化物的蒸气压表示。某些氯化物在不同温度下的蒸气压见表 2-3。由表 2-3 可知：金属氯化物的蒸气压随温度的升高而增大，达到相同蒸气压时，不同金属氯化物所处的温度各不相同。显然，在一定温度下，易挥发的金属氯化物具有较大的蒸气压。而氯化物的挥发速度，既与氯化物的饱和蒸气压有关，又与挥发表面上炉气的实际压力有关。前者主要取决于氯化物的本身性质和温度，后者取决于挥发气体排出的速度。因此，在一定条件下进行氯化挥发焙烧时，可以根据生成金属氯化物的蒸气压，判断不同金属氯化物的挥发能力及速度大小的趋势。

表 2-3　某些氯化物在不同温度下的蒸气压　　　　单位：mmHg[①]

氯化物	温度/℃									
	1	5	10	20	40	60	100	200	400	760
AgCl	912	1019	1074	1134	1200	1242	1297	1379	1476	1564
AlCl$_3$	100	116.4	123.8	131.3	139	145.4	152	162	172	180
AsCl$_3$	−11.4	11.4	23.5	36	50	58.7	70.9	89	110	130
BeCl$_3$	291	328	346	365	384	395	411	435	461	487
BiCl$_2$	—	242	264	287	311	324	343	372	405	441
CdCl$_2$	—	618	656	695	736	762	797	87	908	967
CoCl$_2$	—	—	—	—	770	801	843	909	974	1050
CuCl	546	645	702	766	838	886	960	1077	1249	1490
FeCl$_2$	—	706	737	779	805	842	897	961	1026	
FeCl$_3$	194	221.8	235.5	246	257	263.8	272.5	285	298	319
MnCl$_2$	—	736	778	825	879	913	960	1028	1108	1196
NiCl$_2$	671	731	759	789	821	840	866	904	945	987
TiCl$_4$	−13.9	9.4	21.3	34.2	78	58	71	91	113	136

① 1mmHg=133.322Pa。

假定氯化物为纯物质且蒸气服从理想气体规律，则根据克劳休斯-克莱普朗方程可推出如下关系：

$$\frac{\mathrm{d}\ln p}{\mathrm{d}T}=\frac{\Delta H_s}{RT^2} \tag{2-13}$$

式中　ΔH_s——升华热（当为液-气平衡时用蒸发热 ΔH_v 代替 ΔH_s）。

若不考虑 ΔH_s 随温度而变化，对上式积分得：

$$\lg p=-\frac{\Delta H_s}{2.303RT}+I \tag{2-14}$$

式中　I——积分常数。

若考虑 ΔH_s 随温度而变化，则可利用基尔戈夫方程求出 ΔH_s 与温度的关系，即：

$$\Delta H_s=\int \Delta C_p \mathrm{d}T+C_1 \tag{2-15}$$

式中　C_1——积分常数。

当不考虑 C_p 与温度的关系时，将上式代入克劳休斯-克莱普朗方程后再积分得：

$$\lg p=-\frac{C_1}{2.303RT}+\frac{\Delta C_p}{R}\lg T+C_2 \tag{2-16}$$

或

$$\lg p=AT^{-1}+B\lg T+CT+D \tag{2-17}$$

式(2-17)为蒸气压与温度关系的通式，其中 A、B、C、D 为常数，对于大多数的氯化物来说，均已由实验测得，可由参考书查得。

应当指出，当两种氯化物组成混合熔体时，其蒸气压与单一氯化物的蒸气压是不相同的。如果氯化物相互形成复杂的化合物，情况比较复杂，本书不作进一步讨论。

2.2.2.3　固体氯化剂的作用

重有色金属及贵金属物料的氯化焙烧，常使用廉价的 NaCl、CaCl$_2$ 等固体氯化剂。它们的氯化作用，是通过氯化剂在焙烧体系其他组分的作用下分解产生 Cl_2 和 HCl 参与反应来实现的。

在实际氯化焙烧体系中，除氧化物和氯化剂外，还有其他组分（特别是反应最活跃的气相中有 O_2、SO_2 等）存在，它们促使固体氯化剂发生分解反应：

$$CaCl_2 + SO_2 + O_2 === CaSO_4 + Cl_2$$
$$2NaCl + SO_2 + O_2 === Na_2SO_4 + Cl_2$$
$$2SO_2 + O_2 === 2SO_3 （用 Fe_2O_3 作催化剂）$$
$$CaCl_2 + 2SO_3 === CaSO_4 + Cl_2 + SO_2$$
$$2NaCl + 2SO_3 === Na_2SO_4 + Cl_2 + SO_2$$

实验表明，固体氯化剂的分解随体系温度及 SO_2 含量的增加而加快。在氧化气氛下，NaCl 主要是氧化分解。在温度较低的中温氯化焙烧条件下，促进 NaCl 分解的最有效成分是 SO_2，因此要求原料中含有足够的硫，不足时，需加入一定量的黄铁矿。焙烧物料中的 SiO_2、Fe_2O_3、Al_2O_3 等对 NaCl、$CaCl_2$ 的分解也有促进作用，其中酸性较强的 SiO_2 的促进作用更强，尤其在高温下进行氯化焙烧，可借助 SiO_2 等脉石组分（不必添加含硫原料）促进分解反应：

$$CaCl_2 + SiO_2 + H_2O === CaSiO_3 + 2HCl$$
$$CaCl_2 + SiO_2 + \frac{1}{2}O_2 === CaSiO_3 + Cl_2$$
$$2NaCl + SiO_2 + H_2O === Na_2SiO_3 + 2HCl$$
$$2NaCl + SiO_2 + \frac{1}{2}O_2 === Na_2SiO_3 + Cl_2$$

由于焙烧物料含有水分及含氢燃料的燃烧，气相中水蒸气含量有时高达 10% 以上，因此，固体氯化剂高温下分解的主要产物是 HCl。

应当指出，$CaCl_2$ 在低温下过早分解，对氯化焙烧工艺是不利的。此时，虽分解析出的 Cl_2 可使目的组分氯化，但由于温度不高，氯化物不能挥发，当氯化物随同未分解的氯化剂进入炉内高温区时，$CaCl_2$ 因过早分解而不足，且很难避免已经生成的金属氯化物因 Cl_2 浓度不够而重新分解，从而影响氯化挥发的效果。此时，$CaCl_2$ 分解生成的 $CaSO_4$ 是稳定的硫酸盐，这使原料中的硫以 $CaSO_4$ 形态留于焙砂中，这对焙砂的进一步利用（如黄铁矿烧渣氯化焙烧后的焙砂用于炼铁）不利。因此，$CaCl_2$ 主要用作高温氯化焙烧的氯化剂，且不能指望原料中的硫对其分解的促进作用。

2.2.2.4 氯化焙烧的应用

黄铁矿烧渣是硫酸生产过程中黄铁矿氧化焙烧脱硫后产出的粉末状固体残渣，其化学组成与物理性质往往随原料不同而异，其中 Fe、Cu、Pb、Zn 等一般以氧化物为主，少量为氯化物、硫酸盐和铁酸盐。综合利用黄铁矿烧渣的方法，有稀酸直接浸出、磁化焙烧-磁选、硫酸化焙烧-浸出、氯化焙烧湿法处理等。其中，氯化焙烧湿法处理是目前工业上综合利用程度较好、工艺较为完善的方法。

（1）黄铁矿烧渣的中温氯化焙烧　黄铁矿烧渣中温氯化焙烧，是将黄铁矿烧渣加入适量的氯化剂（食盐）混合在 $500\sim600℃$ 下进行焙烧，使有色金属转变为溶于水或稀酸的氯化物，然后从浸出液中回收有色金属，浸渣则经烧结造块后作为炼铁原料。

德国杜伊斯堡炼铜厂采用中温氯化焙烧法处理黄铁矿烧渣的主要工艺过程是：将黄铁矿烧渣配入 8%～10%NaCl 在 500～600℃的 10～11 层多膛炉内进行焙烧，焙砂润湿后进行渗滤浸出，浸出用的稀酸为烟气用水吸收的产物（内含 H_2SO_4、H_2SO_3、HCl，酸度相当于 7%的 HCl）。浸渣（含 61%～63% Fe 及部分 $PbSO_4$、$AgCl$）干燥后与煤混合在带式烧结机上烧结成炼铁原料。浸出溶液则经沉淀、浓缩、过滤、煅烧、电炉精炼及电解沉积等工序提取有色金属。该厂的主要金属回收率为：Cu 80%、Zn 75%、Ag 45%、Co 50%。

我国南京钢铁厂曾采用高硫（S 7%～11%）、低盐（NaCl 4%～5%）的配料制度，于沸腾炉内（650℃±30℃）进行含钴黄铁矿烧渣的中温氯化焙烧，所得焙砂的金属浸出率为 Co 81.86%、Cu 83.4%、Ni 60.6%。

中温氯化焙烧的主要优点，是采用价廉、来源广的食盐为氯化剂，工艺较为成熟，流程简单，操作方便。缺点是需将焙砂全部浸出，浸液处理量大，金属回收率（尤其是金、银、铅）往往不够理想，且浸出作业对焙砂粒度有一定要求，不便于处理粒度过细的矿物原料。此外，因为浸渣仍为粉状，需经烧结造块才能供给炼铁。此外，中温氯化焙烧常需加入一定数量的黄铁矿作为配料，以促进食盐的分解，因而浸渣含硫较高，致使烧结焙烧过程易造成 SO_2 对环境的污染，降低烧结机产率及烧结产品的质量。因此，此法的发展受到了限制，氯化焙烧的发展趋向于高温氯化挥发焙烧。

中温氯化焙烧对于含钴黄铁矿烧渣的适应性较强，而用高温氯化焙烧法处理这种烧渣，钴的挥发率往往较低。

（2）黄铁矿烧渣的高温氯化焙烧　将黄铁矿烧渣预先与氯化钙混合，经制粒、干燥后，在 1000～1250℃下进行焙烧。此时，物料中的有价金属被氯化，并呈金属氯化物蒸气挥发与氧化铁及脉石分离，氯化物挥发物收集后用湿法提取有价金属，焙烧球团即可直接用作炼铁原料，此为黄铁矿烧渣高温氯化挥发法。此法较中温氯化焙烧法突出的优点是：湿法处理量少，金属回收率高，焙烧球团适于直接炼铁，因而近年来获得迅速发展。

制粒与干燥作业依次在圆盘制粒机、链板干燥机上进行。所得生球的强度和粒径，主要受控于混捏物料特性与制粒机的操作参数（如回转盘的倾角、盘边高度、转速、给料速度等）。混捏程度不够时，形成粒径大、含水量高的生球；物料过度混捏，则形成粒度小、堆积密度大的生球。光和公司所属的户烟厂、占小牧厂制粒的典型操作条件如表 2-4 所示。

表 2-4　制粒操作的典型条件

操作条件		户烟厂	占小牧厂
给料速度（湿料）/(t/m³)		20～25	25～30
混捏球磨排料	干重/%	80～88	75～85
	堆积密度/(t/m³)	1.25～1.35	1.25～1.35
	水分/%	10～11	12～13
制粒机	直径/mm	5000	5500
	边高/mm	900	850
	斜度/mm	46	56.5
	转速/(r/min)	9	8
生球性质	粒径/mm	13～14	14～16
	水分/%	11.5～12.5	13～14
	破碎强度/(kg/个)	5～7	5～7
	1m 高落下强度/个	＞5	＞5

生球在干燥过程中，水分自内部转移至表面再蒸发至大气。若脱水速度太快，以致超过

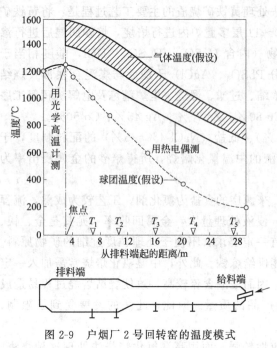

图 2-9　户烟厂 2 号回转窑的温度模式

了生球的黏结力，球团会爆裂。通常根据各种生球的实验爆裂温度，用控制燃烧油和空气流量的方法来自动调节生球的适宜干燥温度条件。

干球的高温氯化挥发焙烧，在窑段结构不同的回转窑内进行，燃料通过耐热不锈钢制双烧嘴伸入窑内喷燃加热，一个烧嘴加热氯化挥发区，保持 900～1150℃；另一个烧嘴加热固结区，保持约 1250℃。球团氯化过程的主要控制因素，是窑内的温度模式（图 2-9）、气氛条件（需保持氧化性气氛，避免还原性气氛）、物料停留时间及恒定的给料量。

这些因素与氯化挥发焙烧最佳操作条件的关系，均预先通过实验确定。为了扩大氯化物挥发与固结的有效区，光和法采用双嘴使燃气直接喷射到球团层上，以及采用在排料端设置堰圈等措施。窑转速随荷载量、动力频率而波动，用速度指示器进行控制。保持燃气中含氧量大于 10%，可使窑内气氛达到氧化性控制和燃气平衡。尽可能地降低燃气水分含量，可以减轻氯化钙的无效分解。焙烧过程中主要反应的大致温度为：

$$CuO+CaCl_2 \Longrightarrow CuCl_2+CaO \qquad 900～1150℃$$

$$PbO+CaCl_2 \Longrightarrow PbCl_2+CaO \qquad 700～1100℃$$

$$ZnO+CaCl_2 \Longrightarrow ZnCl_2+CaO \qquad 700～1100℃$$

$$CaSO_4 \Longrightarrow CaO+SO_2+\frac{1}{2}O_2 \qquad 1150～1250℃$$

所得焙烧球团的主要指标：金属挥发物 Cu 89.8%、Pb 94.4%、Zn 96.1%、Au 96.3%、Ag 93.1%，硫挥发率为 96.5%，球团含 Fe 61.5%，抗压强度 4000～5000N/球。

焙烧球团的冷却采用竖式冷却器，它由内筒体和外筒体所组成。内筒体与窑的烧嘴罩相连接，焙球在此被冷却至 900～1000℃，同时导入窑内的空气则由 350～400℃被加热至 700～850℃。外筒体包括空气鼓吹、球团冷却及排料部分，焙球在此被冷却到 80℃左右。竖式冷却器的操作，主要是保持均匀落下的球团流量和球层中冷却空气的均匀分布。从球团冷却器中回收到两种热空气，第一种为 800℃热空气，直接供入回转窑内利用；另一种为 350℃热空气，其中一部分用作窑烧嘴的燃烧空气，可使重油的燃烧速度加快，并造成氯化挥发所需的短火焰，剩余的部分被用作后续氯化钙溶液蒸发浓缩的热源。

氯化挥发物由增湿塔、洗涤塔、湍动接触冷却塔及吸收塔、浓密机、电除雾器等组成的收尘系统捕收。收尘产物用湿法回收有价金属及氯化钙溶液，后者返回氯化焙烧使用。该工艺的金属总回收率为：Cu 89.1%、Pb 93.4%、Zn 93.4%、Au 94.4%、Ag 85.6%。

2.2.3 氧化焙烧和硫酸化焙烧

2.2.3.1 氧化焙烧和硫酸化焙烧的基本原理

硫化矿物在加热下，将全部（或部分）硫脱除而转变为相应的金属氧化物（或硫酸盐）的过程，称为氧化焙烧（或硫酸化焙烧）。硫化矿物在空气中加热时是进行部分硫酸化焙烧还是全氧化焙烧，完全取决于焙烧条件。在焙烧条件下，金属硫化矿物发生的主要反应为：

$$2MeS + 3O_2 \longrightarrow 2MeO + 2SO_2 \tag{1}$$

$$2SO_2 + O_2 \longrightarrow 2SO_3 \tag{2}$$

$$MeO + SO_3 \longrightarrow MeSO_4 \tag{3}$$

式中　MeS——金属硫化物；

　　　MeO——金属氧化物；

　MeSO$_4$——金属硫酸盐。

氧化焙烧时，金属硫化物转变为金属氧化物和二氧化硫的反应是不可逆的，其他反应是可逆的。上述各反应式的平衡常数分别为：

$$K_1 = \frac{p_{SO_2}^2}{p_{O_2}^3}$$

$$K_2 = \frac{p_{SO_3}^2}{p_{SO_2}^2 p_{O_2}} \quad 即 \quad p_{SO_3} = p_{SO_2}\sqrt{K_2 p_{O_2}}$$

$$K_1 = \frac{1}{p_{SO_3(MSO_4)}}$$

当 $p_{SO_3} > p_{SO_3(MSO_4)}$ 时，即 $p_{SO_2}\sqrt{K_2 p_{O_2}} > p_{SO_3(MSO_4)}$ 时，焙烧产物为金属硫酸盐，焙烧过程属于硫酸化焙烧（即部分脱硫焙烧）；反之，当 $p_{SO_2}\sqrt{K_2 p_{O_2}} < p_{SO_3(MSO_4)}$ 时，硫酸盐分解，焙烧产物为金属氧化物，焙烧过程属于氧化焙烧（即全脱硫焙烧）。因此，在一定温度下，硫化矿物氧化焙烧产物取决于气相组成和金属硫化物、氧化物及金属硫酸盐的离解压。

焙烧时炉气中 p_{SO_3} 和 $p_{SO_3(MSO_4)}$ 与温度的关系如图2-10所示。某些金属硫酸盐的离解温度及离解产物列于表2-5中。从表中数据和图中曲线可知，当温度较低和炉气中有较高的三氧化硫浓度时，金属硫化物转化为相应的金属硫酸盐。当温度升至700～900℃时，硫化物将氧化为相应的金属氧化物。由于各种金属硫酸盐的分解温度和分解自由能不同，控制焙烧温度和炉气成分即可控制焙烧产物的组成，以达到选择性硫酸化焙烧的目的。如680℃时Cu-Co-S-O系的状态如图2-11所示，图中实线为Co-S-O系，虚线为Cu-S-O系。若炉气中具有8%的SO$_2$、4%的O$_2$，则铜钴硫化物均转变为相应的硫酸盐，可产出97%的可溶铜和93.5%的可溶钴。若焙烧条件控制在A区，则只可产出可溶性的硫酸钴和不溶于水的氧化铜。

表 2-5　金属硫酸盐的离解温度及离解产物

硫酸盐	开始离解温度/℃	强烈离解温度/℃	离解产物
FeSO$_4$	167	480	Fe$_2$O$_3$·2SO$_3$
Fe$_2$O$_3$·2SO$_3$	492	660(708)	Fe$_2$O$_3$
Al$_2$(SO$_4$)$_3$	590	639	Al$_2$O$_3$

硫酸盐	开始离解温度/℃	强烈离解温度/℃	离解产物
$ZnSO_4$	702	720	$3ZnO \cdot 2SO_3$
$3ZnO \cdot 3SO_3$	755	767(845)	ZnO
$CuSO_4$	653	670(740)	$2CuO \cdot SO_3$
$2CuO \cdot SO_3$	702	736	CuO
$PbSO_4$	637	705	$6PbO \cdot 5SO_3$
$6PbO \cdot 5SO_3$	952	962	$2PbO \cdot SO_3$
$MgSO_4$	890	972	MgO
$MnSO_4$	699	790	Mn_3O_4
$CaSO_4$	1200	—	CaO
$CdSO_4$	827	—	$5CdO \cdot SO_3$
$5CdO \cdot SO_3$	878	—	CdO

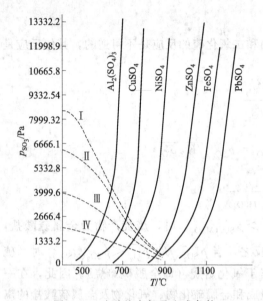

图 2-10　硫酸盐离解及生成条件

Ⅰ—10.1%SO_2+5.05%O_2；　Ⅱ—7.0%SO_2+10%O_2；
Ⅲ—4.0%SO_2+14.6%O_2；　Ⅳ—2.0%SO_2+18.0%O_2

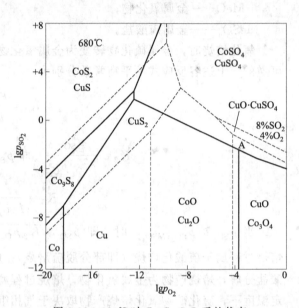

图 2-11　680℃时 Cu-Co-S-O 系的状态

硫化矿物的氧化焙烧温度应高于其着火温度，而硫化矿物的着火温度与其粒度密切相关（表 2-6）。实践中，焙烧温度常波动于 580～850℃，一般不应超过 900℃，否则炉料将会熔化，生成难熔的共熔物。某些硫化物的熔化温度见表 2-7。

表 2-6　某些硫化矿物的着火温度

粒度/mm	该粒度下着火温度/℃				
	黄铜矿	黄铁矿	磁硫铁矿	闪锌矿	方铅矿
0.1～0.15	364	422	460	637	720
0.15～0.20	375	423	465	644	730
0.2～0.3	380	424	471	646	730
0.3～0.5	385	426	475	646	735
0.5～1.0	395	426	480	646	740
1.0～2.0	410	428	482	646	750

表 2-7　某些硫化物的熔化温度

硫化物	熔化温度/℃	硫化物	熔化温度/℃
FeS	1171	Ni_3S_2	784
Cu_2S	1135	Sb_2S_3	546
PbS	1120	SnS	812
ZnS	1670	Na_2S	920
Ag_2S	812	MnS	1530
CoS	1140	CaS	1900

2.2.3.2　氧化焙烧和硫酸化焙烧的效果及影响因素

氧化焙烧和硫酸化焙烧的质量常用脱硫率或目的组分的硫酸化程度来衡量。

焙烧是多相化学反应过程，其主要影响因素为：温度、反应物和生成物的物理化学性质（如粒度、孔隙度、化学组成、矿物组成等）、气流运动特性（紊流度）、气相中氧和二氧化硫的浓度等。当焙烧温度大于硫化矿的着火温度时，反应放出的热量足以使氧化过程在整个物料层内自发地进行。温度对不同的硫化物影响不同，焙烧温度必须低于物料的熔结温度。因此，必须根据物料特性和后续的工艺要求选定合适的焙烧温度，且常用冷却装置控温。粒度小，孔隙度大，相界面大，则氧化过程较易进行。某些硫化矿物（如黄铁矿、黄铜矿）在焙烧条件下会崩解和碎解，使物料粒度变小并析出元素硫，故较易氧化焙烧；方铅矿加热时不易崩解、不碎解，故较难氧化，且较易结块。

2.2.3.3　氧化焙烧和硫酸化焙烧的应用

氧化焙烧和硫酸化焙烧广泛应用于处理铁、铜、铜-镍、钴、钼、锌、锑等硫化矿，使重金属硫化物转变为易溶的金属氧化物或硫酸盐，使铁转变为难溶的氧化铁，可改变矿物结构，使其疏松多孔，而且可使砷、锑、硒、铅呈气态挥发，从而可用此法从矿物原料中提取或除去这些组分。在氧化焙烧条件下，某些元素的挥发率如表 2-8 所示。

表 2-8　某些元素的挥发率

元素	Ta	As	Sb	Bi	Se	Cd	Pb	Zn
挥发率/%	50～70	60～80	20～40	10～15	25～50	5～20	5～10	5～7

我国某些含钴黄铁矿的化学成分见表 2-9。

表 2-9　我国某些含钴黄铁矿的化学成分　　　　　　　　　　单位:%

含钴黄铁矿	Co	Cu	Ni	Fe	S	CaO	MgO	SiO_2
A	0.69～0.71	0.73～1.20	0.22	35.70～39.17	35.15～39.57	0.89	0.596	11.70～15.98
B	0.3～0.4	0.5～0.8	0.08～0.15	27～45	25～30	—	—	—
C	0.235	0.960	0.064	40	31.96	3.03	0.975	3.72
D	0.237	2.25	0.138	42.25	35.41	1.28	0.46	6.51

上述矿物原料可采用以下两种方法处理：一是硫酸化焙烧-浸出；二是先氧化焙烧，焙砂再中温氯化焙烧，以分离出 Co 等有色金属，Fe 则残留于浸出渣中，烧结后作为炼铁原料。下面介绍第一种方法的作业实践。

我国含钴黄铁矿采用沸腾炉进行硫酸化焙烧，其原则流程如图 2-12 所示。原料焙烧前的准备作业包括破碎、干燥和细碎。干燥采用 $\phi 2m \times 9m$ 回转炉，以重油作热源，窑头温度 575～675℃，窑尾温度 200℃左右。干燥后物料含水分 9%～10%，粒度 5～15mm。为满足

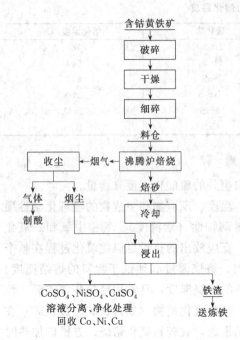

含钴黄铁矿

破碎 → 干燥 → 细碎 → 料仓 → 沸腾炉焙烧

收尘 ← 烟气

气体 ← 烟尘

制酸

沸腾炉焙烧 → 焙砂 → 冷却 → 浸出

铁渣 送炼铁

$CoSO_4$、$NiSO_4$、$CuSO_4$
溶液分离、净化处理
回收 Co、Ni、Cu

图 2-12　含钴黄铁矿硫酸化焙烧原则流程

沸腾炉对粒度的要求，干燥后的物料用鼠笼式破碎机松散、破碎后送入料仓，再由圆盘给料机加入沸腾炉的前室中。因为沸腾炉是正压作业，故在前室加料口处装有 $\phi 50mm$ 的压缩空气管道，加料时由此吹风将炉料加入炉内。

所用沸腾炉为上部扩大型，以减缓炉子上部气流速度达到减轻收尘设备负荷的目的。炉床为圆形，空气分布板直径 4.8m，炉子总高 9m。沸腾层温度 $580\sim600℃$。前室风压 $1700mmH_2O$（16.66kPa），床层压力降 $900mmH_2O$（8.82kPa），空气过剩系数 $a=1.8$。沸腾层周围炉壁为气化冷却水套，总冷却面积 $10.5m^2$。炉床能力 $2.5\sim3t/(m^2 \cdot d)$，烟尘率 $45\%\sim50\%$，焙砂产出率（包括烟尘）$90\%\sim92\%$，脱硫率 $91\%\sim92\%$，焙砂残硫 3%。炉内排出的热焙砂先经水冷内螺旋冷却器由 $550\sim600℃$ 冷却至 120℃ 左右，然后送浸出。离炉烟气温度 $550\sim600℃$，含 SO_2 5%，SO_3 0.5% 左右，含尘 $90\sim100g/m^3$。

上述条件下，转化率：Co $70\%\sim80\%$、Ni $30\%\sim40\%$、Cu $85\%\sim90\%$、Fe $3\%\sim4\%$。

2.2.4　煅烧

2.2.4.1　煅烧的基本原理

煅烧是矿物或人造化合物的热离解或晶体转变的过程。此时，化合物在一定温度下热离解为组成较简单的化合物或发生晶型转变，以利于后续处理或使化学选矿产品转变为适于用户需要的状态。其反应可表示为：

$$MeCO_3 \longrightarrow MeO+CO_2$$

$$MeSO_4 \longrightarrow MeO+SO_2+\frac{1}{2}O_2$$

$$MeS_2 \longrightarrow MeS+\frac{1}{2}S_2$$

$$(NH_4)_2WO_4 \longrightarrow WO_3+2NH_3+H_2O$$

影响煅烧的主要因素为温度、气相组成、矿物的热稳定性等。现以碳酸盐的煅烧（焙解）为例，讨论化合物热离解的一般原理。化合物的热离解一般为可逆反应：

$$MeCO_3 \rightleftharpoons MeO+CO_2$$

在固相间无液体存在的条件下，反应的平衡常数为：

$$K_p = p_{CO_2(MeCO_3)}$$

在某一温度下，化合物热离解的平衡分压称为该化合物的离解压，其值可作为该化合物热稳定性的度量。某些碳酸盐的离解压与温度的关系如图 2-13 所示，从图中曲线可知，当气相中 p_{CO_2} 相同时，方解石最稳定，菱铁矿最易焙解。焙解体系的自由能变化为：

$$\Delta G = \Delta G^{\ominus} + RT\ln Q$$
$$= -RT\ln K + RT\ln Q$$
$$= RT\ln p_{CO_2} - RT\ln p_{CO_2(MeCO_3)}$$
$$= 4.576[\lg p_{CO_2} - \lg p_{CO_2(MeCO_3)}] \qquad (2\text{-}18)$$

式中 $p_{CO_2(MeCO_3)}$——碳酸盐平衡离解压；

          p_{CO_2}——气相中二氧化碳的实际分压。

碳酸盐焙解时，可用体系自由能的变化值来衡量金属氧化物对二氧化碳亲和力的大小。当 $p_{CO_2}=$ 101.325kPa 时，此时的亲和力称为标准化学亲和力，因此，可用 $\Delta G^{\ominus}$ 衡量碳酸盐的热稳定性或金属氧化物对二氧化碳的亲和力。当 $p_{CO_2} > p_{CO_2(MeCO_3)}$ 时，反应向生成碳酸盐的方向进行，否则，碳酸盐则离解为金属氧化物和二氧化碳。图 2-14 为某些碳酸盐的离解压曲线，若操作条件选在 a 点，则菱铁矿、菱镁矿焙解，而方解石不焙解。要使方解石焙解可采用提高温度或降低气相中二氧化碳分压的方法来实现，但工业上皆采用加温法使方解石焙解。白云石的开始分解温度为 700～800℃，生成的菱镁矿于 600℃ 开始裂解并瞬时析出二氧化碳，方解石于 950℃ 的条件下分解完全，当温度高于 1000℃ 时开

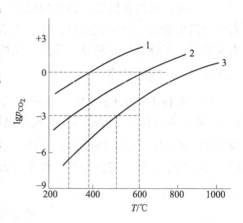

图 2-13   碳酸盐的离解压与温度的关系
1—$FeCO_3$（菱铁矿）；2—$MgCO_3$（菱镁矿）；
3—$CaCO_3$（方解石）

始生成密实的烧结块，故碳酸盐的焙解温度应低于 1000℃。降低气相中二氧化碳的分压，可以降低碳酸盐焙解的起始温度，如 $p_{CO_2}=$ 101.325kPa 时，方解石的焙解温度为 910℃，在空气中（$p_{CO_2}=0.30398$kPa）则为 800℃。

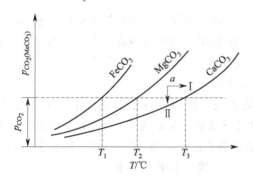

图 2-14   某些碳酸盐的离解压曲线

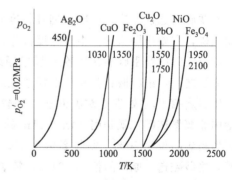

图 2-15   某些氧化物的离解压曲线

某些氧化物的离解压曲线如图 2-15 所示，从图中曲线可知，在空气中，磁铁矿最稳定，银和汞氧化物较易热离解，故银、汞可呈金属态存在于地壳中。硅、钒、钛、锆、铝、钡、钙等对氧的亲和力较大，而银、汞、铜、铅等对氧的亲和力较小。在高温时，铜、锌、钙等对硫有较大的亲和力，而且金属对氧的亲和力较对硫的亲和力小。高价化合物热离解时，开始分解为较低价的化合物。

由于各种化合物的热稳定性不同，控制煅烧温度和气相组成可使得某些化合物热离解或发生晶型转化，然后进行适当处理可达到除去杂质或富集有用组分的目的。如菱铁矿可在中

性气氛于 300～400℃下离解为磁铁矿，用弱场强磁选机选别；石灰石和菱镁矿可在约 900℃条件下焙解为氧化钙和氧化镁，氧化钙可用消化法分离，氧化镁可用重选法回收；碳酸盐型磷矿可用煅烧-消化工艺进行分选而得到高质量的磷精矿；锰矿物可在 600～700℃条件下煅烧使所有的锰矿物转化为黑锰矿，此工艺可用于处理难选锰中矿而获得锰精矿；顺磁性黄铁矿可在 700～1000℃条件下煅烧为单斜晶系的雌黄铁矿，此工艺可用于除去钼中矿中的黄铁矿；α-锂辉石（与硫酸不反应）在约 1000℃条件下煅烧可转变为能被硫酸有效分解的 β-锂辉石，在 α-锂辉石向 β-锂辉石转变的同时，锂辉石的围岩体积发生变化，可用空气分级法从围岩中分选出细级别的 β-锂辉石；绿柱石在 1700℃条件下于电弧炉中进行热处理，随后进行造粒淬火，可使绿柱石转变为易溶于硫酸的无定形态（玻璃状）绿柱石。

2.2.4.2 煅烧的应用

（1）菱铁矿的煅烧-磁选 菱铁矿属于三方晶系，晶形为菱面体。由于 Fe^{2+}、Mg^{2+}、Mn^{2+} 离子半径相近，容易相互置换形成类质同象。菱铁矿的主要化学成分是 $FeCO_3$，纯矿物含 Fe 48.2%，折合 FeO 62%、CO_2 38%；密度 3.7～3.9g/cm³，硬度 3.5～4.5。以 $FeCO_3$ 和 $MgCO_3$ 相互置换为例，根据二者相对含量的多少，可以赋予不同的矿物名称，如表 2-10 所示。

表 2-10　菱铁矿的分类

矿物名称	相对含量/%	
	Fe_2O_3	$MgCO_3$
菱铁矿	90～100	0～10
镁菱铁矿	70～90	10～30
菱镁铁矿	50～70	30～50
菱铁镁矿	30～50	50～70
铁菱镁矿	10～30	70～90
菱镁矿	0～10	90～100

菱铁矿的选别方法，一般根据其粒度嵌布特性来定。以前对于粗粒和中等粒度嵌布的单一菱铁矿，主要采用重选；中等粒度嵌布的菱铁矿则是用重选和其他选别方法联合处理；而对于细粒浸染的致密碳酸铁矿物一般采用煅烧-磁选工艺。目前，强磁选已是处理菱铁矿的重要方法之一，细粒嵌布菱铁矿的浮选也取得了很大进展。

用煅烧-磁选法处理菱铁矿也是一种较常用的方法。所用设备主要是竖炉、回转窑等。如德国菲塞堡选矿厂就是用 φ4m×11m 的竖炉煅烧菱铁矿。原矿含 Fe 28%，煅烧磁选处理后产出精矿品位为 50%，回收率达 95%。匈牙利巴奥选矿厂，用 φ3m×30m 回转窑煅烧菱铁矿，焙砂磁选，原矿品位 24.24%，精矿品位 44%，铁回收率 85.7%。

为了改进煅烧过程，提高技术经济指标，各国对焙烧炉型做了不少试验研究，相比之下以沸腾焙烧炉较好。这种设备既可保证产出的焙砂适合于磁选，又具有投资仅为回转窑的 1/3 的优点。

菱铁矿在煅烧过程中的化学反应，随炉内气氛和煅烧过程的温度不同而异。

若煅烧温度低于 570℃且不通入空气，$FeCO_3$ 的离解反应为：

$$3FeCO_3 == Fe_3O_4 + 2CO_2 + CO$$

若煅烧温度高于 570℃也不通入空气，$FeCO_3$ 的离解反应为：

$$FeCO_3 == FeO + CO_2$$

$$3FeO + CO_2 \Longrightarrow Fe_3O_4 + CO$$

如果在煅烧过程中通入少量空气，则除上述分解反应外，还有下列反应：

$$3FeCO_3 + \frac{1}{2}O_2 \Longrightarrow Fe_3O_4 + 3CO_2$$

$$3FeO + CO_2 \Longrightarrow Fe_3O_4 + CO$$

$$3Fe_2O_3 + CO \Longrightarrow 2Fe_3O_4 + CO_2$$

$$6FeO + O_2 \Longrightarrow 2Fe_3O_4$$

由上述可能发生的反应分析可知，菱铁矿的磁化煅烧应严格控制炉内气氛和温度。在中性或弱氧化气氛条件下，将矿石加热至一定的温度便可获得较好的煅烧效果。炉内的氧化或还原性气氛，对菱铁矿煅烧都不利，其原因是在这两种条件下均不利于 Fe_3O_4 的形成。

我国产出的一种赤铁矿与菱铁矿的复杂混合矿中，主要矿物是赤铁矿、菱铁矿，其次是褐铁矿、磁铁矿。脉石矿物主要是碎屑石英，其次是方解石、黏土矿物、鲕绿泥石等。原矿含 Fe 36% 左右。将上述组成矿石经适当的原料准备处理后，加入竖炉中于 700℃、中性气氛中煅烧 1h 左右，然后将焙砂细磨至 $-0.074mm$（-200 目）占 67%，再经磁选而产出品位为 57% 的铁精矿。精矿产出率 70% 左右，金属回收率 90%，尾矿含 Fe 14%。

（2）磷灰石的煅烧-消化　磷矿资源中含磷品位不高的矿石不宜直接用于生产磷肥，特别是脉石矿物以白云石、石灰石为主的碳酸盐矿物，因为它们在制造磷肥的过程中要消耗大量的硫酸。用一般的选矿方法难以分离这类脉石。采用煅烧-消化工艺处理可以较为有效地除去碳酸盐杂质，提高磷矿品位。

煅烧的主要目的是使磷矿石中的碳酸盐脉石组分受热分解，生成活性 CaO 和 MgO。同时，由于 CO_2 气体的逸出，使矿物结合体变为疏松多孔状，从而形成活性氧化物。活性氧化物在后续的消化过程中容易与水作用生成氢氧化物，达到有效并容易除去杂质的目的。

当矿石加热到一定温度时，石灰石、菱镁矿、白云石将发生以下主要化学反应：

$$CaCO_3 \Longrightarrow CaO + CO_2$$

$$MgCO_3 \Longrightarrow MgO + CO_2$$

$$CaCO_3 \cdot MgCO_3 \Longrightarrow CaCO_3 + MgO + CO_2$$

前已述及，上述反应的分解温度取决于气相中 CO_2 的分压。如 $CaCO_3$ 在含有 0.03% CO_2 的空气中加热时，温度达 530℃ 才开始分解。这里应注意的是：由于 $CaCO_3$ 与 $MgCO_3$ 是以固溶体状态赋存，白云石的分解使得 $CaCO_3$ 与 $MgCO_3$ 的活度降低，离解压降低，离解温度相应地上升。因而白云石中 $MgCO_3$ 离解温度显然不是 680℃ 而是 710～750℃，而 $CaCO_3$ 的分解完全温度变化不如 $MgCO_3$，约为 910～925℃。虽然 $CaCO_3$ 与 $MgCO_3$ 的分解温度不同，但在煅烧白云石过程中，$MgCO_3$ 分解结束与 $CaCO_3$ 分解开始之间并无明确的界限。

若矿石中含有 SiO_2，则煅烧温度不宜过高，否则会更加促进正硅酸盐（$2CaO \cdot SiO_2$ 及 $2MgO \cdot SiO_2$）的生成，降低 CaO 及 MgO 的活性。当然，也不宜过低，因为这会使碳酸盐分解反应速度太慢，而且 $CaCO_3$、$MgCO_3$ 也可能分解不完全而降低了分离效果。

所谓煅烧磷矿石的"消化"，就是将煅烧生成的活性 CaO 及 MgO 与水作用生成 $Ca(OH)_2$ 及 $Mg(OH)_2$，然后将其与磷矿石分离而产出磷精矿。消化工艺可分为两种，一种是使煅烧矿与少量水作用而生成 $Ca(OH)_2$ 及 $Mg(OH)_2$，再用机械设备分离磷矿石的干法消化工艺；另一种是加入大量水，使 $Ca(OH)_2$ 及 $Mg(OH)_2$ 呈微粒状悬浮于水中，其粒

度约 $1\mu m$，而磷矿石颗粒较大，密度为 $2.7\sim3.0g/cm^3$，故适当控制溢流排放速度便可使磷矿石得到有效分离，此法称为湿法消化。显然，干法工艺的劳动条件不如湿法工艺，且效果不佳。

我国某化工研究院曾对低品位磷矿做过试验研究，该原料化学成分列于表 2-11。

表 2-11 某磷矿的化学成分

样号	组分/%					
	P_2O_3	CaO	CO_2	SiO_2	Al_2O_3	Fe_2O_3
1	11.03	45.76	23.41	13.31	0.55	0.82
2	9.4	45.89	25.18	13.75	0.17	0.51

样号	组分/%					
	MnO	MgO	F	SO_3	H_2O	酸不溶物
1	0.16	0.39	1.66	0.76	1.44	13.73
2	0.12	0.53	1.27	0.84	1.68	13.93

将上述组成的矿石在回转窑内煅烧，控制料层最高温度为 $1000\sim1050℃$，煅烧 30min，烧减率 26% 左右。煅烧矿自然冷却至 50℃ 以下，送入卧式双轴反应器内消化。消化器进口水温 $25\sim30℃$，液固比为 5：1，消化时间 10min，煅烧矿粒度 $0\sim12mm$。得到的指标为：消化脱钙率 70%、磷回收率约 90%、粗精矿品位 15.27%P_2O_5。

由于原矿中含有较多的 SiO_2，必须在煅烧-消化后再脱硅才能产出磷精矿。若原矿含硅较低，则消化后即可得出磷精矿。

2.3 焙烧设备

焙烧在焙烧炉内进行。为了在工业上顺利实现焙烧过程，焙烧炉应当满足许多工艺要求。从气-固反应本身来看，最基本的要求就是能创造良好的气-固接触条件。目前工业实践中常用的焙烧炉有以下几种类型。

2.3.1 竖炉

竖炉适用于焙烧粒径为 $20\sim75mm$ 的块矿或由粉矿制成的直径为 $10\sim15mm$ 的球团矿。我国广泛采用的竖炉为鞍山式竖炉，目前鞍山式竖炉的有效容积有 $50m^3$、$70m^3$ 和 $100m^3$。而 $70m^3$ 的是在 $50m^3$ 竖炉的基础上改造而成的，其外形尺寸与 $50m^3$ 的几乎完全一样，只是加热带处的横向炉膛的宽度由 450mm 增加到 1044mm，且炉内加热带增设了一层横穿梁（共七根），故称为 $70m^3$ 梁式竖炉。

2.3.1.1 $50m^3$ 竖炉

$50m^3$ 竖炉的外形为长方体，炉体轮廓尺寸长 6m、宽 3m、高 9m，炉子结构如图 2-16 所示。沿炉体纵向自上而下分为三带（或三段）：

(1) 预热带 预热带位于由给料斗垂直向下至斜坡和加热带交点，此带高 2.7m。预热带炉膛耐火砖体的角度与矿石的下降速度、预热温度有直接关系。焙烧物料在此带利用上升废气的热量预热，此带平均温度为 $150\sim200℃$。

(2) 加热带 加热带位于由炉体腰部最窄处（即导火孔中心线至上部平行区）到炉体砌砖的斜坡交点，其高度为 $900\sim1000mm$，宽 400mm。加热带的宽度对炉体寿命、焙烧矿的质量影响很大。在焙烧物料粒度相同的情况下，加热带过宽，温度就较低，特别是在炉体中

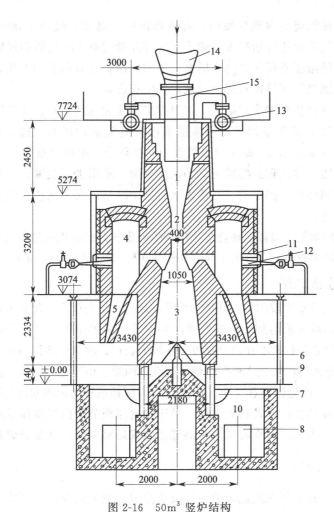

图 2-16　50m³ 竖炉结构

1—预热带；2—加热带；3—反应带；4—燃烧室；5—灰斗；6—还原煤气喷出塔；
7—排矿辊；8—搬出机；9—水箱梁；10—冷却水池；11—窥视孔；
12—加热煤气烧嘴；13—废气排出管；14—矿槽；15—给矿漏斗

心部位的矿石加热温度低，还原质量差，但此时炉体寿命长；加热带过窄，可使矿石温度提高，还原质量增强，但炉体砌砖磨损大，寿命短，炉子的产量也将降低。对于粒径为 20～75mm 的块状矿石，加热带的宽度以 240～500mm 为宜，对粉状矿石应适当窄些。

（3）反应带　反应带位于从加热带导火孔向下到炉底，有效高度为 2.6m。为了使矿石在反应带充分与还原气体接触，反应带呈向下扩散状。焙烧过程的主要化学反应在此带完成，最后通过炉底的卸料口将焙烧好的炉料排出炉外。

应当指出，上述工作带的划分随焙烧反应类型而异，通常预热带的作用变化不大。以上划分主要是对铁矿石的磁化焙烧而言。而在氯化焙烧中，加热带也是反应带，因为球团中的氯化剂（$CaCl_2$）的分解与析出氯气的氯化反应也是在此带内完成的。上述划分中的反应带在氯化焙烧中的作用主要是冷却球团矿。

炉体下部两侧有两个长 6m 的冷却水箱梁，用来承受整个炉体的重量。为防止炉壁受热变形，水箱梁内保持有足够的水量。且为防止水温过高，供给循环水。

在炉子中部两侧设有燃烧室，它的有效容积为 9.55m³。混合煤气和空气通过高压煤气喷嘴喷入燃烧室，在燃烧室内充分燃烧，起蓄热作用。温度一般为1000~1100℃，靠对流和辐射作用将热量从导火孔传给矿石。炉子下部还原带装有六个生铁铸成的还原煤气喷出塔（又称小庙），用来供给还原煤气。每个塔有三层檐，沿长度方向有四个孔，还原煤气由檐下喷出孔喷出，和被加热的下落矿石形成对流，把矿石还原。

炉子的最下部两侧装有四个排矿辊，用以排出反应完成的矿石。排矿辊转速视矿石反应情况而调节。排矿辊下面有搬出机，用来搬出已反应完成的矿石。搬出机全长为20.7m，宽0.83m，速度为5.3m/min。每个搬出机有100个斗子。电机容量为4.5kW。

为了不使空气通过排矿辊处的排矿口进入反应带，采用水封装置。它是一个用混凝土筑成的水槽，其中有循环水。排出的矿石落入水封槽中冷却，避免在较高温度下和空气接触重新被氧化而失去磁性。

竖炉装有一台抽烟机，以排出焙烧过程中产生的废气，抽烟机通过废气管道直接和炉内相通。抽烟机的抽风量15000m³/h，风压为980~1960Pa，转速为1300r/min，功率为20kW。

2.3.1.2　70m³ 改造炉型

新炉型炉内煤气分布比较均匀，并均匀地通过料层，炉内矿石下降速度也比较均匀。在加热带和反应带设置的横梁及附加瓦斯堡起缓冲和改善布料的作用，有利于矿石均匀下降和焙烧；克服了旧炉型中心部位矿石比边缘部位下落快的缺点；废气中残留的可燃气体较少，煤气有效利用率高，较好地解决了过去煤气燃烧不完全的问题。由于上述原因，新炉型具有强化加热（炉温提高20℃）、改善物料透气性、有利于气-固两相在移动床内的热交换等诸多优点。

竖炉的优点主要是生产率及热效率高，易于密封与调节炉内气氛和温度。但由于加热带横断面上温度分布不均匀，因而容易产生局部过烧或局部欠烧，这是竖炉的主要缺点。

2.3.2　沸腾焙烧炉

沸腾焙烧炉是近几十年发展起来的一种较新型的焙烧工艺设备，因其气固接触效率高且结构简单，适合于处理粉状物料。通常沸腾炉是一种圆形横断面的竖式炉，用于处理赤铁矿磁化焙烧的沸腾炉焙烧亦称"流态化"焙烧。其焙烧粒度为0~3mm（有时达0~5mm），可以处理竖炉不能处理的细粒级矿物。近几十年，我国已做了很多沸腾炉的试验，但由于目前还存在一些问题，设备还没有定型。但其优点十分明显，特别是无介质干式自磨设备的研制成功，为沸腾焙烧创造了更有利的条件。

2.3.2.1　沸腾的基本原理

炉子中的上升气流穿过料层时，由于料层对气流的阻力而产生压力降。压力降的大小与料层厚度、固体颗粒的大小和形状、堆积状态等密切有关。当气流速度不大时，料层是稳定的，颗粒之间的接触关系不变。气流速度增大到一定程度后，气流流过料层的压力降等于单位面积上料层受到的重力时，料层的稳定性受到破坏，颗粒之间的接触关系发生变化。由于固体颗粒受到气流摩擦力的作用，所有固体颗粒全部悬浮于上升气流中，料层开始沸腾（也叫流态化）。临界速度为固体料层开始沸腾时所需要的最低气流速度。当气流速度等于固体颗粒的自由沉落速度时，固体颗粒将被气流带走，此时气流的速度称为极限速度。

沸腾层的性质与液体沸腾的现象相似，其密度远小于固体的假密度。正常状态下，气体以微小的气泡均匀地穿过料层，使全部矿粒产生强烈搅动。沸腾层内温度、固体颗粒粒度基本上都是均匀分布的。

2.3.2.2 焙烧物料的还原及气流的运行过程

沸腾焙烧炉的结构有很多种，图 2-17 为我国曾进行半工业试验炉子的沸腾焙烧过程和炉子结构示意。

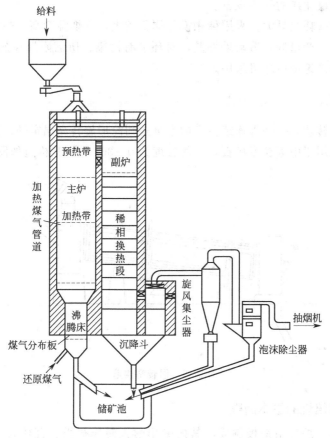

图 2-17 沸腾焙烧过程和炉子结构示意

固体物料经板式给矿机给入炉顶矿仓，再经给矿机进布料器以分散状态均匀加入主炉，并在自身重力作用下下降。固体物料与加热段送来的高温加热气流在稀相段（指固体体积小于 0.01% 的固-气两相混合物）内进行换热。矿粉加热至还原所需温度，进入浓相沸腾床中与还原煤气的气流充分接触，发生还原反应。沸腾炉内是一种两相间的作用过程，所谓两相，即指稀相加热、浓相还原。还原产物的粗粒，在沸腾床下经星轮排料器排入矿池。主炉中上升气流（速度与最大颗粒有关，一般为 1~2m/s）对给入的矿粉进行分级，其粗粒部分进入浓相沸腾床还原，细粒部分则被上升气流带入副炉，在副炉中与气流同向运行，即所谓半载流。载流气体保持还原气氛（其中 4% 左右的 CO+H_2）和还原所需要温度（500℃以上），使细粒矿石在半载流过程中完成还原焙烧。其一部分由沉降斗排入矿浆池，另一部分由废烟气带走，经除尘器回收。

冷却矿浆池的矿浆经砂泵送至选别车间进行处理，还原煤气经加热机送至沸腾床下。在主炉部分，加热煤气分两段给入，副炉内有一备用加热煤气管道，当炉温低时可以作为热源补充热量。

2.3.2.3 沸腾炉的优缺点

与竖炉相比，其优缺点如下。

（1）优点　沸腾焙烧处理物料细（0～3mm），气流与固体颗粒接触面大，传热效果好；沸腾层中物料温度和气流分布容易维持均匀；气流通过矿粒的扩散阻力小，有利于加速还原反应；温度波动小，矿石在炉内停留时间容易控制；焙烧质量高，容易实现大型化和自动化，成为目前处理硫化矿的代表设备。

（2）缺点　设备耗电量大；采用稀相换热体积较大，排烟温度高，热损失大，燃料消耗高；焙烧时间过长，产量低；劳动条件差，对环境有污染；所需附属设施多，投资经费高，一般需经过技术经济论证后才可采用。

2.3.3　回转窑

回转窑又称回转炉，是一种连续生产的空卧式圆筒形旋转高温窑炉。这种窑炉在国外应用得较多，主要应用于中等粒度矿石，一般粒度为 0～30mm，其构造如图 2-18 所示。

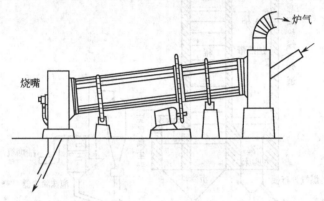

图 2-18　回转窑构造

2.3.3.1　回转窑焙烧的基本原理

炉体为圆筒形，炉身用钢板制成，其内壁用耐火砖作衬里。直径为 3.6～4m，长度达50m 或更长，炉身可沿长度方向分三带，即加热带、反应带和冷却带。矿石从炉子一端由圆盘给矿机给入溜槽，再沿溜槽进入炉子加热区。在炉内，矿石与热气流逆向移动。矿石在加热区被加热到还原所需温度。为了使气流和矿石充分接触，炉内装入搅拌叶片。加热后的矿石进入到反应带，与还原煤气发生反应，形成还原产物。之后，还原产物进入冷却带，与进入的还原气体相遇，矿石被冷却的同时将还原气体预热。最后排出炉外的焙烧产物，温度为 50～70℃。矿石在炉内停留时间为 2～4h。

炉内温度为 550～600℃，处理 1t 矿石所需热耗为 1.09～1.26GJ，炉子的充填系数为20%～30%。炉子的处理能力与给矿粒度和炉子规格有关，给矿粒度为 0～30mm，炉子规格为 3.6m×50m 时，处理能力为 1000t/d。

2.3.3.2　回转窑的优缺点

这种炉子的优点为：结构简单，易于建造、维修；搅拌良好；热分布均匀；适应性较强，可广泛用于还原焙烧、氧化焙烧、挥发焙烧等多种焙烧环境。

这种炉子的缺点为：耗钢量大，设备费、建设费均比竖炉高；电能消耗、热量消耗都高；温度难以控制；一旦形成所谓的环状炉结，会给操作带来困难；生产率和热效率都比较低；设备检修工作量大且周期短，作业率低。因此，目前我国应用不多。

本章思考题

1. 影响焙烧反应速度的因素有哪些？
2. 焙烧指的是什么？有哪些类型？
3. 简述还原焙烧的基本原理以及焙烧过程中常用的还原剂。
4. 简述影响还原焙烧的因素。
5. 氧化焙烧与硫酸化焙烧的基本原理及二者的区别是什么？
6. 试述氧化焙烧及硫酸化焙烧的影响因素。
7. 试述氧化焙烧及硫酸化焙烧的应用。
8. 什么是氯化焙烧？常用的氯化剂有哪些？
9. 什么是煅烧？简述其应用。

第 3 章

浸 出

3.1 概述

3.1.1 浸出概念

浸出是采用适宜的浸出剂选择性地从固体原料中溶解某组分的工艺过程。浸出的作用是使固体原料中的目的组分选择性地溶解到浸出剂中，从而实现目的组分与杂质组分或脉石矿物的初步分离，包含目的组分的提取与分离两个基本过程。

浸出过程所采用的固体原料包括矿石物料、冶金中间物料（如阳极泥、焙砂、锍）、烟尘、炉渣等，还包括电子垃圾、生活垃圾等固体废弃物，以及二次资源等固体废弃物。本书所涉及的浸出原料以矿物原料为主，通常为采用物理选矿方法（如重选、浮选、电选、磁选和放射性选矿等）难以处理的原矿，物理选矿的中矿、尾矿、粗精矿、贫矿、表外矿以及冶金过程的中间产品等。

浸出作业中所用的试剂为浸出剂，浸出后的溶液为浸出液，浸出后的残渣为浸出渣。浸出过程中，一般使目的组分进入浸出液，杂质组分留在残渣中，从而达到有用组分提取、分离的目的。在材料加工过程中，也可采用浸出过程除去在加工过程中带入的某些杂质。

3.1.2 浸出反应

固体物料在浸出剂中的溶解过程分为物理溶解和化学溶解两种，其中化学溶解包含交换反应、氧化还原反应和络合反应，大多数情况下的浸出过程属于化学溶解。

3.1.2.1 物理溶解

物理溶解是指矿物原料中有用组分在某一温度条件下，直接溶解于水或其他溶剂（盐的饱和溶液）中不发生化学反应，而脉石矿物难以溶解，从而实现有用组分与杂质分离的过程。如硫酸铜的提纯以及食盐工业中的除杂。常见的浸出工艺为水浸工艺。

3.1.2.2 交换反应

（1）化合物（主要是氧化物）直接溶于酸或碱　例如锌焙砂浸出时，其中的 ZnO、$ZnO \cdot$

Fe_2O_3 等直接与 H_2SO_4 作用，生成相应的硫酸盐进入溶液，钛铁矿（$FeO \cdot TiO_2$）用盐酸或稀硫酸选择性浸出 FeO 等。

（2）复分解反应　主要是难溶化合物与浸出剂之间的复分解反应，又分为以下两种情况。

① 使组成该难溶化合物的一种元素或离子进入溶液，而其他离子或元素进入另一种难溶的化合物中。如黑钨矿的 NaOH 浸出。

$$(Fe,Mn)WO_4(s)+2NaOH(aq)=Na_2WO_4(aq)+Fe(OH)_2(s)[Mn(OH)_2(s)]$$

② 将组成该难溶化合物的一种元素或离子团浸入溶液而其他的成气体进入气相或变成难电离物进入溶液，例如伴生矿物方解石的酸浸反应：

$$CaCO_3(s)+2HCl(aq)==CaCl_2(aq)+H_2O+CO_2\uparrow$$

3.1.2.3　氧化还原反应

氧化还原反应是化学浸出过程中常见的化学反应过程。如闪锌矿等有色金属硫化矿的氧压浸出：

$$2ZnS(s)+2H_2SO_4(aq)+O_2==2ZnSO_4(aq)+2H_2O+2S(s)$$

辉锑矿等有色金属硫化矿的氯盐浸出（或氯化浸出）：

$$Sb_2S_3(s)+6FeCl_3(aq)==2SbCl_3(aq)+6FeCl_2(aq)+3S(s)$$
$$2FeCl_2(aq)+Cl_2==2FeCl_3(aq)$$

原生铀矿的碳酸盐浸出：

$$2UO_2(s)+2Na_2CO_3(aq)+4NaHCO_3(aq)+O_2==2Na_4UO_2(CO_3)_3(aq)+2H_2O$$

3.1.2.4　络合反应

有价金属不仅发生物理溶解、氧化还原等上述浸出反应，同时生成络合物进入溶液，如红土矿经还原焙烧后的氨浸出：

$$Ni(s)+nNH_3+CO_2+\frac{1}{2}O_2==Ni(NH_3)_n^{2+}+CO_3^{2-}$$

$$Co(s)+nNH_3+CO_2+\frac{1}{2}O_2==Co(NH_3)_n^{2+}+CO_3^{2-}$$

自然金矿的氰化物和硫代硫酸盐浸出：

$$4Au(s)+8NaCN(aq)+2H_2O+O_2==4NaAu(CN)_2(aq)+4NaOH(aq)$$
$$4Au(s)+8S_2O_3^{2-}(aq)+2H_2O+O_2 \longrightarrow 4Au(S_2O_3)_2^{3-}(aq)+4OH^-(aq)$$

在某种意义上说，钽铌铁矿的氢氟酸分解亦属此类：

$$[Fe_x,Mn_{(1-x)}][Ta_y,Nb_{(1-y)}O_3]_2(s)+12HF(aq)==$$
$$xFeF_2(s)+(1-x)MnF_2(s)+2yTaF_5+2(1-y)NbF_5+6H_2O$$
$$TaF_5+2HF(aq)==H_2TaF_7(aq)$$

3.1.3　浸出分类

矿物原料的浸出方法较多，有各种不同的分类方法。根据浸出试剂为无机物或有机物，可分为水溶剂浸出和非水溶剂浸出。前者是采用各种无机化学试剂的水溶液或水作浸出剂，后者是采用有机溶剂作浸出剂。详细分类见表 3-1。

表 3-1　浸出试剂分类

浸出方法		常用浸出试剂
水溶剂浸出	酸法	稀硫酸、浓硫酸、盐酸、硝酸、氢氟酸、亚硝酸等
	碱法	碳酸钠、氢氧化钠、氨水、硫化钠等
	盐浸	氯化钠、氯化铁、硫酸铵、氯化铜、次氯酸钠等
	热压浸出	酸或碱、水
	细菌浸出	硫化矿物＋菌种＋培养基
	络合浸出	氧化剂＋络合剂
	电化学浸出	用电解方法生成氧化剂和浸出剂
	水浸出	水
非水溶剂浸出		有机溶剂

根据浸出过程中被浸物料和浸出剂的流动方式，浸出可分为渗滤浸出和搅拌浸出。渗滤浸出是浸出剂在重力作用下自上而下或在压力作用下自下而上通过固定物料层的浸出过程。渗滤浸出可细分为就地渗滤浸出（地浸）、矿堆渗滤浸出（堆浸）和槽式渗滤浸出（槽浸）等。搅拌浸出是将磨细的矿物原料与浸出剂放入浸出搅拌槽中，在进行强烈搅拌的条件下完成浸出的过程。渗滤浸出法只适用于某些特定的条件，而搅拌浸出法使用非常普遍。

根据浸出时的温度和气体压力条件，浸出可分为常温常压浸出和高温高压（热压）浸出两大类。目前，常温常压浸出较常见，但热压浸出可提高浸出速率和浸出率，其应用范围正日益扩大。

根据浸出过程的化学反应原理，浸出可分为一般浸出、络合浸出、热压浸出、电化学浸出和细菌浸出等。

根据被浸原料的特性和浸出的目的，浸出作业可浸出有用组分，也可浸出杂质组分或作为浸出作业前的预处理作业。

3.1.4　浸出过程评价

（1）浸出率　浸出过程中某组分的浸出率是指该组分转入溶液中的量与其在原料中的总量之比的百分数，用 η 表示。浸出率（η）可按下式计算：

$$\eta = \frac{CV}{Q\alpha} \times 100\% = \frac{Q\alpha - m\delta}{Q\alpha} \times 100\% \tag{3-1}$$

式中　Q——原料的干量，kg；

α——原料中某组分的品位，%；

δ——浸渣中该组分的品位，%；

C——浸出液中该组分的浓度，kg/m³；

V——浸出液体积，m³；

m——浸渣的干重，kg。

浸出率是浸出工艺的一个重要指标。对于某一具体的浸出过程，要求被浸组分的浸出率越高越好，而对杂质成分则希望其浸出率越低越好，即浸出过程不仅要保证被浸组分最高的浸出率，而且应具有选择性。

（2）浸出选择性　浸出过程中，用目的组分（即要求用浸出法回收的组分）的浸出率 η_1 与杂质组分（要求留在浸渣中的组分）的浸出率 η_2 的比值来衡量浸出过程的选择性，则：

$$\beta = \frac{\eta_1}{\eta_2} \tag{3-2}$$

浸出选择性系数为相同浸出条件下,各组分的浸出率之比。此值越接近1,其浸出选择性越差。

3.1.5　常见矿物浸出方法

浸出方法和浸出剂的选择主要取决于被浸原料的矿物组成和化学组成、浸出目的组分、原料的结构构造、浸出剂的价格、对矿物原料的反应能力及对设备材质的要求等。如物理选矿产出的钨精矿含有砷、锡、铜、铋等杂质含量超标时,则常采用焙烧法除砷、除锡,用浮选法除铜,用浸出法除铋;若浮选金精矿中金主要呈包体金形态存在,浸金前须预先采用相应方法进行处理,使自然金粒单体解离或裸露。常见矿物类型及浸出剂应用见表3-2。

表 3-2　常见矿物类型及浸出剂应用

浸出剂	浸出矿物类型	脉石
稀硫酸	铀、钴、镍、铜、磷等氧化矿,镍、钴、锰硫化物,磁黄铁矿	酸性
稀硫酸+O_2	有色金属硫化矿、晶质铀矿、沥青铀矿、含砷硫化矿	酸性
盐酸	氧化铋、辉铋矿、磷灰石、白钨矿、氟碳铈矿、复稀金矿、辉锑矿、磁铁矿、白铅矿	酸性
热浓硫酸	独居石、易解石、褐钇铌矿、钇易解石、复稀金矿、黑稀金矿、氟碳铈矿、烧绿石、硅铍钇矿、楣石	酸性
硝酸	辉钼矿、银矿物、有色金属硫化矿物、氟碳铈矿、细晶石、沥青铀矿	酸性
王水	金、银、铂族金属	酸性
氢氟酸	钽铌矿物、磁黄铁矿、软锰矿、钛石、烧绿石、楣石、霓石、磷灰石、云母、石英、长石	酸性
亚硫酸	软锰矿、硬锰矿	酸性
氨水	铜、镍、钴氧化物,硫化铜矿物,铜、镍、钴金属,钼华	碱性
碳酸钠	白钨矿、铀矿	
$Na_2S+NaOH$	砷、锑、锡、汞硫化矿	
氢氧化钠	铝土矿、铅锌硫化矿、锑矿、含砷硫化矿、独居石	
氯化钠	白铅矿、氯化铝、离子吸附稀土矿、氯化焙砂、氯化焙烧烟尘	
Fe^{3+}+酸	金、银、铜矿物	
氯化铜	有色金属硫化矿、铀矿	
硫脲	金、银、铋矿,汞矿	
氯水	有色金属硫化矿、金、银	
热压氧浸	有色金属硫化矿、金、银、独居石、磷钇矿	
细菌浸出	铜、钴、锰、铀矿,有色金属硫化矿,硫砷铁矿、黄铁矿	
水浸	盐、芒硝、天然碱、钾矿、硫酸铜、硫酸化烧渣、钠盐烧结块	
硫酸铵等盐溶液	离子吸附型稀土矿	

3.2　浸出过程基本理论

浸出过程基本理论包含浸出热力学、浸出动力学和浸出电化学。浸出热力学是解决浸出过程中反应进行的可能性和进行的限度及所需热力学的条件;浸出动力学是研究浸出过程中,相应的化学反应发生的快慢程度,它决定了浸出过程的时间成本。下面将分别介绍相关理论。

3.2.1　浸出热力学

浸出过程的热力学主要是研究在一定条件下浸出反应进行的可能性、进行的限度及使之进行所需的热力学条件，并从热力学的角度探索新的可能的浸出方案，为解决这些问题，重要的方法是求出反应的标准吉布斯自由能变化 $\Delta_r G_T^\ominus$、给定条件下反应的吉布斯自由能变化 $\Delta_r G_T$ 及反应的平衡常数 K，同时许多学者运用热力学原理及已有的热力学数据绘制了大量的电势-pH 图，这些图是直接研究浸出反应特别是有氧化还原的浸出反应的有效工具，分别介绍如下。

3.2.1.1 浸出过程标准吉布斯自由能变

浸出反应的标准吉布斯自由能变化是判断在标准状态下它能否自动进行的标志，同时也是计算在给定条件下反应的吉布斯自由能变化（$\Delta_r G_T$）和浸出反应平衡常数的重要数据。根据反应物和生成物的热力学参数，运用热力学原理，可求任意温度下的 $\Delta_r G_T^\ominus$ 值。设浸出时被浸物料中 A 物质与溶解在水相中的浸出剂 B 反应生成 C 和 D，即：

$$a\,A(s) + b\,B(aq) \Longrightarrow c\,C(s) + d\,D(aq) \tag{3-3}$$

其中 B、D 可为化合物或离子，此反应的 $\Delta_r G_T^\ominus$ 的计算方法如下。

① 当已知反应物及生成物的标准摩尔吉布斯自由能，或其标准摩尔生成吉布斯自由能，则：

$$\Delta_r G_T^\ominus = c G_{m(C)T}^\ominus + d\,\overline{G_{m(D)T}^\ominus} - a G_{m(A)T}^\ominus - b\,\overline{G_{m(B)T}^\ominus} \tag{3-4}$$

或者：

$$\Delta_r G_T^\ominus = c\,\Delta_f G_{m(C)T}^\ominus + d\,\overline{\Delta_f G_{m(D)T}^\ominus} - a\,\Delta_f G_{m(A)T}^\ominus - b\,\overline{\Delta_f G_{m(B)T}^\ominus} \tag{3-5}$$

式中　$G_{m(A)T}^\ominus$，$G_{m(C)T}^\ominus$——物质 A、C 在温度为 T（K）时的标准摩尔吉布斯自由能，kJ/mol；

$\Delta_f G_{m(A)T}^\ominus$，$\Delta_f G_{m(C)T}^\ominus$——物质 A、C 在温度为 T（K）时的标准摩尔生成吉布斯自由能，kJ/mol；

$\overline{G_{m(B)T}^\ominus}$，$\overline{G_{m(D)T}^\ominus}$——水溶液中物质 B(aq)、D(aq) 在温度为 T（K）时的标准摩尔吉布斯自由能，kJ/mol；

$\overline{\Delta_f G_{m(B)T}^\ominus}$，$\overline{\Delta_f G_{m(D)T}^\ominus}$——水溶液中物质 B(aq)、D(aq) 在温度为 T（K）时的标准摩尔生成吉布斯自由能，kJ/mol。

水溶液中，一般以物质的浓度为 1mol/L 的理想溶液为其标准状态，其 $\overline{G_m^\ominus}$、$\overline{\Delta_f G_m^\ominus}$ 值均采用该标准状态下的数值。$\overline{G_m^\ominus}$ 实际上为该标准状态下该物质的偏摩尔吉布斯自由能值。

② 当已知反应物和生成物在 298K 时的标准摩尔生成焓（$\Delta_f H_{m,298}^\ominus$）或标准摩尔焓（$H_{m,298}^\ominus$）、标准摩尔熵（$S_{m,298}^\ominus$）以及其标准摩尔热容（$C_{p,m}^\ominus$）与温度关系式时，则可首先按照热力学的方法计算出 298K 时反应的标准焓变 $\Delta_r H_{298}^\ominus$、标准熵变 $\Delta_r S_{298}^\ominus$、标准吉布斯自由能变 $\Delta_r G_{298}^\ominus$ 以及反应的标准摩尔热容变化 $\Delta_r C_p^\ominus$ 与温度的关系，再求出 $\Delta_r G_T^\ominus$。

$$\Delta_r G_T^\ominus = \Delta_r H_{298}^\ominus + \int_{298}^T \Delta_r C_p^\ominus \, dT - T\Delta_r S_{298}^\ominus - T\int_{298}^T (\Delta_r C_p^\ominus / T) dT \tag{3-6}$$

$$\Delta_r G_T^\ominus = \Delta_r G_{298}^\ominus - (T - 298)\Delta_r S_{298}^\ominus + \int_{298}^T \Delta_r C_p^\ominus \, dT - T\int_{298}^T (\Delta_r C_p^\ominus / T) dT \tag{3-7}$$

应用以上两式求标准摩尔吉布斯自由能时，生成物或反应物的标准摩尔焓、标准摩尔熵和标准摩尔热容均应为水溶液标准状态下的值，或为水溶液中的标准偏摩尔值。同时，在温度为 298K～T 范围内，各物质均无相变，若有相变，需考虑相变引起的 $\Delta_r C_p^\ominus$ 值的变化。计算 $\Delta_r G_T^\ominus$ 所需的标准数据可从相关的热力学数据手册查找。

3.2.1.2 浸出平衡常数

浸出过程中，假设发生化学反应如下，则平衡常数 K 为：

$$a\text{A(s)} + b\text{B(aq)} = c\text{C(s)} + d\text{D(aq)}$$

$$K = \frac{a_C^c a_D^d}{a_B^b} \tag{3-8}$$

式中　a_B，a_C，a_D——反应达到平衡后物质 B、C 和 D 的活度。

平衡常数与温度有关，与物质的浓度无关。K 值大小决定了该反应进行的可能性的大小及限度，K 值越大，则反应进行的可能性越大，反应越彻底。

在实际浸出过程中，浸出体系比较复杂，反应物或生成物的活度难以测定。因此，常采用反应物或生成物的浓度来替代活度计算反应的平衡常数，此时计算出来的平衡常数称为表观平衡常数 K_c（亦称为浓度商）。

$$K_c = \frac{[C]^c [D]^d}{[B]^b} \tag{3-9}$$

式中　$[B]$，$[C]$，$[D]$——浸出达平衡后浸出液中 B、C、D 的浓度。

对非电解质溶液而言，K 与 K_c 的关系为：

$$K = \frac{a_C^c a_D^d}{a_B^b} = \frac{\gamma_C^c [C]^c \gamma_D^d [D]^d}{\gamma_B^b [B]^b} = K_c \frac{\gamma_C^c \gamma_D^d}{\gamma_B^b} \tag{3-10}$$

式中　γ_B，γ_C，γ_D——浸出液中物质 B、C、D 的活度系数。

由于活度系数与浸出液中组分的浓度有关，因此，K_c 不仅与温度有关，还与物质组分在浸出液中的浓度有关。杨显万等研究了白钨矿在 150℃ 下，分别从正向和逆向测定了 K_c 与 NaOH 质量摩尔浓度的关系，结果见表 3-3。

$$\text{CaWO}_4\text{(s)} + 2\text{NaOH(aq)} = \text{Ca(OH)}_2\text{(s)} + \text{Na}_2\text{WO}_4\text{(aq)} \tag{3-11}$$

表 3-3　反应式(3-9) 中 K_c 与 NaOH 质量摩尔浓度的关系（150℃）

NaOH 质量摩尔浓度/（mol/kg）	2.0	2.56	3.19	4.06
$K_c \times 10^3$/(kg/mol)	11.0	13.9	16.2	20.5

K_c 值除可以用来判断反应进行的可能性和限度外，亦可用以计算将浸出反应进行到底所需浸出剂的最小过量系数，对如下反应而言：

$$a\text{A(s)} + b\text{B(aq)} = c\text{C(s)} + d\text{D(aq)}$$

浸出剂 B 的加入量至少为下列两者之和。

① 反应消耗量：

$$m_{B(耗)} = \frac{b}{a} m_A = \frac{b}{d} m_D \tag{3-12}$$

式中　$m_{B(耗)}$——反应消耗的浸出剂的物质的量；

　　m_A，m_D——反应物 A 与生成物 D 的物质的量。

② 浸出液中 D 保持平衡所需的量 $m_{B(剩)}$。

故最小过剩系数：

$$\beta = \frac{m_{B(剩)}}{m_{B(耗)}} = \frac{d m_{B(剩)}}{b m_D} \tag{3-13}$$

当反应达到平衡时有：

$$K_c = \frac{[D]^d}{[B]^b}, \text{则} [B] = \left(\frac{[D]^d}{K_c}\right)^{\frac{1}{b}} \tag{3-14}$$

因此，

$$\beta = \frac{dm_{B(\text{剩})}}{bm_D} = \frac{d[B]}{b[D]} = \frac{d\left(\frac{[D]^d}{K_c}\right)^{\frac{1}{b}}}{b[D]} \tag{3-15}$$

针对白钨矿在碱中的浸出反应而言，如式(3-3)，$a=b=c=d=1$，则：

$$CaWO_4(s) + 2NaOH(aq) = Ca(OH)_2(s) + Na_2WO_4(aq)$$

$$\beta = \frac{1}{K_c} \tag{3-16}$$

浸出过程中平衡常数和表观平衡常数均可以通过相应的实验方法求得，实验方法可查阅相关物理化学实验手册。除此之外，平衡常数还可通过已知的热力学数据直接计算出来。下面将简要介绍一下几种平衡常数的计算方法。

3.2.1.3 已知浸出反应的标准吉布斯自由能变计算平衡常数

从3.2.1.1小节中可得知，标准吉布斯自由能变化可以采用多种方法求得。一旦知道浸出反应的标准吉布斯自由能变可根据式(3-17)求出反应在温度为T(K)时的平衡常数K。此方法是求平衡常数K最常用的方法。

$$\Delta_r G_T^{\ominus} = -RT\ln K \tag{3-17}$$

3.2.1.4 溶解平衡常数计算

浸出过程在绝大部分情况下均是在水溶液中进行的。在水溶液中，矿物及其化合物在溶液中常以离子（或络离子、离子对、分子等）形式存在，这些离子处于相对的动态平衡。然而，每种矿物在水溶液中的溶解度不同，采用每种矿物在水中的不同溶解度可选择性地提取分离目的矿物。因此，矿物在水溶液中的溶解热力学行为对选择性浸出至关重要，其中矿物或各种化合物的溶解度和溶度积是了解溶解热力学的重要途径。

对于液体中固体的理想溶液，在所有可能浓度范围内，施列捷尔采用拉乌尔定律和应用有名的克劳休斯-克莱普朗方程式，导出了方程式：

$$\ln N = -\frac{\lambda(T_{\text{热}} - T)}{RTT_{\text{热}}} \tag{3-18}$$

式中 N——溶液中溶质的物质的量；

     λ——固态物质熔化热，kcal/mol；

     T——溶质的熔点，K；

  $T_{\text{热}}$——发生熔解的温度，K；

     R——气体常数，1.987kcal/(K·mol)。

这个公式可以计算液体中固体的理想溶解度（仅定性地表示实际溶解度）。根据施列捷尔方程可得出以下重要结论：①液体中固体的溶解度随着温度的升高而增大；②在给定的温度下，在液体中熔点较高的固体比熔点低的固体溶解少；③在给定的温度下，在液体中溶解的、具有同样熔点的两种固体，熔化热高的固体溶解的少。施列捷尔方程是在假定熔化热与温度无关的情况下导出的，如果考虑λ随着温度而变化，那么可更接近于实际。液体中固体的实际溶解度一般不同于理想溶解度，只有在某些个别液体中，一些物质的实际溶解度才接近理想溶解度。

（1）溶度积的定义和共同离子效应　当一种电解质在一定温度和压力下溶解达到饱和时，该盐的溶解度由溶液的自由焓确定，即：

$$\Delta G_{溶解}^{\ominus} = -RT\ln K_{sp} = \Delta H_{溶解}^{\ominus} - T\Delta S \tag{3-19}$$

式中　K_{sp}——溶度积。采用质量作用定律可以表示为：

$$K_{sp} = \frac{a_+^{v^+} a_-^{v^-}}{a_\pm} \tag{3-20}$$

式中　$a_\pm$——固体盐的活度，其值为1。因此，溶度积的定义又可以写成：

$$K_{sp} = a_+^{v^+} a_-^{v^-} = m_+^{v^+} m_-^{v^-} \gamma_+^{v^+} \gamma_-^{v^-} = m_+^{v^+} m_-^{v^-} \gamma_\pm \tag{3-21}$$

式中　$\gamma_\pm$——正、负离子在溶液中的活度系数；

　　　m——离子的质量摩尔浓度。

对于难溶盐，离子浓度很稀，平均活度系数可认为接近于1，此时式（3-21）可化为：$K_{sp} = m_+^{v^+} m_-^{v^-}$。

对于体积摩尔浓度，可得到类似的关系式：$K_{sp} = c_+^{v^+} c_-^{v^-}$。

所表示的意义是：当溶液中某种电解质溶解达到饱和后，其离子的活度乘积是一个常数，并与存在于溶液中的其他电解质的性质无关。如果有共同离子存在时（由其他电解质引入），它也包括在溶（活）度积项内，因此，共同离子加入将使电解质的溶解度比单独溶解时小。这种共同离子效应广泛用于回收微溶盐中的有价组分。例如，浸出液中含有银盐时，加入氯化物可使银生成氯化银沉淀，按照式（3-21）：

$$K_{sp(AgCl)} = a_{Ag}^+ a_{Cl}^-$$

当向溶液中添加 NaCl 时，则浸出液中氯离子活度 $a_{Cl}^\pm$ 增大，由于在恒温恒压下 $K_{sp(AgCl)}$ 为常数，a_{Cl}^- 的增加导致 a_{Ag}^+ 必然下降，从而有利于 Ag 的沉淀完全。

（2）非共同离子对盐溶解度的影响　现设任意一种微溶盐在纯水中的溶解度为 S_0，因为溶液很稀，盐（MeA）在溶液中完全离解，离子浓度可分别表示为：$c_{Me^+} = v_+ S_0$ 和 $c_{A^-} = v_- S_0$。从式（3-21）可得：

$$K_{sp} = (v_+ S_0)^{v^+} (v_- S_0)^{v^-} \gamma_{c_\pm}^v = (v_+^{v^+} v_-^{v^-}) S_0^v \gamma_{c_\pm}^v$$

对于一价型的微溶电解质而言，

$$K_{sp} = S_0^2 \gamma_0^2 \tag{3-22}$$

由于为稀溶液，$\gamma_0 \approx 1$，固上式可化为：$K_{sp} = S_0^2$。

当添加不含有共同离子的惰性电解质时，上述微溶盐的溶解度应写成 S，而 Me^+ 和 A^- 的平均活度系数为 $\gamma_\pm$，则式（3-22）改写为：

$$K_{sp} = S^2 \gamma_\pm^2 \tag{3-23}$$

根据德拜-尤格尔公式可以看出，活度系数将随溶液的离子强度增大而减小，为了保持溶度积不变，从式（3-23）可知，溶解度必须增大。

$$\lg \gamma_\pm = -A n_+ n_- \sqrt{I} \tag{3-24}$$

下面扼要讨论一下溶解度和离子强度的关系。因为 $S_0\gamma_0 = S\gamma$，代入式（3-24）移项并取对数，得：

$$\lg \frac{S}{S_0} = \lg\gamma_0 - \lg\gamma = A n_+ n_- (\sqrt{I} - \sqrt{I_0}) \tag{3-25}$$

式中 I_0——仅有微溶盐溶解时的离子强度；

I——混合溶液的离子强度。

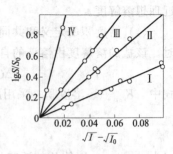

图 3-1 溶解度规律与
德拜-尤格尔理论
Ⅰ—1-1 价；Ⅱ—2-2 价；
Ⅲ—3-1 价；Ⅳ—3-3 价

许多研究者采用 $\lg \dfrac{S}{S_0}$ 对 $(\sqrt{I}-\sqrt{I_0})$ 作图，发现可以很好地拟合成直线，如图 3-1 所示。

图 3-1 表示了不同价型电解质的溶解度比值与离子强度的关系。由该图可以看到，盐的价态越高，惰性电解质对其溶解度的影响就越显著，同时，惰性电解质的价型越高，也有同样的影响，可为盐溶效应提供理论基础。应当指出，德拜-尤格尔公式及其修正式是在一定浓度范围内使用的，当溶液浓度增大时，活度系数经过一个最小值后便上升，这时将出现与上述规律相反的现象。

除此之外，对物质溶解度产生影响的因素还包括：络合物的生成，如向氯化亚铜（CuCl）溶液中添加氯离子（Cl^-）将生成络离子 $CuCl_2^-$ 和 $CuCl_3^{2-}$ 促进 CuCl 的溶解；温度和颗粒大小也会影响物质的溶解度。

3.2.1.5 氧化还原反应平衡常数计算

设浸出的氧化还原反应如式(3-26)，其中 $A_{(Re)}$ 和 $A_{(Ox)}$ 表示物质 A 的还原态和氧化态，$B_{(Re)}$ 和 $B_{(Ox)}$ 表示物质 B 的还原态和氧化态。当反应达到平衡时，$E^{\ominus}=0$，则此时根据氧化还原反应的标准电动势可求出反应的平衡常数 K，如式(3-27)：

$$m A_{(Re)} + p B_{(Ox)} \Longrightarrow k A_{(Ox)} + f B_{(Re)} \tag{3-26}$$

$$E^{\ominus} = -\frac{RT}{ZF} \ln \left[\frac{a_{B_{(Ox)}}^p \, a_{A_{(Re)}}^m}{a_{B_{(Re)}}^f \, a_{A_{(Ox)}}^k} \right] = \frac{RT}{ZF} \ln K \tag{3-27}$$

3.2.1.6 络合浸出平衡常数计算

当浸出剂中含有目的组分的络合剂时，某些难氧化的正电性金属可与络合剂作用，可大幅度降低其被氧化的还原电位，形成稳定的络合物转入浸液中。

假设其络合反应为：

$$Me^{n+} + zL \longrightarrow MeL_z^{n+} \tag{3-28}$$

式中 Me^{n+}——金属阳离子；

L——络合体（可带电或不带电）；

z——金属阳离子的配位数。

络合反应可由下列反应合成：

① $Me + zL \longrightarrow MeL_z^{n+} + ne^- - \varepsilon_{MeL_z^{n+}/Me}^{\ominus}$

② $Me^{n+} + ne^- \longrightarrow Me + \varepsilon_{Me^{n+}/Me}^{\ominus}$

总反应①＋②为：$Me^{n+} + zL \longrightarrow MeL_z^{n+} + \varepsilon_{Me^{n+}/MeL_z^{n+}}^{\ominus}$

$$K_f = \frac{a_{MeL_z^{n+}}}{a_{Me^{n+}} a_L^z}$$

$$\Delta G^{\ominus} = -RT \ln K_f = -nF\varepsilon^{\ominus}$$

所以 $\varepsilon_{Me^{n+}/MeL_z^{n+}}^{\ominus} = -\varepsilon_{MeL_z^{n+}/Me}^{\ominus} + \varepsilon_{Me^{n+}/Me}^{\ominus} = \dfrac{RT}{nF}\ln K_f$

$$\varepsilon_{MeL_z^{n+}/Me}^{\ominus} = \varepsilon_{Me^{n+}/Me}^{\ominus} - \dfrac{RT}{nF}\ln K_f = \varepsilon_{Me^{n+}/Me}^{\ominus} - \dfrac{RT}{nF}\ln K_d = \varepsilon_{Me^{n+}/Me}^{\ominus} + \dfrac{0.0591}{n}\lg K_d \quad (3\text{-}29)$$

式中　K_f——络合物的稳定常数；

　　　K_d——络合物的解离常数。

不同价态的同一金属离子的络合反应为：

$$Me^{m+} + (m-n)e^- \longrightarrow Me^{n+} \qquad (m > n)$$

$$MeL_p^{m+} + (m-n)e^- \longrightarrow MeL_p^{n+}$$

$$\varepsilon_{MeL_p^{m+}/MeL_p^{n+}}^{\ominus} = \varepsilon_{Me^{m+}/Me^{n+}}^{\ominus} - \dfrac{0.0591}{m-n}\lg \dfrac{K_m}{K_n} \quad (3\text{-}30)$$

式中　K_m——同一金属高价离子的络合常数；

　　　K_n——同一金属低价离子的络合常数。

从式(3-29)可知，金属离子与络合体生成的络合物越稳定（即 K_f 越大），络离子与金属电对的标准还原电位值越小，即相应的金属越易被氧化而呈络离子形态转入浸出液中。同理，从式(3-30)可知，若同一金属的高价离子络合物比低价离子络合物稳定（即 $K_m >K_n$），则其低价离子络合物越易被氧化而呈高价离子络合物形态存在。试验研究和生产实践中，常利用此原理提出某些标准电极电位较高、较难被常用氧化剂氧化的目的组分（如金、银、铜、钴、镍等）。

某些络合体的标准还原电位列于表 3-4 中。

表 3-4　某些络合体的标准还原电位 $\varepsilon^{\ominus}$

电极反应	$\varepsilon^{\ominus}/V$	电极反应	$\varepsilon^{\ominus}/V$
$Au^+ + e^- \longrightarrow Au$	$+1.58$	$Cu^{2+} + 2e^- \longrightarrow Cu$	$+0.337$
$Au^{3+} + 3e^- \longrightarrow Au$	$+1.12$	$Cu(NH_3)_4^{2+} + 2e^- \longrightarrow Cu + 4NH_3$	-0.038
$Au(CN)_2^- + e^- \longrightarrow Au + 2CN^-$	-0.6	$Co^{3+} + e^- \longrightarrow Co^{2+}$	$+1.80$
$Au(SCN_2H_4)_2^+ + e^- \longrightarrow Au + 2SCN_2H_4$	$+0.38$	$Co(NH_3)_6^{3+} + e^- \longrightarrow Co(NH_3)_6^{2+}$	$+0.10$
$Ag^+ + e^- \longrightarrow Ag$	$+0.799$	$Co(CN)_6^{3-} + e^- \longrightarrow Co(CN)_6^{4-}$	-0.83
$Ag(CN)_2^- + e^- \longrightarrow Ag + 2CN^-$	-0.31	$Mn^{3+} + e^- \longrightarrow Mn^{2+}$	$+1.51$
$Ag(SCN_2H_4)_3^- + e^- \longrightarrow Ag + 3SCN_2H_4$	$+0.12$	$Mn(CN)_6^{3-} + e^- \longrightarrow Mn(CN)_6^{4-}$	-0.22
$Hg^{2+} + 2e^- \longrightarrow Hg$	$+0.85$	$Fe^{3+} + e^- \longrightarrow Fe^{2+}$	$+0.771$
$HgCl_4^{2-} + 2e^- \longrightarrow Hg + 4Cl^-$	$+0.38$	$Fe(CN)_6^{3-} + e^- \longrightarrow Fe(CN)_6^{4-}$	$+0.36$
$HgBr_4^{2-} + 2e^- \longrightarrow Hg + 4Br^-$	$+0.21$	$Fe(EDTA)^- + e^- \longrightarrow Fe(EDTA)^{2-}$	-0.12
$HgI_4^{2-} + 2e^- \longrightarrow Hg + 4I^-$	-0.04	$Fe(bpy)^{3+} + e^- \longrightarrow Fe(bpy)^{2+}$	$+1.10$
$Hg(CN)_4^{2-} + 2e^- \longrightarrow Hg + 4CN^-$	-0.37	$Fe(phen)_3^{3+} + e^- \longrightarrow Fe(phen)_3^{2+}$	$+1.14$

注：EDTA 代表乙二胺四乙酸；bpy 代表联吡啶；phen 代表邻二氮菲。

从表 3-4 中数据可知，由于生成络合物，大幅度降低了正电性金属的标准还原电位；多数条件下，同一金属的高价络离子比低价络离子稳定，但也有少数例外。

3.2.1.7　ε -pH 图绘制和应用

浸出作业是水溶液中多相体系的化学反应过程，其化学反应可分为氧化还原反应和非氧化还原反应两大类，另外又可分为有氢离子参加的反应和无氢离子参加的反应两类。

（1）氧化还原反应 ε 与 pH 的关系

① 有 H^+ 参加的反应。对氧化还原反应而言，有氢离子参加时，由 A 物质变为 B 物质

时的反应可用下列通式表示：

$$aA + mH^+ + ne^- \Longrightarrow bB + cH_2O \tag{3-31}$$

其平衡电极电位可用能斯特（Nernst）公式表示：

$$\varepsilon = \varepsilon^\ominus - \frac{RT}{nF}\ln j \tag{3-32}$$

式中　ε——非标准状态下的电极电位，V；

　　$\varepsilon^\ominus$——标准状态下的电极电位，V；

　　j——非标准状态下的活度熵；

　　R——气体常数，$R = 8.314\text{J}/(\text{mol}\cdot\text{K})$；

　　T——热力学温度，本节非特指时为 298K；

　　n——电极反应中的电子转移数；

　　F——法拉第常数，$F = 96500\text{C/mol}$。

将各常数代入上式得：

$$\varepsilon = \varepsilon^\ominus - \frac{RT}{nF}\ln\frac{a_B^b a_{H_2O}^c}{a_A^a a_{H^+}^m} = \varepsilon^\ominus + \frac{0.0591}{n}(a\lg a_A - m\text{pH} - b\lg a_B) \tag{3-33}$$

由式（3-33）可知，对于有氢离子参加的氧化还原反应而言，反应进行的程度由溶液的电极电位和 pH 决定。

② 无 H^+ 参加的反应。若反应无氢离子参加，则反应为：

$$aA + ne^- \Longrightarrow bB$$

其平衡条件则为：

$$\varepsilon = \varepsilon^\ominus + \frac{0.0591}{n}(a\lg a_A - b\lg a_B) \tag{3-34}$$

即对无氢离子参加的氧化还原反应而言，反应进行的程度仅与溶液的电极电位有关。

(2) 非氧化还原反应 ε 与 pH 的关系

① 有 H^+ 参加的反应。对非氧化还原反应而言，有氢离子参加时由 A 物质变为 B 物质的反应可以下列通式表示：

$$aA + mH^+ \Longrightarrow bB + cH_2O$$

该反应的平衡常数为：

$$K = \frac{a_B^b a_{H_2O}^c}{a_A^a a_{H^+}^m}$$

$$\lg K = b\lg a_B - a\lg a_A + m\text{pH}$$

$$\text{pH} = \frac{1}{m}\lg K - \frac{1}{m}(b\lg a_B - a\lg a_A)$$

当 $a_A = a_B = 1$ 时，令 $\text{pH}^\ominus = \frac{1}{m}\lg K$，代入得：

$$\text{pH} = \text{pH}^\ominus = \frac{1}{m}(b\lg a_B - a\lg a_A) \tag{3-35}$$

即对氢离子参加的非氧化还原反应而言，反应进行的程度仅由溶液的 pH 决定。

② 无 H^+ 参加的反应。同理可知，无氢离子参加的非氧化还原反应的平衡式可由下式表示：

$$\lg K = b \lg a_B - a \lg a_A \tag{3-36}$$

综上所述，水溶液中一般的化学反应及其平衡条件可综合见表 3-5。

表 3-5　水溶液中一般化学反应及其平衡条件

反应类型		与平衡有关者	平衡表达式
非氧化还原反应	无 H^+ 无 e^-	一、一 $m=0$、$n=0$	$\lg K = b \lg a_B - a \lg a_A$
	有 H^+ 无 e^-	pH、一 $m \neq 0$、$n=0$	$pH = pH^{\ominus} - \dfrac{1}{m}(b \lg a_B - a \lg a_A)$
氧化还原反应	无 H^+ 无 e^-	一、ε $m=0$、$n \neq 0$	$\varepsilon = \varepsilon^{\ominus} + \dfrac{0.0591}{n}(a \lg a_A - b \lg a_B)$
	有 H^+ 无 e^-	pH、ε $m \neq 0$、$n \neq 0$	$\varepsilon = \varepsilon^{\ominus} + \dfrac{0.0591}{n}(a \lg a_A - b \lg a_B - m pH)$

（3）ε-pH 图的绘制　从表 3-5 可知，水溶液中的化学反应与溶液的还原电位、pH 和组分活度有关。在指定的温度和压力条件下，可将溶液的电位和 pH 表示于平面图上（ε-pH 图）。ε-pH 图是近 50 年才发展起来的，它可指明反应自动进行的条件，指明组分在水溶液中稳定存在的区域和范围。它可为浸出、分离和电解等作业提供热力学依据，成为研究浸出、分离和电解等作业热力学的常用工具。

常见的 ε-pH 图有金属-水系、金属-络合剂-水系、硫化物-水系等。20 世纪 70 年代后，由于热压技术的推广和应用，又出现热压条件下的 ε-pH 图。绘制 ε-pH 图时，习惯规定电位采用还原电位，化学反应方程左边为氧化态、电子 e^- 和 H^+，反应方程右边为还原态。

绘制 ε-pH 图的一般步骤为：

① 确定体系中可能发生的各类化学反应及每个化学反应的平衡方程式；

② 由有关的热力学数据计算反应的 $\Delta G_T^{\ominus}$，求出平衡常数 K 或 $\varepsilon_T^{\ominus}$；

③ 导出各个化学反应的 ε_T 与 pH 的关系式；

④ 根据 ε_T 与 pH 的关系式，在指定的离子活度或气相分压的条件下，计算出各个温度下的 ε_T 与 pH；

⑤ 绘制 ε-pH 图。

例如，对简单的 Fe-H_2O 系而言，有关主要反应和平衡条件如下。

① 氧化还原反应：

$$Fe^{2+} + 2e^- \longrightarrow Fe$$

$$\varepsilon = \varepsilon^{\ominus} + \frac{0.0591}{n}(\lg a_{Fe^{2+}} - \lg a_{Fe})$$

由于 $a_{Fe} = 1$，$n=2$，$\Delta G_{Fe}^{\ominus} = 0$，$\Delta G_{Fe^{2+}}^{\ominus} = -84935 J/mol$。

因为 $nF\varepsilon^{\ominus} = -\Delta G^{\ominus}$，所以 $\varepsilon^{\ominus} = -0.441V$，$\varepsilon = -0.441 + 0.0295 \lg a_{Fe^{2+}}$。

同理可得：

$$Fe^{3+} + 2e^- \longrightarrow Fe^{2+}$$

$$\varepsilon = 0.771 + 0.0591 \lg \frac{a_{Fe^{3+}}}{a_{Fe^{2+}}}$$

$$\text{Fe(OH)}_2 + 2\text{H}^+ + 2\text{e}^- \longrightarrow \text{Fe} + 2\text{H}_2\text{O}$$

$$\varepsilon = -0.047 + 0.0591\text{pH}$$

$$\text{Fe(OH)}_3 + 3\text{H}^+ + \text{e}^- \longrightarrow \text{Fe}^{2+} + 3\text{H}_2\text{O}$$

$$\varepsilon = 1.057 - 0.177\text{pH} - 0.0591\lg a_{\text{Fe}^{2+}}$$

$$\text{Fe(OH)}_3 + \text{H}^+ + \text{e}^- \longrightarrow \text{Fe(OH)}_2 + \text{H}_2\text{O}$$

$$\varepsilon = 0.271 - 0.0591\text{pH}$$

② 非氧化还原反应:

$$\text{Fe(OH)}_2 + 2\text{H}^+ \longrightarrow \text{Fe}^{2+} + 2\text{H}_2\text{O}$$

$$K = \frac{[\text{Fe}^{2+}]}{[\text{H}^+]^2} = 1.6 \times 10^{13}$$

$$\text{pH}^\ominus = \frac{1}{2}\lg K = 6.60$$

所以 $\text{pH} = 6.60 - \dfrac{1}{2}\lg a_{\text{Fe}^{2+}}$

$$\text{Fe(OH)}_3 + 3\text{H}^+ \longrightarrow \text{Fe}^{3+} + 3\text{H}_2\text{O}$$

$$\text{pH} = 1.53 - \frac{1}{3}\lg a_{\text{Fe}^{3+}}$$

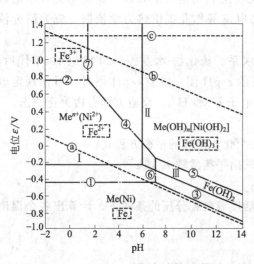

图 3-2 Fe-H$_2$O 系的 ε-pH 图

有了各类化学反应平衡条件关系式,根据所指定的反应体系各组分的活度(或气体分压),可计算出 ε_T 与 pH。然后,即可在直角坐标上绘制 ε-pH 图。若非特指时反应温度一般为 298K(25℃),反应体系各组分的活度(分压)均为 1。此条件下的 Fe-H$_2$O 系的 ε-pH 如图 3-2 所示,图中①、②、③、④、⑤、⑥、⑦线分别表示相应的化学反应式的平衡条件。

由于化学反应在水溶液中进行,在 ε-pH 图上还绘制了标志水稳定区的 ⓐ线(H$_2$ 线)和 ⓑ 线(O$_2$ 线)。水本身仅在一定的还原电位条件下才稳定,超出此范围,则分别析出氢气或氧气。

水的稳定上限析出氧气,其反应为:

$$\text{O}_2 + 4\text{H}^+ + 4\text{e}^- \longrightarrow 2\text{H}_2\text{O}$$

$$\varepsilon_{\text{O}_2/\text{H}_2\text{O}} = 1.229 - 0.0591\text{pH} + 0.0148\lg p_{\text{O}_2} \qquad (3\text{-}37)$$

当 $p_{\text{O}_2} = 98066.5\text{Pa}$ (1atm) 时,$\varepsilon_{\text{O}_2/\text{H}_2\text{O}} = 1.229 - 0.0591\text{pH}$

水的稳定下限析出氢气,其反应为:

$$2\text{H}^+ + 2\text{e}^- \longrightarrow \text{H}_2$$

$$\varepsilon_{\text{H}^+/\text{H}_2} = -0.0591\text{pH} - 0.0295\lg p_{\text{H}_2} \qquad (3\text{-}38)$$

当 $p_{\text{H}_2} = 98066.5\text{Pa}$ (1atm) 时,$\varepsilon_{\text{H}^+/\text{H}_2} = -0.0591\text{pH}$

应当指出，当反应温度不是 298K（25℃），平衡时各组分的活度不为 1，而为其他具体数值时，须按所给定条件进行计算，另行绘制 ε-pH 图。因此，每一个 ε-pH 图仅适用于某一反应温度和所指定的组分活度。

（4）ε-pH 图的应用　ε-pH 图的应用主要有以下几方面。

① 为选择性浸出提供条件。从 ε-pH 图中可查出某金属转化为金属离子的条件（即浸出某金属的条件），也可找出其他金属化合物不溶解的条件。把两者结合起来，可以确定出选择性浸出的条件。

② 为浸出液净化除杂提供控制条件。浸出液净化中所广泛采用的水解净化法，就是调节溶液的 pH 使主体金属离子不水解，而杂质金属离子 Me^{n+} 水解呈 $Me(OH)_n$ 形态沉淀析出。

③ 为电积或电解寻找热力学条件。在外加电压下使溶液中的金属离子转入金属相的过程，即为电积过程。

④ 得出金属防腐的条件。从电化学腐蚀观点看，$Fe-H_2O$ 系 ε-pH 图可划分为三个区域：金属保护区，即金属铁稳定区；金属腐蚀区，即 Fe^{2+}、Fe^{3+} 稳定区；钝化区，即 $Fe(OH)_2$、$Fe(OH)_3$ 稳定区。可从 ε-pH 图中直观地找出金属防腐的电位、pH 条件。

利用 ε-pH 图可判断浸出过程的进行趋势和条件；根据 ε-pH 图也可以知道需创造些什么条件才能使目的组分呈可溶性的离子状态存在于溶液中。图 3-3 和图 3-4 分别为 $Cu-H_2O$ 系和 $Cu-NH_3-H_2O$ 系的 ε-pH 图（$T=298K$，铜离子浓度为 10^{-6} mol/L）。

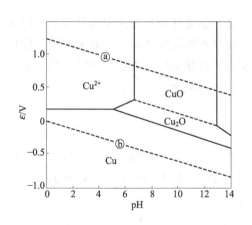

图 3-3　$Cu-H_2O$ 系的 ε-pH 图

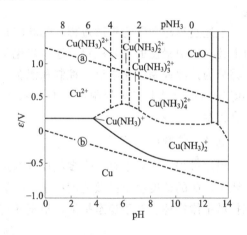

图 3-4　$Cu-NH_3-H_2O$ 系的 ε-pH 图

从这两个图中可以看出：

① 在 pH=1~14 的范围内，若无氧或其他氧化剂存在时，铜在水中十分稳定。因铜的氧化电位线位于 H_2 线上，故没有氧化剂存在时，铜不会呈离子形态转入溶液中。

② 铜在水溶液中能被常压下的氧所氧化，因 O_2 线位于铜的氧化电位线之上。从图中可知，当 pH=6~13 时，有利于生成不溶性的 Cu_2O 和 CuO，在低 pH 和高 pH 范围内，则分别生成可溶性的 Cu^{2+} 和 CuO_2^{2-}。

③ 所有铜的氧化产物皆可被氢还原，因 H_2 线位于铜的氧化电位线之下。

④ 当溶液中含有铜的络合剂时，可降低铜的氧化电位，使铜易于浸出，同时生成不溶性铜氧化物的 pH 范围缩小了，这也有利于使铜从固相转入液相。

3.2.2 浸出动力学

浸出过程动力学是研究浸出速度及其相关影响因素的学科。浸出是发生于固-液界面的多相化学反应，它与焙烧过程的固-气反应及溶剂萃取中的液-液反应一样，其反应速度由吸附、化学反应和扩散三个步骤决定。

固体（矿粒）与浸出剂液体接触时，固体表面附着一层液体，此层液体称为能斯特（Nernst）附面层（图 3-5），其厚度约为 0.03 mm，层内的传质仅靠扩散来进行。当固体颗粒对周围的液体做相对运动时，附面层是随固体运动的。浸出用的溶剂必须通过附面层才能到达固相表面发生反应，一般要经过如下几步：

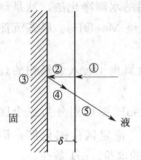

图 3-5 能斯特附面层

① 溶剂分子借扩散作用穿过附面层到达固相表面（外扩散）；

② 被吸附在固相表面；

③ 在固相表面发生化学反应，生成化合物；

④ 生成物从固相表面解吸；

⑤ 生成物穿过附面层向溶液中扩散。

通过②、③、④步使固-液界面上溶剂的浓度急剧下降，而溶质的浓度急剧升高形成饱和溶液。由于远离固相的溶液内部溶质的浓度很低，所以，固-液界面饱和溶液的溶质会不断地向外扩散，新的溶剂也不断地向固-液界面补充，浸出反应持续进行。

上述过程①和⑤为扩散过程，②和④是吸附过程，③是化学反应。浸出过程的实际速度由上述 5 步中最慢的一步决定，这一步也是整个浸出过程的控制步骤。一般多相反应的控制步骤分为扩散控制、化学反应控制和混合控制。常可根据活化能的大小来判断，活化能小于 13kJ/mol 时认为是扩散控制，大于 42kJ/mol 时为化学反应控制，介于 13～42kJ/mol 时为混合控制。

3.2.2.1 扩散控制理论

浸出过程，实质上是一个多相反应的过程。在多相反应中，如果扩散是最慢步骤，则整个化学反应的速度将由扩散速度决定，扩散成为控制步骤。扩散速度与浓度梯度的关系由菲克扩散定律描述。对于稳态扩散，根据菲克第一定律：

$$v = \frac{\mathrm{d}n}{\mathrm{d}t} = -DA\frac{\mathrm{d}c}{\mathrm{d}x} \tag{3-39}$$

式中 $\dfrac{\mathrm{d}n}{\mathrm{d}t}$——扩散速度，mmol/s；

"$-$"——浓度增大方向与扩散方向相反；

A——固体反应物的表面积，cm^2；

D——扩散系数，表示浓度梯度 $\dfrac{\mathrm{d}c}{\mathrm{d}x}=1$ 时的扩散速度，与物质的性质和温度有关，cm^2/s。

若反应体积为 V，则 $c = \dfrac{n}{V}$，$\mathrm{d}c = \dfrac{\mathrm{d}n}{V}$

$$\frac{\mathrm{d}n}{\mathrm{d}t} = \frac{V\mathrm{d}c}{\mathrm{d}t} = -DA\frac{\mathrm{d}c}{\mathrm{d}x}$$

$$\frac{\mathrm{d}c}{\mathrm{d}t} = -\frac{DA}{V}\frac{\mathrm{d}c}{\mathrm{d}x}$$

如果浸出反应为溶解反应，则扩散速度$\frac{\mathrm{d}c}{\mathrm{d}t}$表示溶解速度；

$$\frac{\mathrm{d}c}{\mathrm{d}t} = -\frac{DA}{V}\frac{c-c_S}{\delta} = \frac{DA}{V}\frac{c_S-c}{\delta} \tag{3-40}$$

式中　δ——扩散层厚度；

　　　c_S——固体界面浓度；

　　　c——被溶解的物质在溶液中的浓度。

上式表示溶解速度与扩散层厚度成反比，而与D、A和浓度差（$c-c_S$）成正比。即D大、表面积（A）大、浓差大，都能加速溶解反应。

如果反应物向固体表面扩散（图3-6），扩散速度为：

$$\frac{\mathrm{d}c}{\mathrm{d}t} = -\frac{DA}{V}\frac{c_S-c}{\delta} \tag{3-41}$$

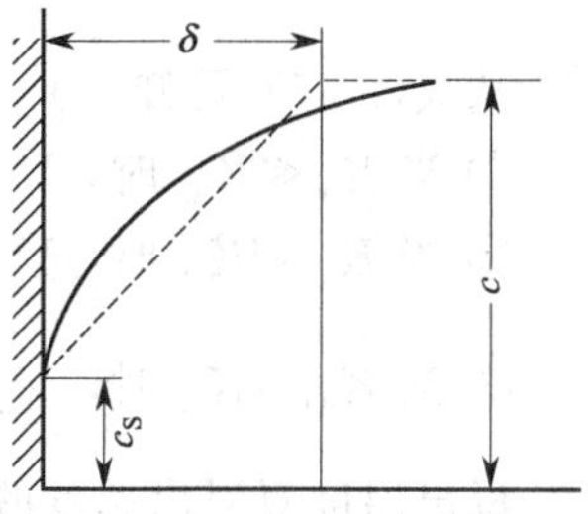

图 3-6　反应物向固体表面扩散

3.2.2.2　扩散控制与化学反应控制的关系

在研究非催化的多相反应动力学时，相界面的吸附速度很大，很快达平衡，多相反应的反应速度主要取决于扩散速度和化学反应速度。以扩散为控制步骤时，多相反应处于扩散区。以化学反应为控制步骤时，反应处于动力学区。以扩散和化学反应联合控制时反应处于过渡区。

在能斯特附面层，若反应产物很快脱离矿粒表面，或剩下的壳层和不参与反应的矿物及脉石疏松多孔时，浸出时的内扩散阻力可以忽略不计。此时，浸出剂的扩散速度可用菲克定律表示：

$$V_D = \frac{\mathrm{d}c}{\mathrm{d}t} = \frac{DA}{\delta}(c-c_S)$$
$$= K_D A(c-c_S) \tag{3-42}$$

式中　V_D——浸出剂浓度的变化，称为扩散速度，mol/s；

　　　c——溶液本体中浸出剂的浓度，mol/mL；

　　　c_S——矿粒表面上浸出剂的浓度，mol/mL；

　　　A——矿粒与浸出剂溶液接触的相界面积，cm^2；

　　　δ——扩散层厚度，cm；

　　　D——扩散系数，cm^2/s；

　　　K_D——扩散速度系数，$K_D=\dfrac{D}{\delta}$，cm/s。

矿粒表面进行的化学反应速度为：

$$V_k = \frac{\mathrm{d}c}{\mathrm{d}t} = K_k A c_S^n \tag{3-43}$$

式中　V_k——因化学反应引起的浸出剂浓度变化，称为化学反应速度，mol/s；

　　　K_k——化学反应速度常数，cm/s；

　　　n——反应级数，一般条件下$n=1$。

浸出一定时间后，反应达平衡。在稳定状态下，扩散速度与化学反应速度相等：

$$V_k = K_D(c - c_S) = K_k A c_S$$

$$c_S = \frac{K_D}{K_D + K_k} c \tag{3-44}$$

将其代入得：

$$V_k = \frac{K_k K_D}{K_D + K_k} A c \tag{3-45}$$

从式(3-45)可知：

① 当 $K_k \ll K_D$ 时，$V_k = K_k A c$，表明浸出过程的反应速度受化学反应控制；

② 当 $K_D \ll K_k$ 时，$V_k = K_D A c$，表明浸出过程的反应速度受扩散控制；

③ 当 $K_D \approx K_k$ 时，$V_k = \frac{K_k K_D}{K_D + K_k} A c$，表明浸出过程处于混合区或过渡区。

浸出温度对浸出速度的影响，可用阿伦尼乌斯公式或速度常数的温度系数表示。阿伦尼乌斯公式为：

$$K = K_0 e^{-\frac{E}{RT}}$$

式中　K——反应速度常数；

　　　E——活化能；

　　　K_0——常数，即 $E=0$ 时的反应速度常数。

两边取对数，得：

$$\lg K = \lg K_0 - \frac{E}{2.303RT} = B + \frac{A}{T} \tag{3-46}$$

式中，$B = \lg K_0$，$A = -\frac{E}{2.303R} = -\frac{E}{19.14} = -0.052E$。

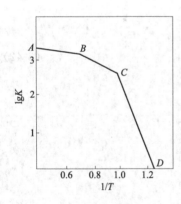

图 3-7　反应速度常数与
反应温度的关系

从式(3-46)可知，反应速度常数的对数与 $1/T$ 呈直线关系（图 3-7）。因为 E 值为正数，斜率 A 肯定为负值。从图 3-7 曲线可知，反应温度低时，$1/T$ 大，E 值大，直线斜率大，反应处于动力学区；反应温度高时，$1/T$ 值小，E 值小，直线斜率小，反应处于扩散区；BC 段直线则为过渡区。因此，根据活化能（E）的大小可以判断反应过程的控制步骤。

反应速度常数的温度系数是指当反应温度提高 10℃ 时，反应速度常数所增大的比率，即：

$$\lg \gamma = \lg \frac{K_{T+10}}{K_T} = \frac{E}{2.303RT} - \frac{E}{2.303R(T+10)}$$
$$= \frac{10E}{2.303RT(T+10)} = \frac{0.52E}{T(T+10)} \tag{3-47}$$

用实验方法测得反应速度常数的温度系数，可利用式(3-47)计算出反应温度为 T 时的 E 值。因此，根据 E 值可判断反应过程的控制步骤，也可直接根据反应速度常数的温度系数来判断反应过程的控制步骤，如表 3-6 所示。

表 3-6　多相反应的控制步骤

控制类型	温度系数 γ	活化能 $E/(kJ/mol)$
扩散控制	<1.5	<12
混合控制		$20\sim24$
化学反应控制	$2\sim4$	>42

判断反应过程控制步骤的目的是利用各控制步骤的特性，提高反应过程的速度。如反应过程受化学反应控制时，温度系数大，可采用提高反应温度的方法，有效地提高反应过程的反应速度；若反应过程受扩散控制，温度系数小，提高反应温度对提高反应速度影响较小，此时可采用增大搅拌强度和适当减小磨矿细度等技术措施，有效地提高反应过程的反应速度。

3.2.2.3　生成不溶固体产物的动力学过程

当浸出过程中，固体颗粒表面生成不溶的固体产物时，即反应产物层或壳层对浸出剂的扩散存在很大阻力时，浸出试剂通过此壳层的扩散速度，可用壳层的增重速度表示：

$$\frac{dW'}{dt}=\alpha\frac{DAc}{Y}$$

$$=\frac{\alpha}{K}\frac{DAc}{W'} \tag{3-48}$$

式中　W'——反应产物层的质量；

　　　Y——反应产物层的厚度，$Y=KW'$；

　　　K——产物层厚度与质量的比值；

　　　α——化学反应计量系数；

　　　A——固体反应物的表面积；

　　　D——扩散系数；

　　　c——溶液本体中浸出剂的浓度。

由于内扩散阻力大，浸出试剂的外扩散速度较大，浸出试剂浓度 c 可视为常数，将式（3-48）积分，可得：

$$\int_0^{W'}W'dW'=\frac{\alpha}{K}DAc\int_0^t dt$$

进一步积分可得：

$$\frac{W'^2}{2}=K't$$

式中　K'——动力学常数，$K'=\frac{\alpha}{K}DAc$。

因为
$$W'\approx W_0-W$$

式中　W_0——反应物的初始质量；

　　　W——反应物经历时间 t 后的质量。

所以
$$\frac{W'}{2}=\frac{(W_0-W)^2}{2}=K't$$

$$(W_0-W)^2=K''t \tag{3-49}$$

式中　K''——动力学常数。

从式（3-49）可知，当内扩散阻力大时，矿粒重量减量的平方与浸出时间呈直线关系。作图可得一抛物线，即在此条件下，浸出速度服从抛物线规律。

以浸出率表示浸出速度时，可得下式：

$$\varepsilon = 1 - \frac{W}{W_0} W = W_0(1-\varepsilon)$$

$$[W_0 - W_0(1-\varepsilon)]^2 = K''t, \quad W_0^2\varepsilon^2 = K''t$$

$$\varepsilon^2 = K'''t \tag{3-50}$$

矿粒为球形体，浸出时其界面面积 A 会不断变化。此时，以浸出率表示的浸出速度方程为：

$$Z + 2(1-Z)\frac{M_r Dc}{\alpha\rho_r r_0^2}t = [1+(Z-1)\varepsilon]^{2/3} + (Z-1)(1-\varepsilon)^{2/3} \tag{3-51}$$

式中　Z——体积变化系数，$Z = \dfrac{V_p}{\alpha V_r} = \dfrac{r_2^3 - r_1^3}{r_0^3 - r_1^3}$；

　　　V_p——反应产物的摩尔体积；

　　　V_r——浸出剂的摩尔体积；

　　　r_0——矿粒的原始半径；

　　　r_1——未反应内核的半径；

　　　r_2——形成产物后的球粒半径；

　　　M_r——浸出剂的摩尔质量；

　　　ρ_r——浸出剂的密度。

其他符号意义同前。

如固体产物层不是很疏松，则反应离子穿过固体产物层的扩散称为速率过程控制步骤，对于起始半径为 r_0 的球形颗粒，符合克兰克-金斯特林-布劳希特因简化数学模型，见式(3-52)。

$$\frac{2M_r Dc}{\alpha\rho_r r_0^2}t = 1 - \frac{2}{3}\varepsilon - (1-\varepsilon)^{\frac{2}{3}} \tag{3-52}$$

式(3-51)仅适用于浸出过程反应前、后矿粒体积不发生变化的场合。例如：用高价铁盐浸出黄铜矿时，可用此式描述其浸出速度。

3.2.2.4　影响浸出速度的因素

从上述浸出过程热力学和浸出速度方程可知，影响浸出率和浸出速度的主要因素为矿物原料组成、浸出温度、磨矿细度、浸出方法、氧化剂、还原剂、络合剂、搅拌强度、浸出矿浆液固比和浸出时间等。在一定范围内，目的组分的浸出率和浸出速率皆随上述有关因素数值的增大而增大，但有一适宜值。

3.2.3　浸出电化学原理

浸出过程中，许多金属矿物都具有一定的导电性，有的矿物还是很好的半导体原材料，表 3-7 为常见硫化矿或氧化矿的半导体类型。因此，在浸出过程中，金属矿物的溶解过程，在电化学里相当于金属的腐蚀过程。

表 3-7　常见硫化矿或氧化矿的半导体类型

矿物名称	主要成分化学式	比电阻/Ω·m	半导体类型
斑铜矿	Cu_5FeS_4	$10^{-3} \sim 10^{-6}$	p 型
辉铜矿	Cu_2S	$4.2\times10^{-2} \sim 8.0\times10^{-5}$	p 型
黄铜矿	$CuFeS_2$	$0.2\times10^{-3} \sim 9.0\times10^{-3}$	n 型
方铅矿	PbS	$1.0\times10^{-5} \sim 6.8\times10^{-6}$	n 型和 p 型
辉钼矿	MoS	$(7.5 \sim 8.0)\times10^{-3}$	n 型和 p 型
镍黄铁矿	$(Fe,Ni)_9S_8$	一	n 型和 p 型

矿物名称	主要成分化学式	比电阻/$\Omega \cdot m$	半导体类型
黄铁矿	FeS_2	$3.0\times10^{-2}\sim1.0\times10^{-3}$	n 型和 p 型
氧化锌	ZnO	—	n 型
氧化亚铜	Cu_2O	—	p 型

姜涛等提出了硫代硫酸盐浸金的电化学反应机理。在浸出过程中，NH_3 分子先扩散到金的表面生成 $Au(NH_3)_2^+$，$Au(NH_3)_2^+$ 再扩散到溶液中与 $S_2O_3^{2-}$ 生成 $Au(S_2O_3)_2^{3-}$；金被氧化的同时，$Cu(NH_3)_4^{2+}$ 被还原成 $Cu(NH_3)_2^+$，$Cu(NH_3)_2^+$ 在有氧条件下又被氧化成 $Cu(NH_3)_4^{2+}$，从而起到催化的作用。

阳极区：

$$Au \longrightarrow Au^+ + e^-$$

$$Au^+ + 2NH_3 \longrightarrow Au(NH_3)_2^+$$

$$Au(NH_3)_2^+ + 2S_2O_3^{2-} \longrightarrow 2NH_3 + Au(S_2O_3)_2^{3-}$$

阴极区：

$$Cu(NH_3)_4^{2+} + e^- \longrightarrow 2NH_3 + Cu(NH_3)_2^+$$

$$4Cu(NH_3)_2^+ + O_2 + 2H_2O + 8NH_3 \longrightarrow 4Cu(NH_3)_4^{2+} + 4OH^-$$

然而，在实际的浸出过程中没有发现 $Au(NH_3)_2^+$ 存在的直接证据，以上化学机理还存在不确定性，随后 O'Malley 提出了另外一种电化学浸出机理，如图 3-8 所示。

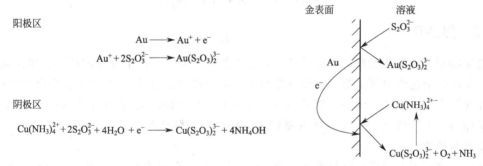

图 3-8　金在硫代硫酸盐浸出液中的溶解机理模型

3.3　浸出过程强化

浸出过程的速度对化学选矿过程有很大的意义。强化浸出过程的主要途径之一是找出过程的控制步骤，针对其控制步骤，采取适当的措施，例如当过程属于化学反应控制时，就适当提高温度和浸出剂的浓度，减小矿粒的粒度；若属于外扩散控制，则除减小粒度外，还应加强搅拌。除此外，还可采用以下强化浸出措施。

3.3.1　机械活化

机械活化属于新兴的边缘学科机械化学（亦称力化学）的一部分，它主要是在机械力的作用下使矿物晶体内部产生各种缺陷，使之处于不稳定的能位较高的状态，相应地增大其化学反应的活性。早在 20 世纪 20 年代，人们研究磨矿后晶体的活性时，就发现磨矿所消耗的能量不是全部转化为热能或表面能，有 5%～10% 储存在晶格内，使之化学活性增加。这种活化方法迅速扩展到钨、铝、钼矿物的浸出过程强化研究。

在机械活化过程中，机械力将对物质产生一系列作用，首先在物质表面研磨介质将对物料产生强烈的摩擦和冲击作用，同时在物质内部可能产生塑性变形或断裂，这些都将对其结构产生明显的影响。机械活化的效果也受一系列因素的影响，如磨机的类型、活化时间、活化介质、活化温度、矿石类型等因素的影响。

3.3.2 超声波活化

超声波目前广泛用于物体的表面清洗及某些破碎过程。早在 20 世纪 50 年代，人们就发现超声波能强化浸出过程。A. A. 别尔希茨基等研究白钨矿的硝酸分解过程时，证明由于超声波破坏了矿粒表面水化膜，从而使过程由固膜扩散控制过渡到化学反应控制。

超声波活化的机理尚在研究中，当超声波在水中传播时，水相每一个质点都发生强烈的振荡，每个微区都反复经受着压缩与拉伸作用，导致空腔的反复形成与破裂，在其破裂的瞬间，从微观看来，其局部温度升高达 1000℃ 左右，压力亦升高许多（空腔效应）。许多学者认为在这种情况下，一方面使水相具有湍流的水力学特征，外扩散阻力大幅度降低，大幅度加速了固体表面以及其裂纹中的传质过程；使气体反应剂分散同时乳化；与此同时对反应的固体生成物膜产生剥离作用，清洗了反应表面；对固体颗粒产生粉碎作用。另一方面在氧化还原反应中也不能排除超声波的化学作用，在空腔效应中，亦可能使水分解为活性基，如下式。这些活性基将直接参与氧化还原过程，导致过程的强化。

$$2H_2O \xrightarrow{\text{超声波}} H \cdot OH \cdot H_2O$$

3.3.3 热活化

将矿物原料预加热到高温，然后急冷，往往能提高其与浸出剂反应的活性，加快其反应速度。造成热活化的原因主要是相变及物料本身的急冷急热而在晶格中产生热应力和缺陷，同时在颗粒中产生裂纹。例如，锂辉石（$Li_2O \cdot Al_2O_3 \cdot 4SiO_2$）的低温相 α-锂辉石基本上不与酸作用，但升温至 1100℃ 时由 α 型转为 β 型，体积膨胀约 24%，冷却后 β-锂辉石成为细粉末易与硫酸反应。

同样苏联学者发现将白钨精矿加热到 600~700℃，迅速冷却后再用 Na_2CO_3 溶液高压浸出，其浸出率可提高 2%~3%。

将物料高温煅烧不仅有活化作用，同时能除掉某些挥发性杂质以及精矿中残留的浮选药剂。

3.3.4 辐射线活化

在一定的辐射线照射下，使矿物原料在晶格体中产生各种缺陷，同时也可能使水溶液中某些分子离解为活性较强的原子团或离子团，从而加速化学反应。

在辐射线中最强的为 γ 射线。γ 射线通过物质时，其一部分能量被吸收，所吸收的能量中约 50% 消耗于使物质的分子或原子处于激活状态，约 50% 消耗于使原子离子化。这些使物质的化学反应活性提高，往往能使浸出过程加速。与 γ 射线一样，用微波照射往往也能使物质活化并加速传质过程，加快浸出速度。

3.3.5 助浸剂强化浸出

助浸剂是浸出过程中添加的某种有利于提高矿物浸出率或浸出速度的试剂。助浸剂的添加，可以改变溶液的热力学性质或溶液的电势，还可以起到催化剂的作用提高化学反应的速率。

在研究采用无毒硫代硫酸盐提金过程时发现，针对不同矿石采用有机或无机试剂作为助浸剂可提高金的浸出率。其中助浸剂的作用主要有：①稳定浸出液中 Cu(Ⅱ) 的存在，保证溶液有一个稳定的氧化电势促进金的浸出；②降低 Cu(Ⅱ) 对硫代硫酸盐的催化氧化，降低硫代硫酸盐的消耗；③阻碍其他伴生矿物与硫代硫酸盐发生反应生成沉淀钝化金的浸出。

Senanayake 分别从 Lewis 酸碱理论和软硬酸碱理论的角度研究了不同助浸剂对硫代硫酸盐浸金的影响，得出添加有较强络合能力的弱软酸可以降低硫代硫酸盐被 $Cu(NH_3)_x(S_2O_3)$ 催化氧化，降低硫代硫酸盐消耗的顺序为 $PO_4^{3-} > SO_4^{2-} > CO_3^{2-} > Cl^- > SO_3^{2-} > S^{2-}$，且磷酸盐、碳酸盐、EDTA、CMC、SHMP 均可提高金的浸出，但过量的 EDTA 容易与铜形成比 $Cu(NH_3)_x(S_2O_3)$ 更稳定的 $Cu(EDTA)^{2-}$ 降低金的浸出；可以添加软酸促进与软碱 Au^+ 的络合增加金的溶出，软碱顺序为 $NH_3 < Cl^- < HS^- < TU$；其他助浸剂对金浸出的影响为：$AgNO_3 > NaCl > Na_2SO_4 > 无助浸剂 \approx Na_2CO_3 > NaNO_3 > Pb(NO_3)_2 > Na_2S_4O_6 > Na_2S_3O_6 > Na_2SO_3$。

3.4 常见浸出方法应用

3.4.1 水浸出

水浸出是以水作为浸出剂浸出矿物的方法，属于常温常压条件下进行的浸出过程。适用于浸出所有水溶性的矿物和化合物，如岩盐、芒硝、天然碱、钾矿等水溶性矿物均采用水浸法直接就地溶浸进行开采，将水溶浸液抽至地面，从中回收有关组分。

某些氧化率高的硫化铜矿，其天然氧化产物为硫酸铜，在原矿破碎过程中在预检查筛分作业进行洗矿，洗矿筛下产物经螺旋分级机分级，返砂进细矿仓，分级溢流进浓密机，浓密机溢流返球磨机给矿。浓密机溢流水中所含硫酸铜浓度有时大于 0.5g/L，可送去回收铜，处理量小时可产出海绵铜；处理量大时，可采用萃取-电积的工艺直接产出电解铜。

3.4.2 酸浸出

3.4.2.1 酸性浸出试剂

酸浸出是矿物原料化学选矿中最常用的浸出方法之一。常见的酸性浸出剂有硫酸、盐酸、硝酸、氢氟酸、王水、亚硫酸、磷酸、乙酸等。其中稀硫酸溶液是使用最广的浸出试剂。

① 硫酸不仅具有酸性，还具有氧化性，并且它价廉易得，沸点较高，在常压下可采用较高的浸出温度，以获得较高的浸出速度和浸出率，浸出设备材质和防腐问题易解决，是酸浸常用的浸出剂。稀硫酸溶液为非氧化酸（$\varepsilon_{H_2SO_4/H_2SO_3}^{\ominus} = +0.17V$），它可用于处理含有机质、硫化物、氧化亚铁等的矿物原料。热浓硫酸为强氧化酸，可将大部分金属硫化矿物氧化为相应的硫酸盐，还可分解某些难浸出的稀有金属矿物。

② 盐酸可与多种金属化合物作用，生成相应的可溶性金属氯化物。盐酸的反应能力比硫酸强，金属氯化物的溶解度比相应的硫酸盐高，可浸出某些硫酸无法浸出的含氧酸盐类矿物。依具体的浸出条件，盐酸可表现为还原性或氧化性。但盐酸价格比硫酸高，具有挥发性，劳动条件比使用硫酸时差，设备材质和防腐蚀要求较硫酸高。

③ 硝酸和硫酸一样，它不仅具有酸性，还是强氧化剂，其分解能力比硫酸和盐酸强。

硝酸价格较贵，对材质和防腐蚀要求较高，具有挥发性。除特殊情况外，一般不单独采用硝酸作浸出剂，常将其用作氧化剂。

④ 氢氟酸常用于浸出分解硅酸盐和铝硅酸盐矿物，如常用作钽铌、锂铍矿物的浸出剂，随后从硫酸和氢氟酸体系中萃取回收钽铌等有用组分。

⑤ 王水常用于浸出铂族金属，可使铂、钯、金转入浸出液中，而铑、钌、锇、铱、银等呈不溶物留在浸渣中。然后采用相应的方法从浸液和浸渣中回收各有用组分。

⑥ 中等强度的亚硫酸为还原性酸性浸出剂，可作为某些氧化性矿物原料的浸出剂。生产实践中可将二氧化硫气体直接充入矿浆中代替亚硫酸。亚硫酸浸出的选择性较高，浸出液较纯净。

3.4.2.2　一般酸浸出

酸浸出就是金属单质、氧化物、硫化物或含氧酸盐类矿物与氢离子发生反应的过程，矿物中的金属元素以可溶性的盐类转入到浸出液中，硅酸盐、铝硅酸盐等难溶于酸的矿物仍以固相形式存在，从而选择性浸出目的组分。浸出过程的主要化学反应可以采用下列反应方程表示：

$$MeO + 2H^+ \longrightarrow Me^{2+} + H_2O$$
$$Me_3O_4 + 8H^+ \longrightarrow 2Me^{3+} + Me^{2+} + 4H_2O$$
$$Me_2O_3 + 6H^+ \longrightarrow 2Me^{3+} + 3H_2O$$
$$MeO_2 + 4H^+ \longrightarrow Me^{4+} + 2H_2O$$
$$MeO \cdot Fe_2O_3 + 8H^+ \longrightarrow Me^{2+} + 2Fe^{3+} + 4H_2O$$
$$MeAsO_4 + 3H^+ \longrightarrow Me^{3+} + H_3AsO_4$$
$$MeO \cdot SiO_2 + 2H^+ \longrightarrow Me^{2+} + H_2SiO_3$$
$$MeS + 2H^+ \longrightarrow Me^{2+} + H_2S$$

某一温度下，常压简单酸浸时，目的组分矿物在浸出液中的稳定性决定其 $pH_T^{\ominus}$ 值。$pH_T^{\ominus}$ 小的化合物难被酸液浸出，$pH_T^{\ominus}$ 大的化合物易被酸液溶解。

某些金属氧化物的酸溶 $pH_T^{\ominus}$ 列于表 3-8 中。

某些金属铁酸盐的酸溶 $pH_T^{\ominus}$ 列于表 3-9 中。

某些金属砷酸盐的酸溶 $pH_T^{\ominus}$ 列于表 3-10 中。

某些金属硅酸盐的酸溶 $pH_T^{\ominus}$ 列于表 3-11 中。

某些金属硫化物的酸溶 $pH_T^{\ominus}$ 列于表 3-12 中。

表 3-8　某些金属氧化物的酸溶 $pH_T^{\ominus}$

氧化物	MnO	CdO	CoO	NiO	ZnO	CuO	In₂O₃	Fe₃O₄	Ga₃O₄	Fe₂O₃	SnO₂
$pH_{298}^{\ominus}$	8.96	8.69	7.51	6.06	5.801	3.945	2.522	0.891	0.743	−0.24	−2.102
$pH_{373}^{\ominus}$	6.792	6.78	5.58	3.16	4.347	3.549	0.969	0.0435	−0.431	−0.991	−2.895
$pH_{473}^{\ominus}$	—	—	3.89	2.58	2.88	1.78	−0.453		−1.412	−1.579	−3.55

表 3-9　某些金属铁酸盐的酸溶 $pH_T^{\ominus}$

铁酸盐	CuO · Fe₂O₃	CoO · Fe₂O₃	NiO · Fe₂O₃	ZnO · Fe₂O₃
$pH_{298}^{\ominus}$	1.581	1.213	1.227	0.6747
$pH_{373}^{\ominus}$	0.560	0.352	0.205	−0.1524

表 3-10	某些金属砷酸盐的酸溶 $pH_T^{\ominus}$			
砷酸盐	$Zn_3(AsO_4)_2$	$Co_3(AsO_4)_2$	$Cu_3(AsO_4)_2$	$FeAsO_4$
$pH_{298}^{\ominus}$	3.294	3.162	1.918	1.027
$pH_{373}^{\ominus}$	2.441	2.382	1.32	0.1921

表 3-11	某些金属硅酸盐的酸溶 $pH_T^{\ominus}$		
硅酸盐	$PbO \cdot SiO_2$	$FeO \cdot SiO_2$	$ZnO \cdot SiO_2$
$pH_{298}^{\ominus}$	2.636	2.86	1.791

表 3-12	某些金属硫化物的酸溶 $pH_T^{\ominus}$				
硫化物	As_2S_3	HgS	Ag_2S	Sb_2S_3	Cu_2S	CuS
$pH_{298}^{\ominus}$	−16.12	−15.59	−14.14	−13.85	−13.45	−7.088
硫化物	[1]$CuFeS_2$	PbS	$NiS(\gamma)$	CdS	SnS	ZnS
$pH_{298}^{\ominus}$	−4.405	−3.096	−2.888	−2.616	−2.028	−1.586
硫化物	[2]$CuFeS_2$	CoS	$NiS(\alpha)$	FeS	MnS	Ni_3S_2
$pH_{298}^{\ominus}$	−0.7351	+0.327	+0.635	+1.726	+3.296	+0.474

① 反应产物为 $Cu^{2+} + H_2S$。

② 反应产物为 $CuS + H_2S$。

由表 3-8～表 3-12 中的 $pH_T^{\ominus}$ 可知,大多数金属氧化物、金属铁酸盐、金属砷酸盐和金属硅酸盐能溶于酸性液中;同一金属的铁酸盐、同一金属的砷酸盐和同一金属的硅酸盐均比其简单氧化物稳定,较难被酸液溶解;金属硫化矿物中只有 FeS、$NiS(\alpha)$、CoS、MnS 和 Ni_3S_2 等能简单酸溶;随着浸出温度的提高,金属氧化物在酸液中的稳定性也相应增大。因此,钴、镍、锌、铜、镉、锰、磷等氧化矿,氧化焙烧的焙砂和烟尘可采用简单酸浸法浸出。

3.4.2.3 硫化矿的氧化酸浸出

常见的硫化矿直接酸浸有一定的难度,通常采用氧化焙烧或硫酸化焙烧使硫化矿中的硫转化为硫酸根或二氧化硫后,再采用一般酸浸。若不经过焙烧工艺,直接酸浸需添加氧化剂使硫化矿中的硫发生氧化反应。在有氧情况下,硫离子常发生以下两类氧化反应:

$$MeS + \frac{1}{2}O_2 + 2H^+ \longrightarrow Me^{2+} + S^0 + H_2O$$

$$MeS + 2O_2 \longrightarrow Me^{2+} + SO_4^{2-}$$

图 3-9 为部分金属硫化矿物 MeS-H_2O 系的 ε-pH 图。从图 3-9 可知,金属硫化矿物在水溶液中虽然比较稳定,但在有氧化剂存在的条件下,几乎所有的金属硫化矿物在酸溶液或碱溶液中均不稳定。

金属硫化矿中的硫通常希望被氧化成硫酸根,但可能在浸出过程中也会部分被氧化成单质硫。浸出过程中单质硫的生成对浸出是不利的,生成的单质硫往往会覆盖在金属硫化矿的表面,从而阻止硫化矿的进一步浸出,降低了金属的浸出率。研究表明,金属硫化矿物在水溶液中的元素硫稳定区的 $pH_{上限}^{\ominus}$ 和 $pH_{下限}^{\ominus}$ 不相同。

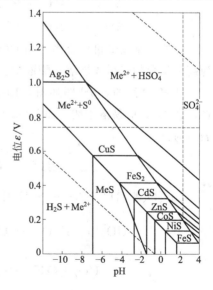

图 3-9 Me-H₂O 系的 ε-pH 图

表 3-13 列举了金属硫化矿物在水溶液中元素硫稳定区的 $\mathrm{pH}_{\text{上限}}^{\ominus}$ 和 $\mathrm{pH}_{\text{下限}}^{\ominus}$ 及 $\varepsilon^{\ominus}$ 值。

表 3-13 金属硫化矿物在水溶液中元素硫稳定区的 $\mathrm{pH}_{\text{上限}}^{\ominus}$ 和 $\mathrm{pH}_{\text{下限}}^{\ominus}$ 及 $\varepsilon^{\ominus}$ 值

硫化物	HgS	Ag$_2$S	CuS	Cu$_2$S	As$_2$S$_3$	Sb$_2$S$_3$
$\mathrm{pH}_{\text{上限}}^{\ominus}$	−10.95	−9.7	−3.65	−3.50	−5.07	−3.55
$\mathrm{pH}_{\text{下限}}^{\ominus}$	−15.59	−14.14	−7.088	−8.04	−16.15	−13.85
$\varepsilon^{\ominus}$/V	1.093	1.007	0.591	0.56	0.489	0.443
硫化物	FeS$_2$	PbS	NiS(γ)	CdS	SnS	In$_2$S$_3$
$\mathrm{pH}_{\text{上限}}^{\ominus}$	−1.19	−0.946	−0.029	0.174	0.68	0.764
$\mathrm{pH}_{\text{下限}}^{\ominus}$	−4.27	−3.096	−2.888	−2.616	−2.03	−1.76
$\varepsilon^{\ominus}$/V	0.423	0.354	0.340	0.326	0.291	0.275
硫化物	ZnS	CuFeS$_2$	CoS	NiS(α)	FeS	MnS
$\mathrm{pH}_{\text{上限}}^{\ominus}$	1.07	−1.10	1.71	2.80	3.94	5.05
$\mathrm{pH}_{\text{下限}}^{\ominus}$	−1.58	−3.89	−0.83	0.450	1.78	3.296
$\varepsilon^{\ominus}$/V	0.264	0.41	0.22	0.145	0.066	0.023

由表 3-13 中的数据可知，只有 $\mathrm{pH}_{\text{下限}}^{\ominus}$ 较高的 FeS、NiS（α）、CoS、MnS 等可以简单酸溶，大多数金属硫化矿物的 $\mathrm{pH}_{\text{下限}}^{\ominus}$ 是比较小的负值，只有使用氧化剂将金属硫化矿物中的硫氧化，才能使金属硫化矿物中的金属组分呈离子形态转入浸液中。根据工艺要求，可以通过控制浸出矿浆的 pH 和还原电位，使金属硫化矿物中的金属组分呈离子形态转入溶液中，使硫氧化为元素硫或硫酸根。

常压氧化酸浸时，常用的氧化剂为 Fe^{3+}、Cl_2、O_2、HNO_3、$NaClO$、MnO_2 等。它们被还原的电化学方程及标准还原电位为：

$$Fe^{3+} + e^- \longrightarrow Fe^{2+} \qquad \varepsilon^{\ominus} = +0.771\mathrm{V}$$

$$Cl_2 + 2e^- \longrightarrow 2Cl^- \qquad \varepsilon^{\ominus} = +1.36\mathrm{V}$$

$$O_2 + 4H^+ + 4e^- \longrightarrow 2H_2O \qquad \varepsilon^{\ominus} = +1.229\mathrm{V}$$

$$NO_3^- + 3H^+ + 2e^- \longrightarrow HNO_2 + H_2O \qquad \varepsilon^{\ominus} = +0.94\mathrm{V}$$

$$2ClO^- + 4H^+ + 2e^- \longrightarrow Cl_2 + 2H_2O \qquad \varepsilon^{\ominus} = +1.63\mathrm{V}$$

$$2MnO_2 + 2H^+ + 2e^- \Longrightarrow Mn_2O_3 + H_2O \qquad \varepsilon^{\ominus} = +1.04\mathrm{V}$$

此外，某些低价化合物（如 UO_2、U_3O_8、Cu_2S、Cu_2O 等）也需使用氧化剂将其氧化为高价化合物以后才能溶于酸液中。

U-H_2O 系的 ε-pH 图如图 3-10 所示。铀矿中的铀主要以 UO_2、U_3O_8、UO_3 等形态存在，其中 UO_3 易溶于酸，而 UO_2 和 U_3O_8 只有添加氧化剂时才能溶于酸。其浸出反应可表示为：

$$UO_3 + 2H^+ \longrightarrow UO_2^{2+} + H_2O \quad pH = 7.4 - \frac{1}{2}\lg a_{UO_2^{2+}}$$

$$U_3O_8 + 4H^+ - 2e^- \longrightarrow 3UO_2^{2+} + 2H_2O \quad \varepsilon = -0.40 + 0.12pH + 0.0911\lg a_{UO_2^{2+}}$$

$$UO_2^{2+} + 2H_2O \longrightarrow UO_2(OH)_2 + 2H^+ \quad pH = 2.5 - \frac{1}{2}\lg a_{UO_2^{2+}}$$

$$UO_2 + 4H^+ \longrightarrow U^{4+} + 2H_2O \quad pH = 0.95 - \frac{1}{4}\lg a_{U^{4+}}$$

$$UO_2^{2+} + 2e^- \longrightarrow UO_2 \quad \varepsilon = 0.22 + 0.0311\lg a_{UO_2^{2+}}$$

$$UO_2^{2+} + 4H^+ + 2e^- \longrightarrow U^{4+} + 2H_2O \quad \varepsilon = 0.33 - 0.12pH + 0.031\lg\frac{a_{UO_2^{2+}}}{a_{U^{4+}}}$$

通常铀矿浸出液中的铀浓度为 1g/L（约 10^{-2} mol/L）。从图 3-10 可知，UO_2 直接酸溶需较高的酸度（pH<1.45）。当加入氧化剂时，UO_2 则易氧化为 UO_2^{2+} 进入溶液中（pH<3.5，$\varepsilon > 0.16$ V）。因此，工业生产中常采用 MnO_2 作氧化剂，Fe^{3+}/Fe^{2+} 作催化剂、在 1.45<pH<3.5 的条件下，用稀硫酸溶液在常温常压下氧化浸出铀矿石。MnO_2 用量为矿石质量的 0.5%～2.0%，Fe^{2+} 来自矿石本身所含亚铁盐的溶解。

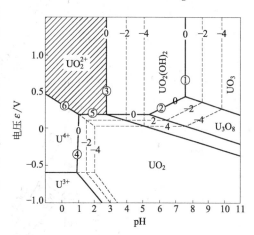

图 3-10 U-H_2O 系的 ε-pH 图

3.4.2.4 还原酸浸出

高价金属氧化物或高价金属氢氧化物常采用还原酸浸出法。如低品位锰矿、海底锰结核、净化作业产出的钴渣、锰渣等。有用组分主要为 MnO_2、$Co(OH)_3$、Co_2O_3、$Ni(OH)_3$ 等。

常压还原酸浸出的原理如图 3-11 所示。

工业生产中常用的还原浸出剂为 Fe、Fe^{2+}、HCl、SO_2 等。其浸出反应为：

$$MnO_2 + 2Fe^{2+} + 4H^+ \longrightarrow Mn^{2+} + 2Fe^{3+} + 2H_2O$$

$$\varepsilon = 0.457 - 0.118pH - 0.0295\lg a_{Mn^{2+}} + 0.0591\lg a_{Fe^{3+}/Fe^{2+}}$$

$$MnO_2 + \frac{2}{3}Fe + 4H^+ \longrightarrow Mn^{2+} + \frac{2}{3}Fe^{3+} + 2H_2O$$

$$\varepsilon = 1.264 - 0.118pH - 0.0295\lg a_{Mn^{2+}} + 0.0197\lg a_{Fe^{3+}}$$

$$MnO_2 + SO_2 \longrightarrow Mn^{2+} + SO_4^{2-}$$

$$\varepsilon = 1.058 - 0.0295\lg a_{Mn^{2+}} - 0.0295\lg a_{SO_4^{2-}} + 0.0295\lg p_{SO_2}$$

$$2Co(OH)_3 + SO_2 + 2H^+ \longrightarrow 2Co^{2+} + SO_4^{2-} + 4H_2O$$

$$\varepsilon = 1.578 - 0.0591pH - 0.0295\lg a_{Co^{2+}} - 0.0295\lg a_{SO_4^{2-}} + 0.0295\lg p_{SO_2}$$

$$2Ni(OH)_3 + SO_2 + 2H^+ \longrightarrow 2Ni^{2+} + SO_4^{2-} + 4H_2O$$

$$\varepsilon = 2.089 - 0.0591\lg a_{Ni^{2+}} - 0.0295\lg a_{SO_4^{2-}} + 0.0295\lg p_{SO_2}$$

金属铁作为还原剂时，还原能力比亚铁离子大，用量少，但其消耗量大，铁会污染浸出液。二氧化硫的还原能力大，不耗酸，不污染浸出液。二氧化硫的工业浸出工艺参数为：SO_2 含量 6%～8%，浸出温度 70～80℃，浸出 6～7h，钴、镍、锰的浸出率均可达 98%～99%。

盐酸主要用于浸出钴渣，但盐酸的还原能力较小，浸出温度较高（80～90℃），浸出 pH 应小于 2，其浸出反应为：

$$2Co(OH)_3 + 6HCl \longrightarrow 2CoCl_2 + 6H_2O + Cl_2$$

$$2Ni(OH)_3 + 6HCl \longrightarrow 2NiCl_2 + 6H_2O + Cl_2$$

盐酸还可浸出镍冰铜，其浸出反应为：

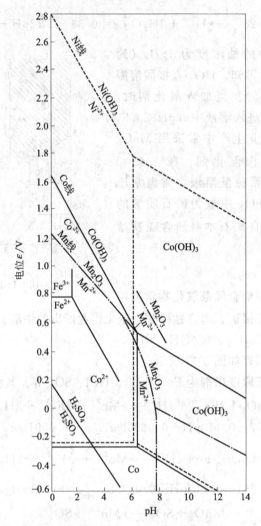

图 3-11 常压还原酸浸出的原理

$$Ni_3S_2 + 6HCl \longrightarrow 3NiCl_2 + 2H_2S + H_2 \uparrow$$

由于 Cu_2S 的平衡 pH 较负，难酸溶。因此，采用盐酸浸出镍冰铜，可使镍、钴与铜基本分离。

3.4.3 碱浸出

3.4.3.1 氢氧化钠溶液浸出

不同浓度的氢氧化钠溶液可直接用于浸出方铅矿、闪锌矿、铝土矿、钨锰铁矿、白钨矿和独居石等，可使相应的目的组分转入浸出液或浸渣中。常压氢氧化钠溶液浸出时的主要化学反应为：

$$PbS + 4NaOH \longrightarrow Na_2PbO_2 + Na_2S + 2H_2O$$
$$ZnS + 4NaOH \longrightarrow Na_2ZnO_2 + Na_2S + 2H_2O$$
$$FeWO_4 + 2NaOH \longrightarrow Na_2WO_4 + Fe(OH)_2 \downarrow$$
$$MnWO_4 + 2NaOH \longrightarrow Na_2WO_4 + Mn(OH)_2 \downarrow$$

$$CaWO_4 + 2NaOH \longrightarrow Na_2WO_4 + Ca(OH)_2$$
$$Al_2O_3 \cdot nH_2O + 2NaOH \longrightarrow 2NaAlO_2 + (n+1)H_2O$$
$$RePO_4 + 3NaOH \longrightarrow Re(OH)_3 \downarrow + Na_3PO_4$$
$$FeS + 2NaOH \longrightarrow Fe(OH)_2 + Na_2S$$

氢氧化钠溶液是拜耳法生产氧化铝的主要浸出试剂。若铝土矿中的铝呈三水铝石形态存在，在常压、110℃和氢氧化钠的浓度（以 Na_2O_k 计）为 200～240g/L 的条件下，铝可完全转入浸出液中。

生产实践中，常采用氢氧化钠溶液浸出硅含量高的钨细泥及钨锡中矿等低度钨难选物料。采用单一的氢氧化钠溶液（浓度约 40%）在常压加温（约110℃）的条件下浸出黑钨细泥，可获得很高的钨浸出率。

若被浸物料为白钨矿时，氢氧化钠溶液浸出钨的反应为可逆反应。为使浸出反应向右边进行，须采用氢氧化钠与硅酸钠的混合溶液作浸出剂，才能获得较高的钨浸出率。当被浸的白钨原料中含有一定量的二氧化硅时，可采用单一的氢氧化钠溶液作浸出剂。此时的浸出反应可表示为：

$$CaWO_4 + SiO_2 + 2NaOH \longrightarrow Na_2WO_4 + CaSiO_3 \downarrow + H_2O$$

氢氧化钠溶液浸出钨原料时，溶液中的溶解氧可将低价铁和锰部分地氧化为高价铁和高价锰。其反应为：

$$2Fe(OH)_2 + \frac{1}{2}O_2 + H_2O \longrightarrow 2Fe(OH)_3 \downarrow$$

$$2Mn(OH)_2 + \frac{1}{2}O_2 + H_2O \longrightarrow 2Mn(OH)_3 \downarrow$$

低价铁和低价锰被氧化为高价铁和高价锰，有利于钨的浸出。

3.4.3.2　硫化钠溶液浸出

硫化钠溶液可浸出分解砷、锑、锡、汞的硫化矿物，可使相应的目的组分呈可溶性硫代酸盐的形态转入浸出液中。其反应可表示为：

$$As_2S_3 + 3Na_2S \longrightarrow 2Na_3AsS_3$$
$$As_2S_5 + 3Na_2S \longrightarrow 2Na_3AsS_4$$
$$Sb_2S_3 + 3Na_2S \longrightarrow 2Na_3SbS_3$$
$$Sb_2S_5 + 3Na_2S \longrightarrow 2Na_3SbS_4$$
$$SnS_2 + Na_2S \longrightarrow Na_2SnS_3$$
$$HgS + Na_2S \longrightarrow Na_2HgS_2$$
$$As_2S_3 + Na_2S \longrightarrow 2NaAsS_2$$
$$Sb_2S_3 + Na_2S \longrightarrow 2NaSbS_2$$

Bi_2S_3、SnS 不溶于硫化钠溶液中。为了防止硫化钠水解失效，以提高相应组分的浸出率，实践应用中常采用硫化钠与氢氧化钠的混合溶液作浸出剂。

生产实践中，可利用上述反应原理进行精矿除杂或从矿物原料中提取这些有用组分，如从铜、钴、镍精矿中除砷，从锡矿中提取锡，从辰砂中提取汞等。

3.4.3.3　碳酸钠溶液浸出

Na_2CO_3 的碱性较弱，在 25℃，质量浓度为 100 g/L 时，溶液的 pH 仅为 12 左右，在

pH 为 9～12 时，则为 Na_2CO_3 与 $NaHCO_3$ 的混合溶液，Na_2CO_3 可用于浸出酸性较强的氧化物，如 WO_3 等，亦用以浸出某些钙盐形态的矿物，如白钨矿等，此时利用其中 Ca^{2+} 与 CO_3^{2-} 形成难溶的 $CaCO_3$，有利于浸出反应的进行。

碳酸钠广泛用作铀矿的浸出剂，它能与六价铀形成稳定的碳酸铀酰络合物：

$$UO_3 + 3Na_2CO_3 + H_2O \Longrightarrow Na_4[UO_2(CO_3)_3] + 2NaOH$$

$$K_2O \cdot 2UO_3 \cdot V_2O_5 + 6Na_2CO_3 + 2H_2O \Longrightarrow 2Na_4[UO_2(CO_3)_3] + 2KVO_3 + 4NaOH$$

有氧化剂（O_2）存在时：

$$U_3O_8 + 9Na_2CO_3 + 3H_2O + \frac{1}{2}O_2 \Longrightarrow 3Na_4[UO_2(CO_3)_3] + 6NaOH$$

$$UO_2 + 3Na_2CO_3 + H_2O + \frac{1}{2}O_2 \Longrightarrow Na_4[UO_2(CO_3)_3] + 2NaOH$$

在一定浓度范围内，Na_2CO_3 溶液的平均活度系数随其浓度的升高而降低，例如，在 25℃下当 Na_2CO_3 浓度分别为 0.01mol/L、0.1mol/L 和 1mol/L 时，其平均活度系数分别为 0.729、0.446 和 0.264，因此从热力学上看，Na_2CO_3 浸出时，浓度过高其效果并不会明显提高。

3.4.4 盐及络合浸出

盐浸是采用无机盐水溶液或其酸性液（或碱性液）作浸出剂以浸出目的组分。常用的盐浸出剂为 NaCl、$CaCl_2$、$MgCl_2$、$(NH_4)SO_4$ 等。络合浸出是采用含络离子的盐溶液浸出目的组分，使目的组分以络合物的形式从固相转入液相的过程。常使用的络合浸出剂有 NaCN、$Na_2S_2O_3$、$NH_3 \cdot H_2O$ 等。

3.4.4.1 氯化钠溶液浸出

氯化钠溶液可作为浸出剂或添加剂（络合剂）使用。用作浸出剂时，氯化钠溶液可直接与目的组分矿物作用，使目的组分呈可溶性氯化物的形态转入浸出液中。用作添加剂时，起络合剂作用，以提高被浸组分在浸出液中的溶解度。$CaCl_2$、$MgCl_2$ 的作用与 NaCl 相似。

氯化钠的酸性液（pH 为 0.5～1.5）可作为白铅矿、氯化铅、氯化银的浸出剂。浸出白铅矿的反应为：

$$PbSO_4 + 2NaCl \longrightarrow PbCl_2 + Na_2SO_4$$

$$PbCl_2 + 2NaCl \longrightarrow Na_2PbCl_4$$

$PbCl_2$ 在水溶液中的溶解度取决于溶液温度和 NaCl 的浓度（表 3-14）。为了避免硫酸钠引起可逆反应，可采用 $NaCl-CaCl_2$ 的混合溶液作浸出剂。

$PbCl_2$ 在 $CaCl_2$ 水溶液中的溶解度列于表 3-15 中。

浸出液中的杂质可采用金属置换法进行分离和回收，如可用铜置换法回收浸出液中的银，再用铅置换法回收浸出液中的铜。净化后的含铅溶液，可采用氯化铅结晶法、铁置换法、不溶阳极（石墨）电积法、石灰或碳酸钠沉淀法回收铅。

氯化钠浓度	溶解度/(g/L)			氯化钠浓度	溶解度/(g/L)		
/(g/L)	13℃	50℃	100℃	/(g/L)	13℃	50℃	100℃
0	7	11	21	140	1	7	21
20	3	8	17	180	3	10	30
40	1	4	11	220	5	12	42
60	0	3	13	260	9	21	65
80	0	4	12	300	13	35	95
100	0	5	15				

表 3-14 氯化铅在氯化钠水溶液中的溶解度

表 3-15 氯化铅在氯化钙水溶液中的溶解度　　　　单位：%

25℃	$CaCl_2$	0	0.350	0.650	1.25	2.44
	$PbCl_2$	1.031	0.576	0.382	0.227	0.164
	$CaCl_2$	4.83	9.16	17.18	29.90	42.3
	$PbCl_2$	0.121	0.156	0.311	0.220	6.36
60℃	$CaCl_2$	0	0.350	0.677	1.281	3.564
	$PbCl_2$	1.887	1.368	1.068	0.751	0.520
	$CaCl_2$	4.176	10.51	17.73	29.46	44.48
	$PbCl_2$	0.478	0.489	0.914	3.696	7.265

离子稀土矿开采初期，生产实践中采用 6%～7% 的氯化钠水溶液作浸出剂浸出稀土。浸出稀土的主要反应是钠离子置换离子吸附型稀土矿中的稀土离子，使稀土离子转入浸出液中。采用此浸出工艺浸出离子吸附型稀土矿时，稀土的浸出率可达 95% 以上。

3.4.4.2 硫酸铵溶液浸出

硫酸铵溶液主要用作离子吸附型稀土矿的浸出剂，它已基本取代了氯化钠水溶液作浸出剂浸出稀土。由于 NH_4^+ 的交换势比 Na^+ 的交换势大，故通常仅采用 1.5%～3.0% 的硫酸铵水溶液即可将 95% 以上的离子相稀土转入浸出液中。

3.4.4.3 氨络合浸出

氨水是一种碱性浸出剂，同时也是一种络合浸出剂，由于浸出时主要生成金属和氨的络合物，因此将氨归于络合浸出剂。氨与铜、钴、镍可形成多种形式的稳定络合物。铜、钴、镍的氨浸机理相似，属电化学腐蚀氧化络

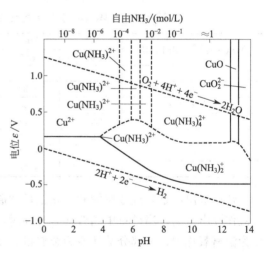

图 3-12　Cu-NH₃-H₂O 系的 ε-pH 图

合机理。其浸出速度取决于氧的分压和氨的浓度。Cu-NH₃-H₂O 系、Ni-NH₃-H₂O 系和 Co-NH₃-H₂O 系的 ε-pH 图分别如图 3-12～图 3-14 所示。

由于金属铜、钴、镍在氨液中形成了稳定的可溶性氨络离子，扩大了它们在溶液中的稳定区和降低了它们被氧化成络合离子的还原电位，使它们较易转入氨浸出液中。

目前，已发现多种金属氨络离子，如锌、汞、银、镉、铜、镍、钴等的氨络离子。25℃ 时铜、镍、钴的氨络离子生成反应的 $\lg K_f$ 和 $\varepsilon^{\ominus}[Me(NH_3)_z^{2+}/Me]$ 列于表 3-16 中。

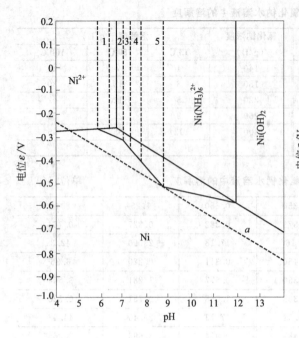

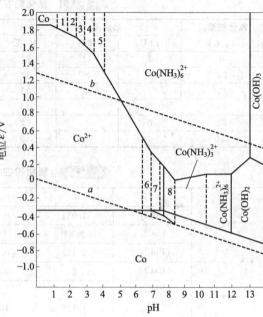

图 3-13　Ni-NH$_3$-H$_2$O 系的 ε-pH 图

1—Ni(NH$_3$)$^{2+}$; 2—Ni(NH$_3$)$_2^{2+}$; 3—Ni(NH$_3$)$_3^{2+}$;

4—Ni(NH$_3$)$_4^{2+}$; 5—Ni(NH$_3$)$_5^{2+}$

图 3-14　Co-NH$_3$-H$_2$O 系的 ε-pH 图

1—Co(NH$_3$)$^{3+}$; 2—Co(NH$_3$)$_2^{3+}$; 3—Co(NH$_3$)$_3^{3+}$;

4—Co(NH$_3$)$_4^{3+}$; 5—Co(NH$_3$)$_5^{3+}$; 6—Co(NH$_3$)$_2^{2+}$;

7—Co(NH$_3$)$_3^{2+}$; 8—Co(NH$_3$)$_4^{2+}$

表 3-16　Me(NH$_3$)$_z^{2+}$ 生成反应的 lgK$_f$ 和 ε$^\ominus$[Me(NH$_3$)$_z^{2+}$/Me] 值

Me(NH$_3$)$_z^{2+}$ 中的 z 值	lgK$_f$			ε$^\ominus$[Me(NH$_3$)$_z^{2+}$/Me]		
	Cu^{2+}	Ni^{2+}	Co^{2+}	Cu^{2+}	Ni^{2+}	Co^{2+}
0	—	—	—	0.337	−0.241	−0.267
1	4.15	2.80	2.11	0.214	−0.324	−0.329
2	7.65	5.04	3.47	0.111	−0.390	−0.378
3	10.54	6.77	4.52	0.026	−0.441	−0.409
4	12.68	7.96	5.28	−0.038	−0.477	−0.431
5	—	8.71	5.46		−0.499	−0.436
6	—	8.74	4.84		−0.500	−0.481

　　常压氨浸法是处理金属铜和氧化铜矿物原料的有效方法，采用碳酸铵和氢氧化铵的混合溶液作浸出试剂。当矿石中结合铜含量高时，可预先进行还原焙烧，使大部分结合氧化铜转变为游离氧化铜，少部分被还原为金属铜。浸出过程的主要化学反应如下。

　　黑铜矿：　　$CuO + 2NH_4OH + (NH_4)_2CO_3 \longrightarrow Cu(NH_3)_4CO_3 + 3H_2O$

　　蓝铜矿：

$$2CuCO_3 \cdot Cu(OH)_2 + 10NH_4OH + (NH_4)_2CO_3 \longrightarrow 3Cu(NH_3)_4CO_3 + 12H_2O$$

$$Cu + Cu(NH_3)_4CO_3 \longrightarrow Cu_2(NH_3)_4CO_3$$

$$Cu_2(NH_3)_4CO_3 + 2NH_4OH + (NH_4)_2CO_3 + \frac{1}{2}O_2 \longrightarrow 2Cu(NH_3)_4CO_3 + 3H_2O$$

　　可见，$Cu^+ \longrightarrow Cu^{2+} + e^-$ 之间的氧化还原反应起了催化作用，可加速金属铜的浸出溶解。

在有氧存在的条件下，镍、钴的浸出反应可表示为：

$$Ni+\frac{1}{2}O_2+nNH_3+CO_2 \longrightarrow Ni(NH_3)_n^{2+}+CO_3^{2-}$$

$$Co+\frac{1}{2}O_2+nNH_3+CO_2 \longrightarrow Co(NH_3)_n^{2+}+CO_3^{2-}$$

氨络离子中，通常镍、钴的配位数为6，铜的配位数为4。

浸出矿浆经固液分离，可获得较纯净的浸出液。将浸出液加热至沸点，氨络离子和碳酸铵被分解，氨及二氧化碳呈气体逸出。浸液中的铜呈氧化铜沉淀析出。浸液中的镍、钴则分别呈碱式碳酸镍和氢氧化钴的形态沉淀析出。含氨和二氧化碳的蒸气经冷凝吸收后转变为碳酸铵和氢氧化铵，可返回洗涤作业或浸出作业循环使用。过程的主要反应为：

$$Cu(NH_3)_4CO_3 \xrightarrow{加热} CuO\downarrow+4NH_3\uparrow+CO_2\uparrow$$

$$2Ni(NH_3)_6CO_3+2H_2O \xrightarrow{加热} Ni(OH)_2\cdot NiCO_3\cdot H_2O\downarrow+12NH_3\uparrow+CO_2\uparrow$$

$$[Co(NH_3)_6]_2(CO_3)_3+3H_2O \xrightarrow{加热} 2Co(OH)_3\downarrow+12NH_3\uparrow+3CO_2\uparrow$$

$$(NH_4)_2CO_3 \xrightarrow{加热} 2NH_3\uparrow+CO_2\uparrow+H_2O$$

$$4NH_3+CO_2+3H_2O \longrightarrow (NH_4)_2CO_3+2NH_4OH$$

常压氨浸时，硫化铜矿物溶解不完全，镍、钴的硫化矿物及贵金属留在浸出渣中，可采用浮选法从浸出渣中回收铜、镍、钴的硫化矿物及贵金属，浮选产出的硫化矿物精矿送冶炼厂处理。此外，可采用热压氨浸法处理铜、镍、钴的硫化矿物原料。常压氨浸法的特点为：

① 常压下的浸出速度相当高，浸出时间较短；

② 浸出选择性高，可获得相当纯净的铜、镍、钴的浸出液；

③ 从浸液中制取铜、镍、钴的沉淀物的工序相当简单；

④ 浸出试剂易再生回收；

⑤ 适用于处理铁质含量高且以碳酸盐脉石为主的铜、镍、钴的矿物原料。

但浸液蒸氨过程中，蒸馏塔易结疤，影响操作的正常进行。

3.4.4.4 氰化浸出金、银

氰化浸出提取金、银是目前国内外处理金、银矿物原料的常规方法，自1887年开始采用氰化物从矿石中浸金至今已有130多年的历史。氰化法提取金、银，工艺成熟，技术经济指标较理想。

氰化物是金、银、铜矿物的有效溶剂。其浸出反应可表示为：

$$Au(CN)_2^-+e^- \longrightarrow Au+2CN^-$$

$$\varepsilon=-0.64+0.0591\lg a_{Au(CN)_2^-}+0.118p_{CN}$$

$$Ag(CN)_2^-+e^- \longrightarrow Ag+2CN^-$$

$$\varepsilon=-0.31+0.0591\lg a_{Ag(CN)_2^-}+0.118p_{CN}$$

$$Cu_2S+6CN^- \longrightarrow 2Cu(CN)_3^{2-}+S^{2-}$$

$$K_f=1.85\times10^{28}$$

从金、银氰化浸出的电化学方程可知，当p_{CN}相同时，金的平衡电位比银的平衡电位低。因此，当氰化物浓度相同时，金比银更易被氰化物浸出。同时，金、银的平衡电位皆随浸出剂中氰离子浓度的增大而下降，金、银更易被浸出。采用二步法工艺时，浸出矿浆经固液分离后，常用锌置换法从贵液中回收金、银，置换所得金泥经熔炼可得合质金（金银合金）。采用一步法工艺时，所得载金炭或载金树脂经解吸后，常用不溶阳极电积的方法获得金泥，经金、银分离和熔炼获得金锭和银锭。

金矿物原料中除含银外，一般均含有其他的伴生组分。这些伴生组分有的对金、银的氰化浸出可起促进作用，有的对金、银的氰化浸出则起有害的作用。试验研究表明，少量的铅、汞、铋、铊等盐类可加速金的氰化浸出。由于金只能从溶液中置换铅、汞、铋、铊这四种金属离子，可能是金与被置换所得金属形成合金，改变了金粒的表面状态，产生蚀变，从而加速金粒的氰化溶解。

与金伴生的磁黄铁矿、铜、锌、铁硫化矿物，砷、锑矿物和含碳物质等皆对金的氰化浸出起有害作用。因此，处理含以上有害于氰化浸金的组分时，应采取适当措施预先将其除去或将其有害作用降至最小，必要时可采用其他方法处理此类不易氰化的含金、银矿物原料。

为了强化氰化浸出金、银过程，除了完善传统的二步法（CCD 流程）外，目前在工业生产中已广泛采用一步法提金工艺，其中包括氰化炭浆法（CCIP）、氰化炭浸法（CCIL）、氰化树脂矿浆法（CRIP）、氰化磁炭法（CMagchal）等。在氰化浸出金、银的同时，金、银氰根络阴离子被活性炭或阴离子交换树脂所吸附，矿浆液相中已溶金、银的浓度始终维持最低值，故一步法提金工艺可强化浸出过程，提高氰化浸出金、银的速度和浸出率。一步法提金工艺也可用于其他浸出金、银的工艺中。

3.4.5　热压浸出

在密闭容器（高压釜）中进行热压浸出，可以提高浸出速度和浸出率，可使用气体或挥发性物质作浸出剂。目前，工业上可采用热压技术浸出铀、钨、钼、铜、镍、钴、锌、锰、铝、钒、金等。

热压浸出可分为热压无氧浸出和热压氧浸两大类，后者又可分为热压氧酸浸和热压氧碱浸两小类。

3.4.5.1　热压无氧浸出

溶液的沸点随蒸气压的增大而升高，纯水的临界温度为 374℃，热压浸出温度一般低于 300℃。因温度高于 300℃时，水的蒸气压高于 10MPa（100atm）。

热压无氧浸出是在不使用氧或其他气体试剂的条件下，采用单纯提高浸出温度的方法，以增大被浸目的组分在浸出液中的溶解度的浸出方法。如铝土矿的热压无氧碱浸、钨矿物原料的热压无氧碱浸、钾钒铀矿的热压无氧碱浸等。其相应的反应可表示如下。

三水铝石：$\quad 2Al(OH)_3 + 2NaOH \xrightarrow{100℃} 2NaAl(OH)_4$

一水软铝石：$AlOOH + NaOH + H_2O \xrightarrow{155\sim200℃} NaAl(OH)_4$

一水硬铝石：$Al_2O_3 + 2NaOH + 3H_2O \xrightarrow{230\sim280℃} 2NaAl(OH)_4$

白钨矿：$\quad CaWO_4 + Na_2CO_3 \xrightarrow{180\sim200℃} Na_2WO_4 + CaCO_3$

钾钒铀矿：

$$K_2O \cdot 2UO_3 \cdot V_2O_5 + 6Na_2CO_3 + 2H_2O \xrightarrow{100\sim180℃} 2Na_4[UO_2(CO_3)_3] + 2KVO_3 + 4NaOH$$

3.4.5.2　热压氧酸浸

金属硫化矿物几乎不溶于水，甚至当水的温度升至 400℃ 时也如此。但当有氧存在时，金属硫化矿物则易溶于水。

热压氧酸浸金属硫化矿物时，一般遵循下列规律。

① 在浸出温度低于 120℃ 的酸性介质中，金属以离子形态进入溶液中，而硫呈元素硫形态析出。某些条件下会生成少量的硫化氢。各种金属硫化矿物析出元素硫的酸度不同，磁黄铁矿、镍黄铁矿和辉钴矿氧化时最易析出元素硫；黄铁矿氧化时析出元素硫则需低温、低氧压和高酸度（pH<2.5）；铜、锌硫化矿物仅在酸介质中就能析出元素硫。热压氧酸浸硫化铁矿时，铁被氧化为三价铁，三价铁离子完全或部分水解，呈氢氧化铁或碱式硫酸铁的形态沉淀析出。

② 在浸出温度低于 120℃ 的中性介质中，金属和硫同时进入溶液中，硫呈硫酸根形态存在。

③ 浸出温度低于 120℃ 时，$S+\dfrac{3}{2}O_2+H_2O \longrightarrow H_2SO_4$ 反应速度慢。浸出温度高于 120℃ 时（120℃ 为硫的熔点），元素硫氧化为硫酸的反应加速。因此，在低温酸性介质中进行热压氧浸金属硫化矿物时，才能析出元素硫；高温条件下（高于 120℃）热压氧浸金属硫化矿物时，在任何 pH 条件下，硫均呈硫酸根形态转入浸液中，无法析出元素硫。

④ 热压氧浸低价金属硫化矿物时，可观察到浸出的阶段性。如热压氧浸出 Cu_2S、Ni_3S_2 的反应为：

$$Cu_2S+\frac{1}{2}O_2+2H^+ \longrightarrow CuS+Cu^{2+}+H_2O$$

$$Ni_3S_2+\frac{1}{2}O_2+2H^+ \longrightarrow 2NiS+Ni^{2+}+H_2O$$

当浸出温度高于 120℃ 时，CuS、NiS 可进一步氧化为硫酸盐：

$$CuS+2O_2 \longrightarrow CuSO_4$$

$$NiS+2O_2 \longrightarrow NiSO_4$$

⑤ 溶液中的某些金属离子对热压氧浸过程可起催化作用。如 Cu^{2+} 能催化 ZnS、CdS 的热压氧浸过程。其反应可表示为：

$$ZnS+Cu^{2+} \longrightarrow Zn^{2+}+CuS$$

$$CuS+2O_2 \longrightarrow CuSO_4$$

反应生成的细散的 CuS 的氧化速度相当快。

热压氧浸 CuS 时，使用盐酸比使用相同浓度的硫酸或高氯酸的热压氧浸速度快。

$$2Cl^-+2H^++\frac{1}{2}O_2 \longrightarrow Cl_2+H_2O$$

$$CuS+Cl_2 \longrightarrow Cu^{2+}+2Cl^-+S^0$$

此外，Fe^{2+}、Cu^{2+}、Zn^{2+}、Ni^{2+} 等离子可催化元素硫的热压氧化反应，提高其氧化速度。

处理有色金属硫化矿浮选精矿。如硫化锌精矿，其热压氧浸反应可表示为：

$$ZnS+H_2SO_4+\frac{1}{2}O_2 \xrightarrow{\text{热压}} ZnSO_4+H_2O+S^0 \downarrow$$

浸出工艺参数：温度为 110℃，$p_{O_2}=0.14MPa$（1.4 atm），粒度小于 325 目，浸出 2～4h，锌的浸出率达 99%。当原料中含铁高时，仍可获得高的锌浸出率。经固液分离，浸出液送电积可得电解锌，废电解液可返回浸出作业。

浸出黄铜矿精矿的反应为：

$$CuFeS_2 + H_2SO_4 + 1\frac{1}{4}O_2 + \frac{1}{2}H_2O \xrightarrow{\text{热压}} CuSO_4 + Fe(OH)_3 \downarrow + 2S^0 \downarrow$$

浸出工艺参数为：110~120℃，$p_{O_2} = 1.4 \sim 3.4$MPa（14~34atm），粒度小于 325 目，浸出 2~4h，铜的浸出率大于 99%。经固液分离，浸出液送电积可得电解铜，废电解液可返回浸出作业。澳大利亚的 Gordon 铜厂建于 1998 年 7 月，是目前世界上唯一的硫化铜矿热压氧化酸浸提铜厂，年产电铜 45kt。

3.4.5.3 热压氧碱浸

热压氧碱浸通常采用氨介质。热压氧氨浸时的反应为：

$$MeS + zNH_3 + 2O_2 \xrightarrow{\text{热压}} [Me(NH_3)_z]^{2+} + SO_4^{2-}$$

$$2FeS_2 + 7\frac{1}{2}O_2 + 8NH_3 + (4+m)H_2O \xrightarrow{\text{热压}} Fe_2O_3 \cdot mH_2O \downarrow + 4(NH_4)_2SO_4$$

热压氧氨浸出时，一部分氨用于中和酸生成铵离子，另一部分用于与金属离子生成金属氨络离子。

热压氧氨浸金属硫化矿物时，金属硫化矿物中的硫经 $S^{2-} \rightarrow S_2O_3^{2-} \rightarrow (S_2O_3^{2-})_n \rightarrow SO_3 \cdot NH_2^- \rightarrow SO_4^{2-}$ 等过程氧化为硫酸根。试验结果表明，在 120℃，$p_{O_2} = 1$MPa（10atm），氨浓度为 1mol/L，硫酸铵浓度为 0.5mol/L 的条件下，金属硫化矿物的氧化顺序为：$Cu_2S > CuS > Cu_3FeS_4 > CuFeS_2 > PbS > FeS > FeS_2 > ZnS$。

热压氧氨浸金属硫化矿物时，关键是控制游离氨的浓度，否则，易生成不溶性的高氨络合物，如 $Co(NH_3)_6^{2-}$。

热压氧氨浸金属硫化矿物的方法适于处理钴含量小于 3% 和铂族金属含量较低的矿物原料。此外，还可处理黄铜矿、方铅矿和铜锌矿等矿物原料。

3.4.6 氯化浸出

氯化浸出是使用各种氯化剂使目的组分呈可溶性氯化物形态转入溶液的浸出过程。常用的氯化剂有盐酸、氯盐、氯气、电氯化等。

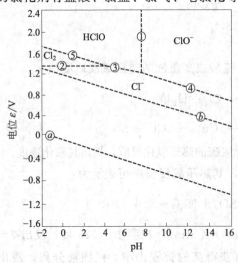

图 3-15 Cl-H₂O 系的 ε-pH 图
（25℃，气体分压为 1atm；参加反应物质的活度为 1）

从图 3-15 可知，Cl^- 在整个 pH 范围内均稳定，且覆盖水的整个稳定区，Cl_2（aq）的稳定区很小，只存在于低 pH 区域，在碱性液中将转变为次氯酸、氯酸和高氯酸，溶解氯、次氯酸、氯酸和高氯酸均为强氧化剂，可将水氧化而析出氧气，将氯化物氧化而析出氯气，也可氧化金属及化合物。

在强酸介质中，由于氯的强氧化作用，使金呈 $AuCl_4^-$ 络离子转入溶液中，其反应为：$2Au + 3Cl_2 + 2HCl \Longrightarrow 2HAuCl_4$ 或 $2Au + 3Cl_2 + 2NaCl \Longrightarrow 2NaAuCl_4$。

氯化浸出法目前主要用于提取贵金属，如从阳极泥、重选重砂、重选精矿、焙砂中提取金、银。氯化法处理含金硫化矿时一般须预先进行氧化焙烧使硫化物转变为氧化物，以提高金的回收率和降低氯的耗量。氯化浸出也可用于浸出硫化矿，使目的组分矿物氧化而呈相应的可溶性氯化物转入溶液中，如用于处理含铋混合硫化矿，使铋选择性地转入溶液中。

3.4.7 细菌浸出

3.4.7.1 浸矿细菌

细菌浸出起源于 20 世纪 50 年代初期，是近年发展起来的一种化学选矿新技术。它是利用微生物及其代谢产物氧化、浸出矿物原料中的目的组分的浸出新技术。

目前，已知有多种浸矿细菌，其中主要的常温浸矿细菌种类及其主要生理特征列于表3-17 中。

表 3-17 主要的常温浸矿细菌种类及其主要生理特征

细菌名称	主要代谢反应	最佳 pH
氧化亚铁硫杆菌（$T.f.$）	$Fe^{2+} \longrightarrow Fe^{3+}$，$S_2O_3^{2-} \longrightarrow SO_4^{2-}$	2.5～3.8
氧化亚铁钩端螺旋菌（$L.f.$）	$Fe^{2+} \longrightarrow Fe^{3+}$	3.5
氧化硫铁杆菌（$F.s.$）	$S^0 \longrightarrow SO_4^{2-}$，$Fe^{2+} \longrightarrow Fe^{3+}$	2.8
氧化硫硫杆菌（$T.t.$）	$S^0 \longrightarrow SO_4^{2-}$，$S_2O_3^{2-} \longrightarrow SO_4^{2-}$	2.0～3.5
聚生硫杆菌	$S^0 \longrightarrow SO_4^{2-}$，$H_2S \longrightarrow SO_4^{2-}$	2.0～4.0

工业生产中应用最广泛的三种常温浸矿细菌（最适宜生长温度低于 45℃）为：氧化亚铁硫杆菌（*Tsidthiobacillus ferrooxidans*，简写为 $T.f.$）、氧化硫硫杆菌（*Thiobacillus thiooxidans*，简写为 $T.t.$）和氧化亚铁钩端螺旋菌（*Leptospirillum ferrooxidans*，简写为 $L.f.$）。

20 世纪 80 年代开始发现和研究生长温度高于 45℃ 的浸矿细菌。目前，已从矿山废水、煤矿矿坑水、温泉、地热区、深海和堆浸场等处发现和分离出一批耐温菌，用于氧化浸出硫化矿物。其中报道较多的耐温菌如下。

（1）硫杆菌属耐温菌（*Thiobacillus*）　该菌为较早报道的中等耐温菌之一。其中耐热氧化硫杆菌（*Thiobacillus thiooxidans*）和嗜酸硫杆菌（*Thiobacillus acidophilus*）已通过 16SrDNA 基因测序分析，确定了其分类学关系。这两类细菌可在含亚铁离子的溶液中自养生长，也可在酵母提取液中异养生长。但耐热氧化硫硫杆菌在亚铁离子培养液中自养生长速度明显高于无铁异养生长速度，且当二氧化碳供应不充分时，其氧化亚铁离子和黄铁矿的速度很慢。这两类细菌广泛分布于硫化矿的酸性矿坑水中，其工作温度可高达 62℃。

（2）耐温氧化亚铁钩端螺旋菌（*Leptospirillum ferrooxidans*）　该菌为最近报道的一种耐热菌。最佳生长温度为 45～50℃，取名为耐温氧化亚铁钩端螺旋菌。

（3）氧化亚铁嗜酸菌（*Acidimicrobium ferrooxidans*）　该菌的特性与耐热硫杆菌极为相似，但在形貌上完全不同，氧化 Fe^{2+} 不要求充分供应二氧化碳，且能适应高浓度的三价铁离子，其工作温度可高达 50℃。

（4）高温硫杆菌（*Thiobacillus caldus*）　最初从温泉中发现高温硫杆菌时，其工作温度可高达 55℃，不能氧化亚铁离子，可氧化低价硫。采用耐温氧化亚铁钩端螺旋菌与高温硫杆菌自然匹配的混合菌可用于氧化浸出铅、锌、铁硫化矿浮选精矿，浸出温度为 35～40℃。耐热氧化硫硫杆菌与高温硫杆菌的混合菌可用于氧化浸出黄铜矿和黄铁矿，混合菌虽不影响其浸出速度，但可降低矿浆 pH、增加铁离子浓度，可提高浸出率。

(5) 硫古菌（*Sulfolobus-like archaea*）　最初从硫含量高的温泉中发现和分离的浸矿菌，最佳生长温度为 70～75℃，工作温度可高达 80～85℃。可快速氧化浸出硫化矿物，可有效氧化浸出黄铜矿。

3.4.7.2　细菌浸矿机理

目前，对细菌浸矿的机理大致有两种意见。

(1) 细菌的直接作用　认为生活于硫化矿床酸性水中的氧化铁硫杆菌等细菌，可将矿石中的低价铁、低价硫氧化为高价铁和硫酸，以取得维持其生命所需的能源。在此氧化过程中，破坏了硫化矿物的晶格构造，使硫化矿物中的铜等金属组分呈硫酸盐的形态转入溶液中。如：

$$2CuFeS_2 + H_2SO_4 + 8\frac{1}{2}O_2 \xrightarrow{\text{细菌}} 2CuSO_4 + Fe_2(SO_4)_3 + H_2O$$

$$Cu_2S + H_2SO_4 + 2\frac{1}{2}O_2 \xrightarrow{\text{细菌}} 2CuSO_4 + H_2O$$

$$2FeAsS + H_2SO_4 + 8\frac{1}{2}O_2 \xrightarrow{\text{细菌}} 2H_3AsO_4 + Fe_2(SO_4)_3 + H_2O$$

(2) 细菌的间接催化作用　金属硫化矿床中的黄铁矿在有氧和水存在的条件下，将缓慢地氧化为硫酸亚铁和硫酸。其反应式可表示为：

$$2FeS_2 + 7O_2 + 2H_2O \longrightarrow 2FeSO_4 + 2H_2SO_4$$

在有氧和硫酸存在的条件下，细菌可起催化作用，将硫酸亚铁氧化为硫酸铁。其反应式可表示为：

$$4FeSO_4 + 2H_2SO_4 + O_2 \xrightarrow{\text{细菌}} 2Fe_2(SO_4)_3 + 2H_2O$$

所生成的硫酸铁为氧化剂，可氧化浸出许多硫化矿物。硫化矿物被浸出时生成的硫酸亚铁和元素硫可在细菌的催化作用下，被氧化为硫酸铁和硫酸。其反应式可表示为：

$$FeS_2 + Fe_2(SO_4)_3 \longrightarrow 3FeSO_4 + 2S^0$$

$$CuFeS_2 + Fe_2(SO_4)_3 + 2O_2 \longrightarrow CuSO_4 + 3FeSO_4 + S^0$$

$$2S^0 + 3O_2 + 2H_2O \xrightarrow{\text{细菌}} 2H_2SO_4$$

$$4FeSO_4 + 2H_2SO_4 + O_2 \xrightarrow{\text{细菌}} 2Fe_2(SO_4)_3 + 2H_2O$$

所生成的硫酸铁和硫酸可浸出许多金属硫化矿物和金属氧化矿物，是这些矿物的良好浸出剂。

通常认为细菌的直接作用浸出速度缓慢，反应时间长。细菌浸出主要靠细菌的间接催化作用。

3.4.8 离子液体浸出

浸出通常在酸性介质或碱性介质的水溶液或有机溶剂中进行，使用强酸溶液或者高温熔盐进行溶解时存在酸耗大、酸性废水难循环利用、环境负担重、能耗高、腐蚀性强等问题。此外，对于铝、镁、钴等金属通常采用有机溶剂或高温熔盐来浸出。有机溶剂浸出存在着导电性差、容易挥发、易燃烧等缺点，而高温熔盐浸出过程存在着浸出温度高、耗能大、腐蚀严重、对设备要求高、成本高、环境污染严重等缺点。因此，离子液体浸出提供了一种高效、清洁、节能的浸出新技术。

3.4.8.1 离子液体定义及分类

离子液体（ionic liquid），又称室温离子液体（room of ambient temperature ionic liquid）或室温熔融盐，也称非水离子液体、液态有机盐等。离子液体是指完全由特定阳离子和阴离子构成的在室温或近于室温下呈液态的离子体系。其结构的主要特点是阳离子较大且不对称，阴离子较小，常用的阳离子主要有咪唑、吡啶、季铵、季磷和锍等阳离子。常用的阴离子有多核阴离子（如 $Al_2Cl_7^-$、$Al_3Cl_{10}^-$、$Au_2Cl_7^-$ 等）和单核阴离子 [如 BF_4^-、PF_6^-、NO_3^-、NO_2^-、SO_4^{2-}、CH_3COO^-、$N(CF_3SO_2)^-$、$N(C_2F_5SO_2)^-$、$CF_3SO_3^-$ 等]。多核阴离子由相应的酸制成，一般在水和空气中不稳定；单核阴离子呈碱性或中性。离子液体中只存在阴离子和阳离子，没有任何中性离子。室温下可能成为液态，即室温离子液体。离子液体的阴、阳离子做得很大且又极不对称，由于空间阻碍，强大的静电力无法使阴、阳离子在微观上紧密堆积。使得在室温下，阴、阳离子不仅可以振动，甚至可以转动、平动，使整个有序的晶体结构遭到彻底破坏，离子之间作用力也将减小，晶格能降低，从而使这种离子化合物的熔点下降，在室温下呈液态。

现有的阴、阳离子自由组合，可形成约 10^{18} 种离子液体。离子液体的分类方法也有很多种，可根据阴阳离子的种类、亲水性、发现的先后、酸碱性、性质和用途等进行分类。

（1）按构成离子液体的阴、阳离子进行分类 按阳离子来划分，可以将离子液体分为咪唑类、吡啶类、季铵盐类、季磷盐类、噻唑类、三氮唑类、吡咯啉类、噻唑啉类、苯并三氮唑类等离子液体，其中最稳定的是烷基取代的咪唑阳离子。按阴离子通常可以将离子液体分为组成可调的 $AlCl_3$ 型离子液体和组成固定的其他阴离子型离子液体。

（2）根据离子液体发展的先后顺序和年代分类 第一代离子液体主要是 $AlCl_3$ 型离子液体，最早是在 1948 年合成出来的。该类型离子液体主要缺点是热稳定性和化学稳定性较差，对水和空气敏感。

第二代离子液体是 20 世纪 90 年代开发出来的稳定性更好的离子液体，如由二烷基咪唑阳离子和四氟硼酸、六氟磷酸阴离子构成，后来又相继出现了双三氟甲烷磺酰亚胺（NTf_2^-）、三氟甲磺酸（$CF_3SO_3^-$）、二氰酰胺 [$(CN)_2N^-$] 等一系列阴离子。这类离子液体具有黏度更小、电化学窗口更宽、化学性能更稳定等特点。

第三代离子液体是功能化离子液体，该类离子液体是为了使其具有某种特殊性质、用途或功能。而对构成它的阴、阳离子进行功能化修饰而成的，如手性离子液体。

（3）根据离子液体在水中的溶解性不同分类 按照离子液体在水中的溶解性可以将其分为亲水性离子液体和憎水性离子液体。前者如 [Bmim] BF_4、[Emim] BF_4、[Emim] Cl 等，后者如 [Bmim] PF_6、[Omim] PF_6、[Bmim] SbF_6 等。此外，还可以根据酸碱性把离子液体分为 Lewis 酸性、Lewis 碱性和中性离子液体。

3.4.8.2 离子液体的特点

离子液体的独特结构使其与其他溶剂相比，具有一系列独特的物理和化学性质。

① 具有较宽的稳定温度范围和液态温度范围。通过阴、阳离子的调节，可使离子液体在 183.15～673.15K 范围内为液态。而且大多数离子液体都能在 573.15K 左右保持稳定，这使人们有更多的机会通过控制温度来控制反应的进行，表现出良好的热稳定性和化学稳定性。部分常见离子液体的液态温度范围见表 3-18。

表 3-18 部分常见离子液体的液态温度范围

离子液体	液态温度范围/K	
	最低	最高
1-丁基-3-甲基咪唑四氟硼酸离子液体[Bmim]BF$_4$	224.19	672.35
1-丁基-3-甲基咪唑六氟磷酸离子液体[Bmim]PF$_6$	272.74	661.49
氯化-1-丁基-3-甲基咪唑三氯化铝离子液体[Bmim]Cl/AlCl$_3$	184.46	536.25
溴化-1-乙基-3-甲基咪唑三氯化铝离子液体[Emim]Br/AlCl$_3$	286.76	545.66
1-乙基-3-甲基咪唑六氟磷酸离子液体[Emim]PF$_6$	283.83	577.8
氯化-1-丁基-吡啶-三氯化铝离子液体[BP]Cl/AlCl$_3$	291.95	513.15
氯化-1,1-二甲基胺三氯化铝离子液体[(CH$_3$)$_2$NH]Cl/AlCl$_3$	205.25	353.4

② 具有良好的溶解性能。离子液体能溶解许多有机、无机、金属有机化合物和高分子材料，而且离子液体对 H$_2$、O$_2$、CO$_2$ 和 SO$_2$ 等具有很好的溶解性。表 3-19 列出了常用离子液体与常用溶剂的相溶性。

表 3-19 常用离子液体与常用溶剂的相溶性

溶剂	[Bmim]BF$_4$	[Bmim]PF$_6$	[Bmim]Cl/AlCl$_3$（碱性）	[Bmim]Cl/AlCl$_3$（酸性）
水	溶解	不溶	反应	反应
丙烯碳酸酯	溶解	溶解	溶解	溶解
甲醇	溶解	溶解	反应	反应
乙腈	溶解	溶解	溶解	溶解
丙酮	溶解	溶解	溶解	反应
二氯甲烷	溶解	溶解	溶解	溶解
四氢呋喃	溶解	溶解	溶解	反应
二甲基苯	溶解	溶解	溶解	反应
三氯乙烯	溶解	不溶	不溶	不溶
二硫化碳	溶解	不溶	不溶	不溶
甲苯	溶解	不溶	溶解	反应
己烷	溶解	不溶	不溶	不溶

③ 有良好的导电性和很宽的电化学窗口。离子液体导电性的大小与其黏度、相对分子质量、密度以及离子大小密切相关。其中黏度的影响最为明显，黏度越大离子导电性越差，密度越大导电性越好。在室温条件下离子电导率一般在 10^{-1}S/m 数量级左右，其中离子大小和质量对其导电性有影响。电化学窗口是指电解液不被电化学降解所能承受的最大电压范围。原则上，离子液体阳离子部分决定了还原电位高低，阴离子部分决定了氧化电位的高低，两者绝对值之和构成了电化学窗口。

④ 离子液体具有非挥发特性，几乎没有蒸气压。因此它们可用在高真空体系中，同时可减少挥发而产生的环境污染问题。

⑤ 具有可设计性。不同的阴、阳离子进行组合可以形成不同的离子液体。理论上，目前已知的阴离子和阳离子进行组合可以得到 10^{18} 种离子液体。通过选择合适的阴、阳离子组合或嫁接适当的官能团，可以调节离子液体性质，设计出具有各种功能的离子液体，被称为"可设计溶剂"。

⑥ 高的热稳定性和化学稳定性，不易燃烧和爆炸，且热容量相对较大。

⑦ 易于与其他物质分离，可以通过简单的物理方法进行再生和循环利用。

上述这些特性，使离子液体成为一种非常有前途的"绿色"溶剂和电解质，目前已广泛和成功地用于材料制备、催化、金属电沉积、燃料电池等领域。本章下面主要介绍离子液体在有色金属提取与分离领域的应用。

3.4.8.3 离子液体的应用

(1) 氧化矿浸出 寻找一种节能、环保、选择性高和溶解性好的溶剂来溶解金属氧化物对金属的提取和分离具有重要意义。

离子液体是一种"绿色"溶剂，可溶解有机物、无机物、有机金属、聚合物等不同物质，是许多化学反应的良好溶剂且溶解度相对较大。1997 年，Dai 等人用咪唑三氯化铝型离子液体来溶解铀的氧化物 UO_3，发现 65℃时其溶解度可达 24.58mmol/L。随后，Bell 等研究了 V_2O_5 在氯化-1-乙基-3-甲基咪唑三氯化铝（[Emim]Cl/AlCl$_3$）离子液体中的溶解情况，发现该氧化物可以溶解在中性离子液体(离子液体中三氯化铝的摩尔分数 $x_{Al_2O_3} = 0.5$)中，极易溶解于碱性离子液体($x_{Al_2O_3} < 0.5$)中，每克离子液体中可以溶解 0.158g 的 V_2O_5。在酸性离子液体($x_{Al_2O_3} > 0.5$)中，V_2O_5 会与离子液体中的离子发生反应生成挥发性物质 $VOCl_3$。

昆明理工大学华一新教授课题组进一步研究发现，许多氧化物如 Al_2O_3、TiO_2、PbO_2、ZnO、Fe_2O_3 和 MnO_2 等可以溶解在[Bmim]HSO_4 和[Bmim]HCO_3 离子液体中，具体结果见表 3-20，其溶解度能够满足直接电沉积的要求。

表 3-20　氧化物在 [Bmim]HSO_4 和 [Bmim]HCO_3 离子液体中的溶解度

离子液体	不同氧化物的溶解度/(g/L)					
	Al_2O_3	TiO_2	PbO_2	MnO_2	ZnO	Fe_2O_3
[Bmim]HSO_4	11.6	6.85	9.65	2.19	1.378	2.516
[Bmim]HCO_3	14.8	25.2	16.18	21.37	24.13	16.22

(2) 硫化矿浸出 黄铜矿是一种常见的硫化铜矿，同时也是难浸出的硫化铜矿，黄铜矿的浸出是铜硫化矿湿法冶金的核心。多年来，人们一直致力于各种黄铜矿湿法冶金工艺，如黄铜矿直接浸出法（物料不经过预热处理，直接加入较强的氧化剂，破坏黄铜矿晶格，使铜易于浸出）和焙烧-浸出法。虽然这些方法取得了很大进展，但结果并不十分满意。探索高效清洁的黄铜矿湿法冶金方法是冶金工作者一直努力的课题之一。离子液体可以溶解很多无机物，尤其是对金属氧化物有选择性溶解能力，在湿法冶金方面有很好的应用前景。

最早在离子液体中开展湿法冶金研究的是澳大利亚纽卡斯尔大学的 McCluskey 等，他们用[Bmim]BF_4 离子液体与 $Fe(BF_4)_3$ 来浸出黄铜矿。所用黄铜矿含铜 24%，主要不纯物为 FeS$_2$。100℃时，H$_2$O：[Bmim]BF$_4$＋Fe(BF$_4$)$_3$ 为 1：1 时，浸出 8h 后可获得很高的铜浸出率（＞90%）。随后，他们用 [Bmim]HSO$_4$＋Fe$_2$(SO$_4$)$_3$＋硫脲体系从黄铜矿、黄铁矿、磁铁矿、闪锌矿的伴生金矿中浸出金和银，发现低值金属的浸出率很低，金的浸出率与 H$_2$SO$_4$＋Fe$_2$(SO$_4$)$_3$＋硫脲体系中的浸出率相近，而银的浸出率则很高。

3.5 浸出工艺与设备

3.5.1 浸出方法

如前所述，按浸出剂溶液与被浸物料的相对运动方式，可将物料的浸出分为渗滤浸出和搅拌浸出两种。渗滤浸出又可细分为槽（池）浸、堆浸和就地（地下）浸出三种。

槽浸是将破碎后的被浸矿石装入铺有假底的渗浸池或渗浸槽中。浸出剂溶液在重力或压力的作用下，自上而下或自下而上地渗滤通过固定物料层而完成目的组分浸出过程的浸出方法。此法一般适于处理孔隙度较小的贫矿。

堆浸是将采出的贫矿、废石、表外矿矿石或经一定程度破碎后的上述矿石，运至预先经过防渗处理并设有集液沟的堆浸场上筑堆。采用流布或洒布的方法将浸出剂溶液均匀地分布于矿堆表面。浸出剂溶液在重力作用下渗滤通过矿堆固定物料层而完成目的组分浸出过程的浸出方法。此法适于处理孔隙度较大的矿物原料。

就地浸出是将浸出剂溶液渗滤，通过地下矿体而完成目的组分浸出过程的浸出方法。为了提高目的组分的浸出率，就地浸出时须预先对待浸矿体、矿段或残留矿等进行爆破，在待浸矿体上部开挖布液巷道或布液井，或在矿体地表设布液沟；在待浸矿体下部开挖集液巷道或集液井、集液池。在布液巷道、布液沟或布液井中喷洒或灌注浸出剂溶液，浸出剂溶液在重力作用下渗滤通过地下矿体，完成目的组分的浸出过程。浸出溶液通过集液沟集中于集液池，然后将其泵送至地面进行目的组分的回收。

渗滤浸出法只适用于某些特定的矿物原料和特定的条件，一般采用间断操作的作业制度。

搅拌浸出是浸出剂溶液与磨细的被浸物料在浸出搅拌槽中进行搅拌，并在使矿粒悬浮于浸出剂溶液中的条件下，完成目的组分浸出过程的浸出方法。此浸出方法适用于各种矿物原料，可在常温常压的条件下浸出，也可在热压条件下浸出；可间断作业，也可连续作业。

3.5.2 浸出流程

依据被浸物料与浸出剂溶液运动方向的差异，可将浸出流程分为顺流浸出、错流浸出、逆流浸出三种浸出流程，现分述如下。

顺流浸出：顺流浸出时，被浸物料与浸出剂溶液的运动方向相同（图 3-16）。

顺流浸出流程的特点是可获得被浸组分含量较高的浸出液，浸出试剂的耗量较低。浸出速度较低，浸出时间较长。

错流浸出：错流浸出时，被浸物料分别被几份新浸出剂溶液浸出，而每次浸出所得的浸出液均送后续作业处理以回收被浸组分（图 3-17）。

错流浸出流程的特点是浸出速度较高，浸出液体积较大，浸出液中被浸组分含量较低，浸出液中剩余浸出剂含量较高，故浸出剂耗量较高。

逆流浸出：逆流浸出时，被浸物料与浸出剂溶液的运动方向相反，即经几级浸出而贫化后的物料与新浸出剂溶液接触，而原始被浸物料则与经几级浸出后的浸出液接触（图 3-18）。

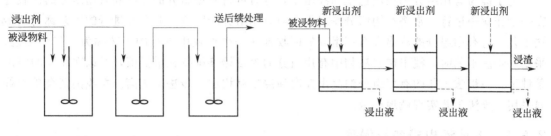

图 3-16 顺流浸出流程   图 3-17 错流浸出流程

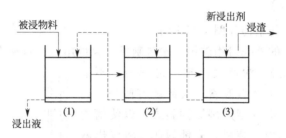

图 3-18 逆流浸出流程

逆流浸出流程的特点是可获得被浸组分含量较高的浸出液，可较充分地利用浸出液中的剩余浸出剂，浸出剂耗量较低。但其浸出速度比错流浸出时的浸出速度低，且浸出级数较多。

渗滤槽浸出时，可采用顺流浸出、错流浸出或逆流浸出的浸出流程。堆浸和就地浸出皆采用顺流浸出的流程。

搅拌浸出一股采用顺流浸出流程。若要采用错流浸出或逆流浸出流程，则各级之间均应增加固液分离作业。间断作业的搅拌浸出一般为顺流浸出，但也可采用错流浸出或逆流浸出，只是每次浸出后均须进行固液分离，操作相当复杂，生产中应用极少。

渗滤浸出时，一般可直接获得澄清的浸出液，而搅拌浸出后的矿浆须经固液分离作业，才能获得供后续作业处理的澄清的浸出液或含少量矿粒的稀矿浆。

为了提高难浸物料的浸出率，降低浸出剂消耗量及为后续作业准备更有利的条件，可采用两段或多段浸出流程。多段浸出流程大致有下列类型。

（1）难浸物料与易浸物料（或矿砂与矿泥）分开浸出 第一段浸出难浸物料，利用第一段浸出矿浆中的剩余浸出剂进行第二段易浸物料的浸出。

（2）低酸浸出和高酸浸出分开进行 第一段进行低酸浸出以浸出易浸物料，浸出矿浆经固液分离作业，浸出液送后续作业处理；第一段浸渣制浆后进行第二段高酸浸出，以浸出难浸物料，浸出矿浆经固液分离作业，浸出液返至第一段进行低酸浸出。这样可以充分利用第二段浸出液中的剩余浸出剂，既降低了浸出剂的消耗量又提高了难浸组分的浸出率。

（3）氧化浸出和还原浸出分开进行 第一段进行氧化浸出（如氧化酸浸金属硫化矿物），浸出矿浆经固液分离作业，浸渣可送尾矿库堆存；第一段的浸出液送第二段进行还原浸出，加入被浸物料以还原第一段浸出液中的剩余氧化浸出剂。第二段浸出矿浆经固液分离作业，浸渣返回第一段进行氧化浸出以提高有用组分的浸出率，浸出液送后续的电积作业以回收相应的金属组分。这样既提高了有用组分的浸出率，又可降低浸出剂和电积作业中电能的消耗。

为了提高有用组分的浸出速度和浸出率，有时可将有用组分的浸出和有用组分的回收合在一个作业中进行。常将有用组分浸出作业与有用组分的回收作业分开进行的工艺称为两步法工艺，将有用组分的浸出和有用组分的回收合在一个作业中进行的工艺称为一步法工艺。采用一步法工艺时，浸出矿浆液相中有用组分的含量始终维持在最低值，所以在相同的浸出条件下，一步法工艺的有用组分的浸出速度和浸出率均比二步法工艺高。在我国黄金矿山普遍采用一步法工艺实现就地产金。

3.5.3 渗滤浸出设备与操作

3.5.3.1 渗滤槽（池）

渗滤浸出槽（池）的结构如图 3-19 所示。

渗滤浸出槽（池）的外壳可用碳钢、木料制成，也可用砖、石砌成，内衬防腐蚀层（瓷砖、塑料、环氧树脂等）。渗滤浸出槽应能承压、不漏液、耐腐蚀，底部略向出液口倾斜，底部装有假底。当浸出槽的面积大时，底部可制成多坡倾斜式，以使槽内矿石物料层的厚度较均匀。装料前先铺假底，将浸出液出口关闭。然后采用人工或机械的方法将破碎后的矿石（粒度一般小于 10mm）均匀地装入槽内。矿料装至规定的高度后，加入预先配制好的浸出剂溶液至浸没物料层，浸泡数小时或几昼夜后再放出浸出液。放出浸出液的速度由试验决定。生产中一般采用多个渗滤浸出槽同时操作，以便浸出液中有用组分的含量比较稳定。有时为了加速被浸硫化矿物的氧化，浸出过程中可采用休闲或晒矿的方法，即物料渗滤浸出一定时间后，停止进浸出剂溶液，放出浸出液后休闲一定时间并翻晒表层物料，以加速被浸硫化矿物的氧化和破坏表层铁盐沉淀物。此方法对提高渗滤浸出速度和浸出率有一定的效果。

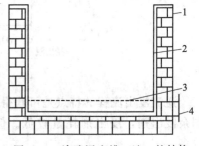

图 3-19　渗滤浸出槽（池）的结构
1—槽体；2—防腐蚀层；
3—假底；4—浸出液出口

渗滤槽（池）浸出的主要工艺参数为浸出剂的浓度、放出浸出液的速度、浸出液中浸出剂的剩余浓度等。当浸出液中浸出剂的剩余浓度高时，可将其返回进行循环浸出。当浸出液中目的组分的浓度降至某一值时，可认为浸出已达终点，可以排出浸出渣，重新装料进行渗滤浸出。

3.5.3.2 堆浸场

堆浸的堆浸场可位于山坡、山谷或平地上，去除地表草皮、树根等杂物后，应平整和压实地面并进行防渗漏处理，如铺设防渗漏、防腐蚀层（如油毛毡沥青胶结物、耐酸水泥、塑料膜、塑料板等）。铺层除具有防渗漏、防腐蚀性能外，还应能承受矿堆的压力。为保护铺层，常在其上铺以细粒废矿石和 0.5～2.0 m 厚的粗粒废石，然后用汽车、矿车将待浸的贫矿石运至堆浸场，堆至一定高度后再用推土机平整矿堆表面及边坡，使矿堆呈截锥形。有时为了减小边坡面积，可用木桩、木板、铁丝网或油毛毡等将矿堆围住，使矿堆呈截柱形。根据当地气候条件、矿堆高度、矿堆表面积、操作周期、物料的矿物组成和粒度组成等因素决定布液方法。可用洒布、流布和垂直管法布液。

洒布法是浸出剂溶液从高位池经总管和支管及旋转喷头将浸出剂溶液均匀地喷洒于矿堆表面和边坡上，浸出剂溶液渗滤通过矿堆中的各层物料完成目的组分的浸出。此法适用于矿石粒度较大、矿堆孔隙度较大的矿堆的浸出。

流布法是采用推土机或前端装载机在矿堆表面挖掘沟渠或浅塘，然后用灌溉法或浅塘法将浸出剂溶液布于矿堆表面。此法适用于矿石粒度较细、矿堆间隙度较小的矿堆的浸出。

垂直管法是在矿堆表面沿一定距离的网格打孔，将多孔塑料管经套管插至钻孔底部，浸出剂溶液从高位池经总管和支管流入多孔塑料管内，然后均匀地分布于矿堆内。此法适用于矿石粒度细、矿堆孔隙度小的矿堆的浸出，可使浸出剂溶液与空气均匀地混合。

生产实践中常用联合布液法，以使浸出剂溶液在矿堆表面及矿堆内部均匀地分布。浸出液一般用泵循环，使其多次通过矿堆，以提高浸出液中有用组分的浓度和降低浸出剂耗量。浸出终了，可用电耙、推土机卸料，用矿车或汽车将其运至尾矿场。

3.5.3.3 就地浸出

就地浸出简称地浸。根据就地浸出对象的不同，有不同的布液和回收浸出液的方法。其共同之处是省去了建井、采矿工序和物理选矿等作业，将浸出作业移至地下，直接将有用组分溶解于浸出剂溶液中，将浸出液泵至地面，可送去回收有用组分。

就地浸出对矿体的生成条件要求很严，要求待浸矿体具有良好的渗透性，矿体上下左右周边有相应的不透水层，基岩稳定，地下水位低。这些条件可使浸出作业顺利进行，可避免浸出液的流失和利于浸出液的回收。

目前，就地浸出广泛用于盐矿、离子型稀土矿、废弃的铜矿、废弃的铀矿、采矿条件差的贫矿的浸出。就地浸出原矿（如盐矿、离子型稀土矿、铀矿等）时，可在勘测好的矿体内分区钻孔（分注入孔、回收孔等），然后将浸出剂溶液由注入孔注入地下矿体中，浸出剂溶液经裂隙、毛孔渗滤通过矿体使有用组分溶于其中，再由回收孔将浸出液抽至地面送后续作业处理。当地下矿体的渗透性差时，可对待浸矿体进行必要的地下大爆破，也可在矿体下部设回收巷道以回收浸出液。就地浸出采空区的残矿（如顶板、底板、侧壁、矿柱等）可在矿体地表采用浅塘布液法或矿体上部巷道内喷洒法将浸出剂溶液注入残矿体内部，在残矿体下部巷道内设集液沟和集液池以回收浸出液。

就地浸出时，根据浸出对象的不同，可采用清水、稀酸液、含浸矿细菌的稀酸液、盐水等作浸出剂溶液。

由于就地浸出在地下进行，各项工艺参数的研究和控制均受限制。一般而言，就地浸出的浸出时间较长，浸出率较低，矿产资源利用率较低。其优点是省去了建井、采矿、运输、破碎、磨矿、物理选矿和固液分离等工序，将浸出作业移至地下，原地废弃尾矿，保护了地表植被和减少了环境污染，成本低，经济效益和环境效益高。该浸出方法目前仅用于某些特定的矿种和特定的条件。

3.5.4 搅拌浸出设备与操作

3.5.4.1 常压机械搅拌浸出槽

常压机械搅拌浸出槽的结构如图 3-20 所示。

常压机械搅拌浸出槽可分为单层搅拌浆浸出槽和多层搅拌浆浸出槽两种。机械搅拌器有桨叶式、旋浆式、锚式和涡轮式等多种，浸出矿物原料时常用桨叶式和旋浆式搅拌器。桨叶式搅拌器有平板式、柜式和锚式三种，其搅拌强度较弱，主要利用其径向速度差使物料混合。其轴向的搅拌弱。旋浆式搅拌器高速旋转时可产生轴向液流，加装循环筒，可增强其轴向搅拌作用。锚式和涡轮式搅拌器主要用于矿浆浓度高、密度差大和矿浆黏度大的矿浆的搅拌，涡轮式搅拌器还有吸气作用。

常压机械搅拌浸出槽的材质依浸出剂溶液的性质而异。酸浸时，槽体可采用内衬橡胶、耐酸砖或塑料的碳钢槽、不锈钢槽或搪瓷槽。碱浸时，槽体可采用普通的碳钢槽。机械搅拌器一般为碳钢衬胶、衬环氧玻璃钢或用不锈钢制成。常压机械搅拌浸出槽的槽体常为圆柱体，槽底呈圆球形或平底，槽中装有矿浆循环筒。槽内矿浆可采用电加热、夹套加热或蒸汽直接加热的方法控制浸出温度。机械搅拌浸出槽的容积依处理量而异，一般常用于处理量较小的厂矿。

3.5.4.2　常压压缩空气搅拌浸出槽（巴秋克槽）

常压压缩空气搅拌浸出槽（巴秋克槽）的结构如图3-21所示。

常压压缩空气搅拌浸出槽（巴秋克槽）的上部为高大的圆柱体，下部为锥体，中间有一中心循环筒，压缩空气管直通中心循环筒的下部。调节压缩空气压力和流量即可控制矿浆的搅拌强度。操作时，中心循环筒内的部分矿浆被提升至溢流槽而流入下一浸出槽。压缩空气搅拌浸出槽（巴秋克槽）常用于处理量较大的厂矿。

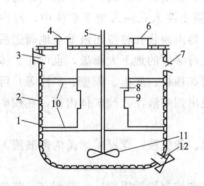

图 3-20　常压机械搅拌浸出槽

1—壳体；2—防酸层；3—进料口；

4—排气孔；5—主轴；6—人孔；

7—溢流口；8—循环筒；9—循环孔；

10—支架；11—搅拌桨；12—排料口

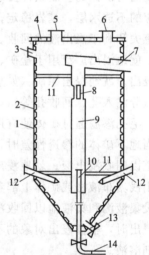

图 3-21　常压压缩空气搅拌浸出槽

1—塔体；2—防酸层；3—进料口；

4—塔盖；5—排气孔；6—人孔；

7—溢流槽；8—循环孔；9—循环筒；

10—压缩空气花管；11—支架；

12—蒸汽管；13—事故排浆管；

14—压缩空气管

3.5.4.3　流态化逆流浸出塔

流态化逆流浸出塔的结构如图3-22所示。

流态化逆流浸出塔的上部为浓密扩大室，中部为圆柱体，下部为圆锥体。塔顶有排气孔和观察孔。矿浆用泵送入塔内，进料管上细下粗，出口处装有倒锥，以使矿浆稳定而均匀地沿着倒锥四周流向塔内。在塔的中部，分上、下两部分加入浸出剂溶液以浸出目的组分；在塔的下部，分数段加入洗涤水以进行逆流洗涤。洗涤后的粗砂经粗砂排料口排出；浸出矿浆从上部溢流口排出。操作时，可采用 50～60℃ 的热水作洗涤水，以提高浸出矿浆的温度。

浸出过程中应严格控制进料、排料、洗涤水和浸出剂溶液的流量以及界面位置。通常采用调节排砂量的方法保持稳定的界面。界面位置偏高时，可增大排砂量；反之，界面位置偏低时，可适当减小排砂量。以保证浸出时间、分级效率和洗涤效率的稳定。流态化逆流浸出获得的是除去粗砂后的浸出稀矿浆，可降低后续固液分离作业的处理量。

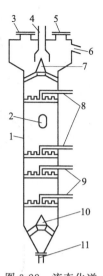

图 3-22　流态化逆流浸出塔

1—塔体；2—窥视镜；
3—排气孔；4—进料管；
5—观察孔；6—溢流口；
7—进料倒锥；8—浸出剂
分配管；9—洗涤水分配管；
10—粗砂排料倒锥；
11—粗砂排料口

3.5.4.4　热压浸出的立式高压釜

高压釜的搅拌方式有机械搅拌、气流（蒸汽或空气）搅拌和气流机械混合搅拌三种。常用的哨式空气搅拌的立式高压釜的结构如图 3-23 所示。

操作时，被浸矿浆从釜的下端进入，与压缩空气混合后经旋涡哨从喷嘴进入釜内，呈紊流状态在釜内上升，然后经出料管排出。采用与矿浆呈逆流的蒸汽夹套加热或水冷却的方法加热矿浆或冷却矿浆。釜内装有事故排料管，供发生事故时排空釜内矿浆。经高压釜浸出后的矿浆，必须将压力降至常压后，才能送后续作业处理。为了维持釜内的压力，高压釜浸出后的矿浆，常采用自蒸发器减压。自蒸发器的结构如图 3-24 所示。

操作时，高压釜浸出后的矿浆和高压空气从进料口进入自蒸发器，在自蒸发器内高压喷出并膨胀，压力骤然降至常压，由此生成的大量蒸汽吸收能量，降低了矿浆的温度。气体夹带的液体经筛板进行第一次分离，再经气水分离器进一步进行气液分离。减压后的浸出矿浆从底部排料口排出，与液体分离后的气体从排气管排出。排出的废气可用于预热待浸矿浆。

3.5.4.5　卧式机械搅拌高压釜

卧式机械搅拌高压釜的结构如图 3-25 所示。

根据工艺要求，卧式机械搅拌高压釜的釜内可分成多室，图中釜内分为四室，室间有隔板，隔板上部中心有溢流堰，以保持各室液面有一定的位差。矿浆由高压泵泵入高压釜的第一室，依次通过其他三室，最后通过自动控制的气动薄膜调节阀减压排出釜外，也可通过自蒸发器减压后送后续处理。高压釜内各室均有机械搅拌器。若用于热压氧浸时，所需空气由位于机械搅拌器下面的压风分配支管送入各浸出室。

矿物原料浸出时，一般均由数个槽（塔）组成系列，无论采用哪种流程和设备，设计时均须考虑矿浆在槽（塔）内的停留时间和矿浆短路问题，计算槽（塔）的容积和数量时应有一定的保险系数，以达预期的浸出率。

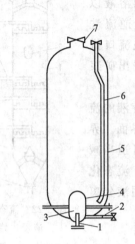

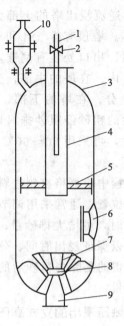

图 3-23　哨式空气搅拌的立式高压釜

1—进料口；2—压缩空气管；

3—旋涡哨；4—喷嘴；5—釜筒体；

6—事故排料管；7—出料管

图 3-24　自蒸发器的结构

1—进料管；2—调节阀；3—筒体；

4—套管；5—筛孔板；6—人孔；

7—衬板；8—堵头；9—出料口；

10—分离器

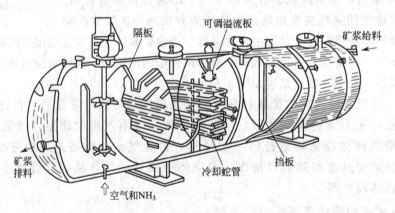

图 3-25　卧式机械搅拌高压釜的结构

本章思考题

1. 什么是矿物原料的浸出？其目的是什么？
2. 根据浸出剂的不同，矿物原料浸出分哪几种？各自的特点是什么？
3. 简述什么是浸出率及其计算方法。
4. 简述酸法浸出和碱法浸出的种类及应用。
5. 简述细菌浸出的基本原理及其应用。
6. 浸出流程有哪些？
7. 浸出设备有哪些？

第 4 章
固液分离

4.1 概述

在化学选矿中，浸出前常有浓缩作业以保证浸出作业的矿浆浓度，浸出矿浆和化学沉淀悬浮液常需进行固液分离获得清液和固体产物以满足后续工艺的要求。我们将这种固、液两相分离的作业称为固液分离。

与物理选矿相比，化学选矿中的悬浮液（矿浆）常具有腐蚀性，固体颗粒一般较物理选矿中的矿粒细，且常含有某些胶体微粒。因此，化学选矿中的固液分离常较物理选矿产品脱水困难。化学沉淀物常为晶体，有时为无定形产品，粒度更细，其固液分离就更困难些。化学选矿中的固液分离不仅要求将固体和液体较彻底地分离，而且由于分离后的固体部分（滤饼或底流）不可避免地会夹带相当数量的溶液，这部分溶液中的金属组分浓度与给料中的液相金属组分浓度相同，为了提高金属回收率或产品品位，还应对固体部分进行洗涤。

浸出前的脱水一般采用浓缩法。浸出矿浆的固液分离，依据后续作业的要求，可采用沉降-倾析或过滤与分级两种方法。沉降-倾析与过滤是除去固体颗粒而得到供后续处理的澄清溶液（清液）。分级是除去粗砂而得到粒度和浓度合格的稀矿浆。无论是得到清液或稀矿浆，均要求对粗砂或底流进行较彻底的洗涤，所得洗水可送后续处理或返回浸出作业和洗涤作业。化学沉淀作业后的固液分离一般采用沉降-倾析和过滤的方法，洗涤可在过滤前进行，也可用滤饼再制浆的方法进行洗涤。洗涤作业是回收固体废弃溶液时，一般采用错流洗涤流程，以提高洗涤效率；若是为了回收溶液而废弃固体时，则需采用逆流洗涤流程，以保证较高的洗涤效率和洗液中有较高的目的组分含量。

固液分离的料浆，其性质不是均匀的，应对具体料浆进行具体分析，一般可以从下述几个方面来考虑。

（1）料浆中液体介质的物理化学特性 所谓物理化学特性，主要指液体介质酸碱性的强弱和腐蚀性的大小，这是选择设备结构材料的依据。例如，对稀硫酸介质，各种槽设备可衬耐酸砖、耐酸瓷片、环氧玻璃钢、聚氯乙烯和金属铅等。有条件的地方也可以使用不锈耐酸钢材质的设备与管道。硝酸介质大致属于此类。对于盐酸和氯化物介质、一般的碱性介质和浓硫酸储槽，均可使用钢铁制品。

(2) 固体的粒度与浓度　对浸出矿浆，其粒度由浸出前的磨矿细度决定；对沉淀料浆，则由沉淀物的本性与结晶条件决定。一般地说，粒度越粗越易分离，所以在浸出阶段不能只考虑浸出率的提高而使磨矿粒度过细，还要兼顾固液分离的难易。料浆的浓度过低（例如10%），不宜直接送过滤，应事先进行浓密。沉淀料浆浓度一般较低，常要事先增浓。反之，对浓度较大的浸出矿浆，如要进行浓密，则要稀释到液固比达6~8。

(3) 料浆中固体颗粒的特性　若固体颗粒坚实、不易相互黏附，则在沉降过滤操作中，固体不易被压缩，溶液通道不易堵塞，因而易于实现固液分离。若料浆中含有较多的硅胶和氢氧化铁胶体，会使固液分离陷于困境。

(4) 固体与液体介质的密度差　密度差大，易于分离，在重力沉降中尤其如此。

欲使固液两相分离，必须有推动力。依据固液分离过程的推动力，可将固液分离方法大致分为三类。

(1) 重力沉降法　常用的设备有沉淀池、各种浓缩机、流态化塔和分级机等。沉淀池为间歇作业，其他设备均为连续沉降设备。除流态化塔和分级机得到供后续处理的稀矿浆外，其他设备均可获得清液。此外它们也可用于沉渣的洗涤。

(2) 过滤法　它是利用过滤推动力借过滤介质实现固液分离的方法，是最常用的获得清液的方法。常用的设备为各种类型的过滤机。

(3) 离心分离法　它是利用离心力使固体颗粒沉降和过滤的方法。常用设备有水力旋流器、离心沉降机和离心过滤机等。

化学选矿中常用固液分离设备的材质依介质性质而异，一般中性和碱性介质可用碳钢和混凝土制作，酸性介质则要求采用耐腐蚀材料或进行防腐蚀处理，通常可用不锈钢、衬橡胶、衬塑料、衬环氧玻璃钢、衬瓷片或辉绿岩等。

4.2　重力沉降分离法

重力沉降是借重力作用使固体颗粒沉降以获得上清液与底流浓泥的过程，选厂通称浓密。其分离依据是料浆中的固体与溶液存在密度差。上清液只含有少量固体（1~2g/L），底流固体含量视料浆性质不同而异，一般也仅50%左右。故浓密不能进行彻底的固液分离，常与过滤机配合使用，作为初步浓缩以提高过滤机的效率。

当容器中的料浆静置时，由于固体密度大于液体密度，因而颗粒向下作加速运动，而液体则要填补固体留下的空位，形成向上的细流。随着沉降速度的加快，沉降阻力也越来越大。当重力与浮力和阻力的合力相等时，沉降速度达恒定值，称为沉降末速，简称沉降速度。求算沉降速度是设计沉降器的基础，虽有一些定量的计算公式，但与实际相差太大，所以实践中通常由沉降试验进行测定。

间歇沉降实验可在直径6cm以上的标有刻度的玻璃量筒内进行。所有料浆应与实际料浆性质相同，仅液固比可以加大一些。

4.2.1　沉降曲线的绘制

配制一定浓度的料浆，搅拌均匀，注入玻璃量筒内，从静置后半分钟开始计时。观察上清液高度与澄清时间的关系，可以看到澄清全过程包括几种典型状态，如图4-1所示。图4-1(a)为始态，筒内浓度均一。图4-1(b)为经一定时间后，刚刚出现了澄清区，其中 A 为澄清区，B 为沉降区，E 为粗粒区，D 为压缩区，C 为过渡区。C 区和 E 区通常不明显，对沉淀料浆尤其如此。在 B 区内粒群作自由沉降与干涉沉降，主要为后者，A-B 界面的下降速度就等于界面处粒子的沉降速度。图 4-1(c) 是图 4-1(b) 的继续。图 4-1(d) 为 B 层消失前的状态。图 4-1(e) 中 B、C 区同时消失，曲线上对应点叫临界点。图 4-1(f) 中 D 区粒子由于自重被压缩，进一步排除了其中的水分，达到了最终浓度。

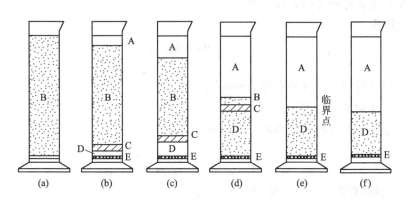

图 4-1　沉降状态示意

所谓沉降曲线，就是 A-B 界面的高度（达到临界点以后为 A-D 界面的高度）随时间而变化的曲线，曲线形状如图 4-2 所示。在生产上为增强沉降效果，可以添加絮凝剂。料浆浓度不同，沉降曲线的斜率也不同，即沉降速度也不同。那么，对同一料浆，是否需要配制一系列不同浓度的料浆逐个进行沉降试验呢？通常不必要。这是因为同一沉降曲线上的每一个点不仅对应着某一沉降速度（该点的斜率），而且对应一定的料浆浓度。

这可从下述两式看出。

依沉降速度的定义有：

$$v = -\frac{\Delta H}{\Delta t} \quad (4-1)$$

式中　ΔH——A-B 界面高度的变化；

　　Δt——相应的变化时间；

　　负号——A-B 界面的高度是降低的。

由物料平衡算得：

$$c_i H_i = c_0 H_0 \quad (4-2)$$

式中　c_i——实际给入试验量筒的料浆浓度或 t_i 时刻的料浆平均浓度；

　　H_i——对应于 c_i 的料浆高度或 t_i 时刻的料浆高度；

　　c_0，H_0——试验开始时料浆的浓度与高度。

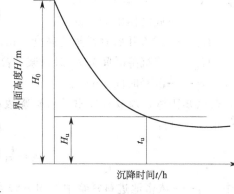

图 4-2　沉降曲线示意

可见沉降速度 v 与料浆浓度有关。只要用浓度较小的料浆做一次沉降试验，绘出一条沉降曲线，便可用图解法求出在试验浓度范围内不同进料与排矿浓度下的沉降速度。

4.2.2　沉降速度的求法

固体颗粒的沉降速度一般由沉降试验决定。若达到临界点时的澄清区高度为 H(m)，相应的澄清时间为 t(h)，则沉降速度 v 为：

$$v = \frac{24H}{t} \tag{4-3}$$

若无试验数据，可按下列公式计算。

（1）自由沉降

$$v_0 = 545 \frac{\delta_\text{T} - \delta_\text{水}}{\delta_\text{水}} d^2 \tag{4-4}$$

式中　v_0——固体颗粒自由沉降速度，mm/s；

δ_T，$\delta_\text{水}$——固体和液体密度，g/cm^3；

d——溢流中允许的最大颗粒直径，mm。

（2）干涉沉降

$$v_\text{CT} = v_0 (1 - \varphi^{2/3})(1 - \varphi)(1 - 2.5\varphi) \tag{4-5}$$

式中　v_CT——固体颗粒干涉沉降速度，mm/s；

φ——在沉降区矿浆中固体所占体积分数。

$$\varphi = \frac{\delta_\text{水}}{R\delta_\text{T} + \delta_\text{水}} \tag{4-6}$$

式中　R——矿浆液固比。

4.2.3　沉降面积的计算

若以 A 表示沉降器的沉降面积（单位 m^2），则有：

$$A = \frac{Q_\text{f} - Q_\text{u}}{(H_0 - H_\text{u})/t_\text{u}} \tag{4-7}$$

式中　Q_f——料浆处理量，m^3/h；

Q_u——底流排出量，m^3/h；

H_0——试验开始时料浆的高度，m；

H_u——当沉降时间为 t_u 时料浆的高度，m；

t_u——沉降时间，h。

若已知固体处理量 G(t/h) 和矿浆浓度 c [$c = G/B =$ 矿样干重（t/h）/矿浆体积流量（m^3/h）]，则：

$$A = \frac{c - c_\text{f}}{c_\text{u} - c} \frac{t_\text{u}}{H_0 - H_\text{u}} G \tag{4-8}$$

式中　c_f——浓密池进料料浆中的固体浓度，t/m^3；

c_u——浓密池排矿料浆中的固体浓度，t/m^3。

在连续沉降设备中，给料与排料是连续进行的。沉降器中也存在三个不同的区域，即上清液区、沉降区和压缩区。不同之处是各区之间的界面高度不随时间而改变。这是因为上清液的溢流抵消了 A-B 界面的下降，底流浓泥的排放抵消了 B-D 界面的上升，所以上述间歇试验结果对连续沉降试验也是适用的。

某些料浆沉降时所需沉降面积见表 4-1，可供选用设备时参考。

表 4-1　某些料浆沉降时所需沉降面积

沉淀物	固体浓度/%		每天处理 1t 固体所需沉淀面积/m²
	选料	排料（底流）	
铜精矿	14～15	40～75	0.2～1.9
铅精矿	20～25	60～80	0.7～1.7
锌精矿	10～20	50～60	0.3～0.7
镍矿浸出矿浆	20	60	0.7
铀矿浸出矿浆（酸性）	10～30	25～65	0.2～0.9
铀矿浸出矿浆（碱性）	20	60	0.9
硫化镍沉淀	3～5	65	2.3
铀沉淀物	1～2	10～25	4.7～11.6

4.2.4　沉降设备

工业上的重力沉降操作一般分浓缩澄清和分级两大类。浓缩澄清的目的是使悬浮液增稠或从比较稀的悬浮液中除去少量悬浮物。分级的目的是除去粗砂而得到含细颗粒的悬浮液。这两类操作所用设备分别称为浓缩澄清设备和沉降分级设备，现分述如下。

4.2.4.1　浓缩澄清设备

（1）沉淀池　一般为方形或圆形（槽），其材质依介质而定，可用于悬浮液的澄清和沉渣的洗涤。沉淀所得沉渣或清液和第一次洗液常为沉淀池的产物，而其他各次洗液一般返至下次洗涤作业，以增大洗液中的金属浓度和减少洗水体积。生产中常将化学沉淀的搅拌槽用作沉淀-浓缩-洗涤之用，化学沉淀物洗净后再送去过滤。

（2）浓缩机　它是一种连续沉降设备，单层浓缩机结构如图 4-3 所示。其上部为一圆柱体，中部有一进料筒，进料筒的插入深度因槽体大小和高度而异，但需插至沉降区。清液从上部溢流堰排出。浓缩后的底流由耙机耙至底部中央的排泥口排出。耙机由电机带动作缓慢旋转，可促使底流压缩而不引起扰动。浓缩机的特点是能连续生产，操作简单，易自动化，电能消耗少，但占地面积大。为了提高浓缩机的有效沉降面积，可在浓缩机中安装单层或多层平面倾斜板，变为带倾斜板的单层浓缩机。

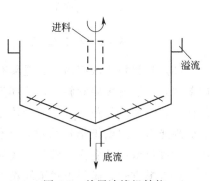

图 4-3　单层浓缩机结构

按传动方式，浓缩机可分为中心传动、周边齿条传动和周边辊轮传动三种。中心传动浓缩机的直径一般小于 15m（国内最大为 30m）。周边齿条传动浓缩机的直径一般大于 15m（国内最大为 53m）。直径大于 50m 的浓缩机一般用周边辊轮传动。国内试制了直径为 20 m 和 30m 的中心传动自提耙加倾斜板的浓缩机。

浓缩机可用于浸出矿浆的浓缩而得到微粒含量小于 1g/L 的清液，也可用于沉渣逆流洗涤及化学沉淀产品和尾矿的浓缩。

除单层浓缩机外，生产中还采用多层浓缩机。它相当于将几个单层浓缩机重叠起来放置，一般为 3～5 层。用于浓缩的多层浓缩机的进料和出料是平行的（图 4-4），各层由进料口分别进料，清液则沿每层最上部的溢流口流出。各层排料口处均设有泥封装置，随耙机的缓慢旋转，上层底流可顺利排至下一层，但下层的清液则无法进入上一层。各层之间的悬浮液是相通的，可通过流体之间的静力学平衡来保持它们之间的相对稳定。如图 4-4 中第一层和第二层，在第二层 a 点之上只有密度为 ρ_0 的清液，而第一层下部为密度大得多的底流，若底流密度为 ρ，高度为 h，第一层清液高度为 h_0，欲使第一层与第二层保持平衡，必须使第二层的溢流口高于第一层的液面，设其高出的高度为 Δh，则其关系为：

$$h_0\rho_0 + h\rho = (h + h_0 + \Delta h)\rho_0 \tag{4-9}$$

$$\Delta h = \frac{h(\rho - \rho_0)}{\rho_0} \tag{4-10}$$

多层浓缩机除用于浓缩外，也用于底流的逆流洗涤，此时欲洗底流由上部进料筒进入，洗水由最下层进料筒进入，各层的溢流依次返至上一层，溢流清液和底流相向流动（图 4-5）。多层浓缩机占地面积小，基建费较低，但操作较单层浓缩机复杂。

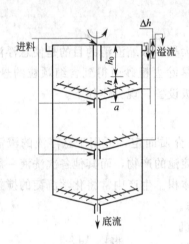
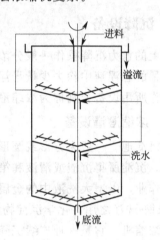

图 4-4　多层浓缩机　　　　　　图 4-5　逆流洗涤用多层浓缩机

（3）倾斜板式浓缩箱　它是装有许多倾斜板的连续沉降设备，一般上部为平行六面体，内部装有一层或多层倾斜板，下部为一方形锥斗，以收集浓泥。倾斜板的作用是增大有效沉降面积，缩短沉降距离，加速固体颗粒沉降，并使沉渣沿板的斜坡下滑至下部，以提高设备的处理能力。浓缩箱结构简单，无传动部件，处理量大，效率高，易于制造，但其容量较小，对进料浓度的变化较敏感，底流易堵，倾斜板上易结疤，常需清洗。

按进料方式，倾斜板式浓缩箱可分为从倾斜板下部向上流入的上流式、从倾斜板横侧平行流入的平流式、从倾斜板正面流入的前流式和从倾斜板上部进料的下流式等几种。生产中应用以上流式为主。上流式倾斜板式浓缩箱内装有上、下两排倾斜板，上排板较长为浓缩板，下排板较短为稳定板，矿浆从两板间的间隙给入，溢流沿倾斜板内面上升至溢流堰排出，沉渣沿倾斜板沉降下滑，经稳定板进入底部漏斗，从底部排泥管排出。矿浆应尽可能均匀地给至倾斜板的整个宽度上，以免产生旋涡。倾斜板应平整光滑，一般可用薄钢板、玻璃板、塑料板、环氧玻璃钢和木板等制作。用试验确定其适宜的倾角，以保证沉渣自动下滑，倾角一般为 50°～60°，板间距为 15～40mm，稳定板和浓缩板的长度之比相当于底流量与溢流量之比，上、下两排板间的间隙高度约为板数乘以距离的 1/8。倾斜板式浓缩箱用于浸出前和浸出后矿浆的浓缩分级。

（4）层状浓缩机　又称拉梅拉（Lamella）浓缩机，是一种改进的浓缩箱，其结构如图

4-6 所示。它的第一个特点是有两组倾斜板，从中间给矿槽进浆，给矿槽的下部出口高度可以调节。矿浆从给矿槽下部开口进入后沿板上升，最后由溢流口流出，固体沉积在板上，下滑至锥形漏斗排出。因此，以给矿槽的下部开口为分界线，在浓缩箱中分为澄清区和浓缩区，调节给矿槽出口高度即可调节这两个区的界面。第二个特点是倾斜板的上端是封闭的，每一槽仅有一个直径为 13～25mm 的节流孔，强制排出溢流，进水面较出水面高 50～100mm。强制排溢流保证给矿水的均匀分布和使澄清水在倾斜板上部均匀汇集，使给矿均匀，防止局部过负荷而使溢流"跑浑"。第三个特点是在排矿漏斗处装有振动器，振动由外部振动马达传到漏斗钢板上的定位孔，马达与定位孔间用振轴相连，通过定位孔上的柔性橡胶密封圈传递振动，目的是振动矿浆而不是振动槽子。振动为低频低幅（60Hz、约0.2mm），它可促使矿泥浓缩，压缩和破坏矿泥的假塑性，使底流易于排出和获得较浓的产品。典型层状浓缩机的倾斜板宽 0.6m、长 3m，两板间距 50mm，倾角 45°～55°，成组配置，架在机壳上，可单独抽出或放入，通常一套组板有 30～50 块，可用聚氯乙烯硬塑料板、玻璃钢或衬胶低碳钢制作。

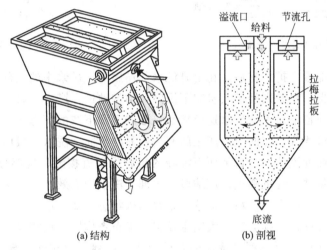

(a) 结构　　　　　　　　　(b) 剖视

图 4-6　瑞士 SALA 公司制造的拉梅拉浓缩机

（5）深锥浓缩机　其结构如图 4-7 所示，其第一个特点是有很尖的锥角，有很高的静压力，可产出半固体的塑性浓缩产品，可直接用皮带运输。第二个特点是锥中装有缓慢旋转的搅拌器（2 次/min），一般添加絮凝剂（200g/t）使产生过絮凝，缓慢搅拌既可保证絮凝剂溶液的完全分散，又可避免絮团受到破坏。第三个特点是用风动阀门控制底流的排出，由装在锥尖壁上的压力传感器发出的信号打开阀门。深锥浓缩机为英国专利，国内选煤厂已应用，可用于尾矿和浸出矿浆的浓缩。

4.2.4.2　沉降分级设备

（1）流态化塔　生产中常用流态化塔进行逆流浸出和处理浸出矿浆，以除去粗砂和进行粗砂洗涤。它利用固体颗粒和液体在垂直系统中逆流相对运动的广义流态化理论，达到无级连续逆流洗涤和固液分离的目的。其结构如图 4-8 所示。一般由扩大室、塔身和锥底三部分组成。扩大室中央有一进料筒，使矿浆均匀平稳地进入扩大室。扩大室又称浓缩分级段，起布料和分级作用。在塔身的中下部分几处设布水喷头，用列管式多点布水法使洗涤水均匀地分布于塔截面上。在锥底的上部有一倒锥，以使粗砂均匀地向下移动，防止中间下料快、四周下料慢的现象。扩大室顶部设有周边式溢流堰，以保证溢流均匀地排出。

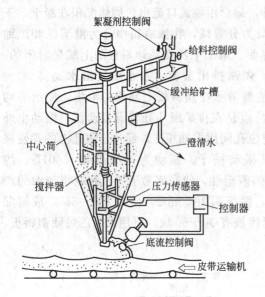

图 4-7　标准 4m 深锥浓缩机

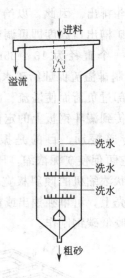

图 4-8　流态化塔结构

矿浆均匀平稳地进入扩大室后，在上升洗水的作用下，矿浆中的大部分液体和细矿粒随同洗水从溢流堰排出，粗砂则经扩大室向下沉降，均匀地进入塔身。自上而下沉降的粗砂夹带部分细砂和原液与自下而上的洗水逆流接触，形成上稀下浓的流态床。稀流态床又称稀相段，浓流态床又称浓相段，在两流态床之间有一明显的界面。洗水一般由浓相段给入，给入的洗水一部分自下而上流动，与自上而下沉降的粗砂呈逆流接触，这部分洗水为有效洗水；另一部分洗水则随粗砂一起沉降进入压缩段，这部分洗水为无效洗水。进入压缩段的粗砂不处于流化状态，由于压缩作用使粗砂增浓，呈移动床状态下降，最后由塔底排出。

整个分级洗涤过程是连续的，扩大室主要起分级布料作用，稀相段主要起布料作用，浓相段有一定的洗涤作用。由于稀、浓相的孔隙率不同，稀、浓相间的界面有一定的逆止作用，它只允许固体向下沉降、液体向上流动，而不允许固体和液体在稀、浓两相间返混。

流态化分级洗涤一般用于浸出矿浆的分级洗涤，以得到细粒矿砂浓度较小的矿浆和液相金属浓度小的粗砂。流态化塔也可用作浸出设备，此时中部洗水改为浸出试剂，下部仍加洗水，底部排出的仍是液相金属浓度可达废弃标准的粗砂，溢流即为含有用组分的稀矿浆。

流态化分级洗涤的主要影响因素有进料方式、溢流方式、洗水用量、布水方式和界面位置等，操作时一般是大致固定进料量和洗水流量，用调节控制排砂量的方法来保持界面的稳定，使粗砂通过界面时得到良好的洗涤。

(2) 机械分级机　机械分级机有耙式、浮槽式和螺旋式等类型，化学选矿中常用螺旋分级机，它可用于磨矿作业的预先分级和检查分级，也常用于洗矿中的脱水脱泥和浸出矿浆的分级及粗砂洗涤作业。它具有构造简单、操作方便可靠、停车时不需清砂、物料自流、返砂水分含量小等优点。根据构造，螺旋分级机分为高堰式、低堰式和沉没式三种，低堰式现已不生产了。高堰式螺旋分级机的特点是溢流堰高于螺旋下轴承但低于溢流端螺旋的上缘，它适于分级大于 0.15mm 的产品。沉没式螺旋分级机的特点是溢流端的整个螺旋沉没于沉降区中，溢流端沉降区的液面高于溢流端的螺旋上缘，沉降区的面积和深度较高堰式大，它适于分级小于 0.15mm 的产品。螺旋分级机用于浸出矿浆的分级和粗砂洗涤时，常采用逆流流程，只获得适于下步处理的矿浆和可以废弃的粗砂。

4.3 过滤分离法

过滤是一种在过滤推动力作用下，借一种多孔过滤介质（具有许多毛细孔的物质）将悬浮液中的固体颗粒截留而让液体通过的固液分离过程。与重力沉降法相比，过滤作业不仅固液分离速度快，而且分离较彻底，可得到液体含量较小的滤饼和清液。因此，过滤是普遍而有效的固液分离方法。通常将送去过滤的悬浮液称为滤浆，将截留固体颗粒的多孔介质称为过滤介质，将截留于过滤介质上的沉积物层称为滤饼或滤清，将透过滤饼和过滤介质的澄清溶液称为滤液。依据滤浆性质和固体颗粒的大小，可采用不同的过滤介质。滤浆通过过滤介质时，固体颗粒被截留而形成沉积物层，过滤初期滤液常呈浑浊状，需将其返回过滤，形成沉积物层后，过滤即可有效地进行。过滤过程中，滤饼厚度不断增加，滤饼对流体的阻力也不断增加，过滤速率则不断减小。因此，过滤介质对流体的阻力常小于滤饼的阻力，过滤速率主要取决于滤饼厚度及其特性（主要是滤饼的孔隙率）。滤饼孔隙率与固体颗粒的形状、粒度分布、颗粒表面粗糙度和颗粒的充填方式等因素有关。根据滤饼特性，可分为可压缩滤饼和不可压缩滤饼。不可压缩滤饼主要由矿粒和晶形沉淀物构成，流体阻力受滤饼两侧压强差和颗粒沉积速率的影响小。可压缩滤饼由无定形沉淀物构成，其流体阻力随滤饼两侧压强差和物料沉积速率的增大而增大。

4.3.1 过滤介质及过滤阻力

过滤介质常是滤饼的支承物，而滤饼层才起真正的过滤作用。过滤介质应有足够的机械强度，能耐腐蚀，化学稳定性好，对流体的阻力小。常用的过滤介质有以下三类。

(1) 粒状介质　包括砾石、沙、玻璃碴、木炭和硅藻土等，此类介质颗粒坚硬，将其堆积成层后可处理固体含量较小的悬浮液。

(2) 多孔固体介质　常用的有多孔陶瓷、多孔玻璃、多孔金属、多孔塑料等，常制成板状或管状。此类介质孔径小，机械强度高，耐热性好，能耐酸、碱、盐及有机溶剂的腐蚀，它适用于含细颗粒物料的过滤。其缺点是微孔易堵，需定期进行再生（反吹或化学清洗）以保持其过滤性能。

(3) 滤布介质　滤布可用金属丝和非金属丝织成，常用的金属材料有不锈钢、黄铜、蒙氏合金等，非金属材料有天然纤维（如毛、棉、麻、柞蚕丝及石棉制品等）、合成纤维（如尼龙、涤纶、氯纶、过氯乙烯纤维、聚丙烯纤维等）、塑料、玻璃等。其中纤维类的使用是最广的，与天然纤维相比，合成纤维的抗酸性能好，机械强度高，因而使用寿命长；吸湿性小，滤布易再生。其中涤纶耐酸性强，耐碱性中等，软化点 255～260℃，在 100℃时，能溶于 40% NaOH 溶液。尼龙耐碱性好，但耐无机酸腐蚀性差。聚丙烯既耐酸、碱又耐热，被认为是有发展前途的合成材料。此外，玻璃纤维耐酸、耐碱又耐热，但不耐磨，强度差。不锈钢纤维布性能虽好但太贵。固体多孔介质"三耐"性能好，但仅适于极稀料浆。粒状介质也仅适于稀料浆，如自来水工业中的砂滤池。滤布材质的选择主要应考虑液体的腐蚀性、固体颗粒大小、工作温度及耐磨性等因素。

选择过滤介质既要满足生产要求，又要经济耐用，以降低生产成本。过滤的阻力在开始加料时为过滤介质的阻力，随着滤饼的形成，滤饼的阻力会大大超过滤布阻力而成为主要的阻力。在真空过滤机的操作中，过滤机转速应与料浆浓度、料浆性质相配合，以维持一定的滤饼厚度。

滤饼的特性对过滤速度有决定性的影响。当料浆粒度过细、滤饼易受压缩，特别是料浆中含有硅胶和铁铝氢氧化物沉淀时，将使过滤变得十分困难。因为介质毛细孔受堵使过滤阻力猛增，在推动力恒定时，过滤速度会大大下降。对这类料浆应事先破坏胶体或采用其他分离方法。此时用某些颗粒均匀、性质坚硬且在一定压强下不变形的粒状物质（如硅藻土、活性炭、石棉、锯屑、纤维、炉渣等）作助滤剂，直接加入悬浮液中或预先涂在过滤介质表面上。助滤剂表面有吸附胶体的能力，可增大滤饼的孔隙率，防止胶体微粒堵滤孔。但助滤剂用量应适当，一般只用于滤液价值高而滤清可废弃的固液分离作业。有时可用物理或化学方法从废弃滤饼中回收助滤剂，以返回重新使用。升高料浆温度虽有一定的效果，但对真空过滤而言，由于在碱压条件下沸点下降会使真空系统中的真空度大大降低，从而使过滤推动力下降。

4.3.2 过滤机的推动力和过滤设备

使液体通过过滤介质的推动力为过滤介质及滤饼两侧的压强差。常见的过滤推动力有：①滤浆液柱本身的压强差，一般不超过 50 kPa；②在滤浆上部加压，压力常达 50 kPa 以上；③在过滤介质下部抽真空，两侧压强差常小于 85 kPa；④利用离心力。

用于过滤的设备称为过滤机，种类较多，依操作方法有连续式和间歇式，依推动力可分为重力过滤机、加压过滤机、真空过滤机和离心过滤机。此外还可依过滤介质进行分类。化学选矿工艺中常见的过滤机主要有以下几种。

4.3.2.1 吸滤器

吸滤器为间歇操作的真空过滤设备，滤框可为方形或圆形槽，槽内有一假底，假底上再铺上滤布，将悬浮液加入后，溶液在真空抽吸下通过滤布，从而达到固液分离的目的。也可采用多孔陶瓷板作过滤介质。吸滤器结构简单，操作可靠，但间歇作业，需人工卸料，劳动强度较大，一般用于处理量小的过滤操作。

4.3.2.2 转筒真空过滤机

转筒真空过滤机是一种连续生产和机械化程度高的真空过滤设备，其结构和操作简图如图 4-9 所示，主要由滤筒、滤浆槽、分配头等部件组成。滤筒由两端的轴承支撑横卧在料浆槽内，料浆槽为半圆形槽，槽内装有往复摆动机构，以搅拌滤浆防止固体颗粒沉降。滤筒两端均有空心轴，一端安装转动机构，另一端通过滤液和洗水。其末端装有分配头，它与真空系统和压缩空气系统相连。

滤筒分为互不相通的过滤室。滤筒表面为多孔滤板，其上再覆以滤布。每个过滤室有一条与分配头相通的管道，以造成真空和通入压缩空气，随转筒旋转，过滤室则成为减压或加压状态。转筒可分为以下几个区域。

（1）过滤区 转筒浸入滤浆槽中，过滤室处于减压态，滤液通过滤布进入过滤室，然后通过分配头的滤液排出管排出。

（2）第一吸干区 此区过滤室仍为减压态，将滤饼吸干。

（3）洗涤区 此区由喷液装置将洗水喷洒于滤饼上，过滤室为减压态，洗水吸入室内，通过分配头的洗液排出管排出。

（4）第二吸干区　过滤室仍为减压态，将剩余洗液吸干。

（5）卸渣区　此区过滤室为加压态，吹松滤饼并被刮刀剥落。

（6）滤布再生区　清洗滤布以重新过滤。

为防止滤饼产生裂纹而减小真空度，在洗涤区和第二吸干区装置无端胶带，由于滤饼的摩擦作用使无端胶带沿换向辊的方向运动。

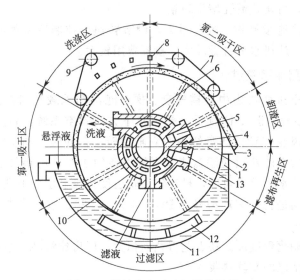

图 4-9　转筒真空过滤机操作简图

1—滤筒；2—吸管；3—刮刀；4—分配头；5，13—压缩空气管入口；
6，10—减压管入口；7—无端胶带；8—喷液装置；9—换向辊；11—滤浆槽；12—搅拌机

分配头的结构如图 4-10 所示，它由一个随转筒转动的转动盘和一个固定盘组成。转动盘上的孔与过滤室相通，固定盘上的孔隙与真空系统和压缩空气系统相连。当转动盘上的孔与减压管路 3 相连时，过滤室成为减压态，滤液被吸走。当转盘上的孔与减压管路 2 相连时，过滤室仍为减压态，吸走洗涤水。当转盘转至与压缩空气管路 1、4 相连时，过滤室为加压态，吹松滤饼、再生滤布。如此循环完成连续过滤操作。

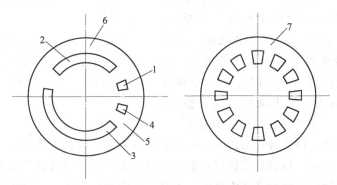

图 4-10　分配头的构造示意

1，4—压缩空气管路；2，3—减压管路；5—不操作区；6—固定盘；7—转动盘

转筒真空过滤机适用于各种物料的过滤，但过滤温度应低于滤液沸点，否则真空将失去作用。滤饼厚度小于 40mm，胶质滤饼可为 5～10mm。但滤饼厚度太小时，刮刀卸料易损坏滤布，此时可预先在转筒上缠绕绳索，变为绳索式真空过滤机，当绳索离开筒体向卸料辊

运动时，滤饼随绳索离开滤布而脱落，此时不必用刮刀刮取滤饼，也可不用吹风。根据过滤物料的性质，滤饼含水量常为 10%～30%。

转筒的转速一般为 1～3r/min，转筒的面积常为 5～50m²，浸入滤浆的面积一般为总面积的 30%～40%。

当料浆中的固体颗粒较粗，且粗细不均时，可采用内滤式圆筒真空过滤机，此时粗粒先沉于滤布上形成滤饼，可防止滤孔堵塞现象。

转筒真空过滤机能连续操作，处理量大，调节转速可控制滤饼厚度，但其过滤面积较小，过滤推动力较小，滤饼水分含量较大，投资费用较大。

4.3.2.3 立式转盘翻斗真空过滤机

立式转盘翻斗真空过滤机由中心错气盘、梯形滤盘和承载滤盘的内外轨道组成，PD-1.5 转盘真空过滤机结构如图 4-11 所示。错气盘下方接真空系统，各滤盘由抽滤管与错气盘相连。过滤时通过齿轮传动使滤盘绕中心立轴回转，在回转一周中完成加料、过滤、洗涤、吸干等步骤。然后借外轨道使滤盘绕水平轴翻转约 180°，由错气盘导入压缩空气帮助卸料，接着是引入反冲水使滤布再生，最后仍借轨道使滤盘复位放平进入新的过滤循环。本机除换滤布外均可自动进行。国产型号有 PD-1.5 和 PD-20。数字代表过滤面积（m²），滤盘分别为 10 个和 20 个。

该机的优点是自动化程度高。缺点是占地面积大，厂房建筑高，中心错气盘易磨损而漏气。它适于处理需要洗涤的易滤料浆。

4.3.2.4 板框式压滤机

它是使用最广的间歇操作过滤机，其结构如图 4-12 所示，它由多个方形滤板和滤框交替排列组成。根据生产能力，框的数目可为 10～60 个，装合时，滤板、滤框交替排列，滤板和滤框间夹着滤布，然后转动机头使板、框紧密接触，每相邻两个滤板及其所夹的滤框组成一个独立的过滤室。所有的板、框上部均有小孔，且位于同一轴线上，压紧后即形成一条通道，滤浆在压力作用下由此通道进入各滤框。滤液通过滤布沿滤板表面沟渠自下端小管排出，滤清则留在框内形成滤饼（图 4-13）。当滤框被滤渣充满后，放松机头，取出滤框，除去滤饼，洗涤滤框、滤布，重新装合准备再一次过滤。

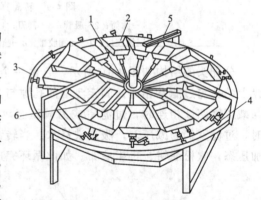

图 4-11 PD-1.5 转盘真空过滤机结构
1—错气盘；2—滤盘；3—轨道；
4—滚轮；5—洗液分配槽；6—矿浆分配槽

如果滤饼需洗涤，则滤板应有两种，一种有洗涤液进口的称为洗涤板，另一种是没有洗涤液进口的为非洗涤板。当滤渣充满滤框后，滤饼若需洗涤，将进料活门关闭，同时关闭洗涤板下的滤液排出活门，然后送入洗涤液，洗涤液由洗涤板进入，透过滤布和滤饼，沿对面滤板下流至排出口排出（图 4-14）。洗涤时洗水需穿透滤饼的整个厚度，而过滤时滤液穿透的厚度大约只为其一半，且洗水需穿过两层滤布，而滤液只穿透一层滤布。因此，洗水所遇阻力约是过滤终止时滤液所遇阻力的两倍。洗水所通过的过滤面积仅为滤液的一半。若洗涤时的压强与过滤终了时的过滤压强相同，则洗涤速率仅为最终过滤速率的 1/4。

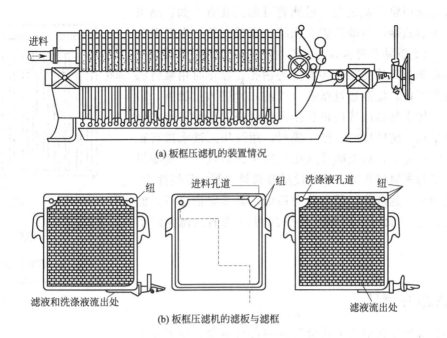

(a) 板框压滤机的装置情况

进料孔道 纽

洗涤液孔道 纽

滤液和洗涤液流出处

滤液流出处

(b) 板框压滤机的滤板与滤框

图 4-12 板框式压滤机的装置及滤板与滤框的构造情况

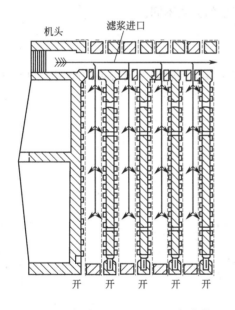

图 4-13 板框式压滤机过滤阶段操作简图

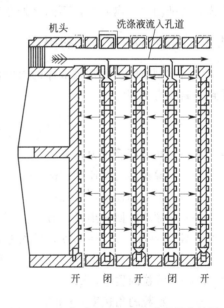

图 4-14 板框式压滤机清洗阶段操作简图

板框可用各种材质制造（如铸铁、铸钢、铝、铜、木材等），也可用塑料涂层，根据悬浮液性质而定。滤框厚度常为 20~75mm。滤板较薄，视所受压力而定。板框为正方形，边长为 0.1~0.2m，操作压强为 300~500kPa（表压）。该机占地面积小，过滤面积大（数十平方米至 1000m²），过滤推动力大，设备构造简单，但笨重，间歇操作，大型机操作不便。

4.3.2.5 管式过滤器

管式过滤器的结构如图 4-15 所示，主要由罐体、花板、滤管等部件组成。在密闭筒体内有多根滤管固定在花板上，过滤管可用微孔管（如：刚玉微孔管、聚氯乙烯烧结微孔管、烧结金属微孔管、陶瓷微孔管），也可用滤管钻孔再覆以滤布作过滤介质或采用弹簧式过滤管，用弹簧丝间的孔隙代替管上的钻孔。操作时用泵将滤浆压入过滤器内，滤液通过微孔（或滤布）进入过滤管，沿管上升至罐体上部经滤液出口管排出，滤渣则截留于管的表面。当滤饼达一定厚度时，停止进料，用泵压入洗水进行正向洗涤，洗涤完后，从上部通入压缩空气进行反吹，使滤饼脱落而由下部排料口排出。管式过滤器卸料方便、易损件少、过滤推动力大、速度快，但微孔管易堵，必须定期进行过滤介质再生。它一般用于固体含量少的悬浮液的过滤，间歇操作。

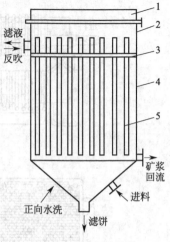

图 4-15　管式过滤器

1—顶盖；2—上部壳体；3—花板；
4—下部壳体；5—滤管

4.4　离心分离法

离心分离设备包括水力旋流器和离心机两类，前者属于离心沉降或分级设备，后者则既可进行离心沉降，也可以进行离心过滤。它们的共同点是，固液分离的推动力为离心力，不同之处是离心力产生的方式不同。

4.4.1　影响离心力大小的因素

由于固体颗粒的密度常较液体的密度大，旋转时将受到较大的离心力的作用。颗粒旋转时受到的离心力 F 为：

$$F = \frac{W v^2}{g r} \tag{4-11}$$

式中　W——颗粒所受重力，N；

　　　　v——颗粒的切线速度，m/s；

　　　　g——重力加速度，9.8m/s^2；

　　　　r——颗粒的回转半径，m。

由于 $W/g = m$，$v^2/r = \omega^2 r$，代入上式有：

$$F = m\omega^2 r \tag{4-12}$$

式中　m——颗粒的质量，kg；

　　　　ω——颗粒的角速度，rad/s。

设当离心机稳定旋转时，颗粒角速度与离心机角速度相同，$\omega = 2\pi n/60$，故：

$$F = \frac{\pi^2}{900} m n^2 r \tag{4-13}$$

式中　n——离心机转速，r/min。

由上面两式可知，颗粒受到的离心力与颗粒质量、离心机转速及颗粒回转半径有关。当 n 一定时，在同一回转半径处，m 大者受力大；同一颗粒在回转中心受力为零，在筒壁处受力最大。r 的极限值为筒体内径 R。对于一定的料浆，欲提高分离效果，增大转速 n 比增大筒体内径 R 更为有效。

为了表征离心机的分离能力，引进离心分离因数 α，定义为离心加速度的极大值与重力加速度之比，它是衡量离心力大小的标志。

$$\alpha = \theta^2 R / g \qquad\qquad (4\text{-}14)$$

在离心机中，α 小于 3000 时为常速离心机，α 大于 3000 时叫高速离心机。前者用于悬浮液和物料的脱水，后者主要用于分离乳浊液和细粒悬浮液。旋流器中的 α 值不足数千，但所受离心力仍比重力大得多。

4.4.2　离心分离设备

离心分离法所用设备有水力旋流器和离心机。离心机又分为离心沉降机、离心分离机和离心过滤机三种。

4.4.2.1　水力旋流器

水力旋流器是借助砂泵的作用，使料浆高速地从切向进入旋流器，并沿设备内壁作圆周运动，从而产生离心力，使固体分级或沉降。由于设备本身不转动，仅靠料浆自旋，故又叫旋液分离器，图 4-16 是其示意图。

图 4-16 中圆柱部分的直径 d_c 由欲分离的粒子大小决定，底流粒径下限近似地正比于 d_c 的平方，即底流中欲分离颗粒越小，d_c 也越小，当然处理量也越小。d_c 的大小从数十毫米到数百毫米不等。圆柱部分的高度 H 为 d_c 的 2/3～2 倍，d_c 大时取下限。圆锥部分的锥角，小旋流器为 9°～10°，大的在 20°以上。进、出料口的大小和溢流管的插入深度是影响分离性能的重要因素。当处理量相同时，进料口管径 d_i 小则切向速度大，底流粒径下限小，通常 d_i 为 d_c 的 1/7～1/6。其位置应接近顶盖以减少短路环流。溢流管直径 d_o 为 d_c 的 1/7～2/5，插入深度为 d_c 的 1/3～1/2。底流出口直径 d_u 为 d_c 的 1/10～1/5。通常在底流出口装有阀门，可以调节排料速度。

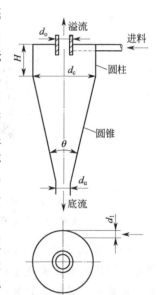

图 4-16　水力旋流器示意图

操作时，料浆高速切向进入，沿器壁形成往下的螺旋流。至排出口时，外层粗粒排出，内层细粒折向上方形成向上的螺旋运动，最后由溢流管排出。在向下的螺旋流与向上的螺旋流中间必然存在一个无垂直运动的"中性"区，此区的位置略低于 d_c 的一半。在旋流器中心部分是低压区，常被空气与介质蒸气所充满，成为一个直径不变的气体柱。

旋流器是一种连续的离心分级设备，用于固体含量较小的悬浮液的分级，常用于矿浆的检查分级。其处理量大，无传动部件，结构简单，分离效率高，但易磨损，动力消耗大，操作不易稳定。它可以并联使用，以满足处理量的要求；也可以串联使用，以满足分离粒度的要求。

4.4.2.2　离心机

离心机特别适用于晶体或颗粒物料的固液分离。它的工作原理是借助设备本身旋转带动设备内料浆随之旋转，从而在设备内建立起离心力场，促进固液分离。离心机的结构类型较多，但其主要部件为一快速旋转的鼓。转鼓装在竖轴或水平轴上。转鼓分有孔式和无孔式两种，孔上覆以滤布或其他过滤介质。当转鼓有孔并覆以滤布时，旋转时液体通过滤布，固体颗粒截留于滤布上，此种离心机为离心过滤机。若转鼓无孔，处理悬浮液时粗粒附于鼓壁，细粒则集中于鼓的中心，此时称为离心沉降机。若无孔的转鼓离心机处理乳浊液时，则乳浊液在离心力作用下会产生轻重分层，此时则称为离心分离机。若绕立轴回转则叫立式离心机；若绕水平轴回转则叫卧式离心机。若回转筒体开有小孔则可进行离心过滤，反之则只能作离心沉降。

(1) 三足离心机　其外壳与机座借拉杆挂在三个支柱上，支柱上的弹簧起减震作用，传动部件在转鼓下端。操作过程分三段：启动与进料阶段、离心过滤阶段和停车卸料阶段。该机优点是结构简单，操作平稳，占地面积小。缺点是间断操作，人工从上部卸料，劳动强度大；传动机构易受腐蚀，维修不便。适于小厂处理易滤料浆，滤饼温度低。国产三足离心机有 SS-900、SS-800、SS-700 及 SS-450 等，数字为转鼓直径的毫米数。图 4-17 是其示意图。图 4-17 中筒壁开有小孔，是离心过滤设备。

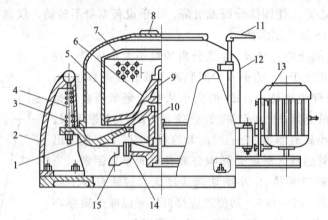

图 4-17　三足离心机示意图

1—底盘；2—支柱；3—缓冲弹簧；4—摆杆；5—鼓壁；6—转鼓底；7—拦液板；8—机盖；
9—主轴；10—轴承座；11—制动器手柄；12—外壳；13—电机；14—制动轮；15—滤液出口

(2) 卧式螺旋卸料离心沉降机　它是一种连续操作的离心机（图 4-18）。悬浮液沿给料管连续地进入螺旋输送器的空心轴，再流入转鼓内，在离心力作用下固体颗粒被甩至鼓壁上，由输送螺旋推至转鼓小端的卸料孔（螺旋转速较转鼓慢 1%～2%），再经排清孔排出。当滤液面超过转鼓大端溢流孔时即经此流至外壳的排液口排出。沉渣在干燥区可以洗涤。调节溢流挡板高度、进料速度、转速，可以调节沉渣的含水量和溢流的澄清度。此类型离心机处理量大，对物料适应性强，脱水效率高，但动力消耗大，对沉渣的粉碎度大，溢流中含有相当量的固体颗粒。

料浆的性质前文已述。分离要求包括液相含泥量和固相含湿量。对分级而言，还要求达到分级粒度的要求。经济效果包括投资费用和操作运行费用。

4.5　固液分离工艺

4.5.1　真空过滤系统

真空过滤机与真空泵、压风机、滤液泵、自动排液装置组成真空过滤系统。其配置有多种方式，但主要有三种，如图 4-19 所示。图 4-19(a) 为传统配置法，气水混合物经气水分离器分离为空气和滤液，空气靠真空泵排出，滤液靠离心泵强制排出。图 4-19(b) 为一种较长期使用的配置法，过滤机和气水分离器放置在很高的位置，使气水分离器与滤液管下口之间有一定的高度差，依靠管内液柱静压克服大气压力向外排放滤液，为此，高度差应大于 9m，滤液管下口应浸在水封槽中或安装逆止阀，以防止空气进入管内。图 4-19(c) 为一种新式配置法，用自动排液装置排放滤液，无须将过滤机安装在很高的位置

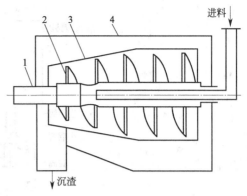

图 4-18 卧式螺旋卸料离心沉降机
1—中心轴；2—螺旋；3—转鼓；4—壳体

上且不需要滤液泵。这种自动排液装置于 20 世纪 60 年代末出现于我国金属矿山，目前使用的有浮子式和阀控式两种自动排液装置。浮子式自动排液装置（图 4-20）由气水分离器、左右两个排液罐、浮子、杠杆等组成，图 4-20 中右边排液罐中浮子上升，胶阀关闭小喉管、空气阀开启，罐内为常压，浮子受到向上压力 p，大喉管下部的滤液阀由于气水分离器与排液罐内压力差的作用而关闭，排液罐底部的放水阀打开，原来积存在罐内的滤液自动排出，左边排液罐内的浮子受杠杆作用下降，小喉管打开，空气阀关闭，罐内具有和杠杆箱、气水分离器内相同的负压，放水阀关闭，滤液阀打开，气水分离器中的滤液流入罐内，使浮子产生向上的浮力 R。当浮力 R 大于压力 p 时，左边浮子浮起，右边浮子下降，两个排液罐的状态对调。自动排液装置如此周而复始地工作。

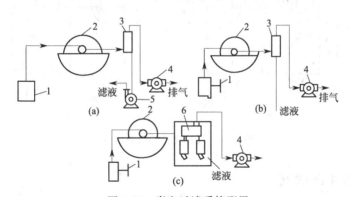

图 4-19 真空过滤系统配置
1—压缩空气；2—过滤机；3—气水分离器；4—真空泵；5—离心泵；6—自动排液装置

　　阀控式自动排液装置（图 4-21）由气水分离器、左右两个排液罐、滤液阀、排液阀、控制阀、阀的驱动机构等组成。控制阀为一个往复运动的五通阀，它的阀体上有五个管口（a、b、c、d、e）分别与气水分离器、左排液罐、右排液罐、大气相通，阀芯由驱动机构带动，间歇动作。图 4-21(a) 的阀芯分别使 a 与 b、c 与 e 连通，左排液罐内为负压，左放水阀在大气压力下关闭，左滤液阀打开，滤液从气水分离器流入左滤液罐内。右排液罐与大气相通，滤液阀关闭而放水阀打开，排出罐内积存的滤液。因此，左排液罐积存滤液而右排液罐排放滤液。当阀芯转到图 4-21(b) 位置时，a 与 c 连通，而 b 与 d 连通，左排液罐排放滤液，右排液罐积存滤液。

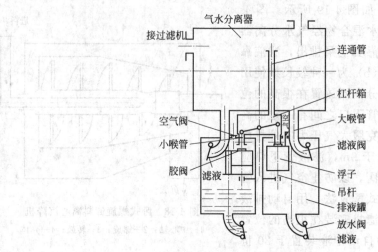

图 4-20　浮子式自动排液装置

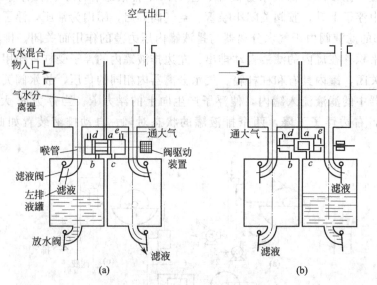

图 4-21　阀控式自动排液装置

4.5.2　絮凝剂和助滤剂

固液分离中还有一类特殊问题，即对难以沉降和难以过滤的料浆使用絮凝剂与助滤剂的问题。

矿泥及细粒矿物的处理不仅是物理选矿的难题，也是矿物化学处理中固液分离的难题。这些微粒由于表面电化学反应或者吸附晶格置换，它们在水中都带有表面电荷，这种表面电荷与保持电中性的抗衡离子（反电荷离子）一起形成双电层或带有相配电层。当粒子在 2 μm 以下时，分子间的作用力和双电层的影响超出了重力的影响，决定料浆中粒子的互相作用，使粒子保持分散状态，难以沉淀。实践发现，有些无机盐和高分子化合物可以促进微粒凝聚，称为絮凝剂。无机絮凝剂有明矾、三氯化铁、氢氧化钙和氢氧化铝等；后者有聚丙烯酰胺及其他一些植物的淀粉。目前以聚丙烯酰胺，即 3 号絮凝剂使用最广。

对难滤料浆，可在滤布上预涂一层性质坚硬不易压缩的粒状介质，如硅藻土、活性炭等。此预涂物质叫助滤剂，是事实上的过滤介质。由于助滤剂不易变形，具有吸附胶体的能力，所以助滤剂的孔隙不易被料浆中的微粒堵塞。过滤之后，助滤剂与滤饼混在一起，因此只有在滤饼排尾矿的情况下才能使用。助滤剂的使用既增加了材料消耗，又使操作复杂化，是不得已才使用的方法。助滤剂也可在过滤前加入待滤料浆之中，然后再过滤。但添加的助滤剂既不能造成有价组分的沉淀损失，也不能引入新的杂质，使溶液受到污染。

本章思考题

1. 矿物化学处理中固液分离的特点有哪些？
2. 化学选矿固液分离的常用方法及设备有哪些？
3. 简述洗涤的流程及作用。
4. 错流洗涤、逆流洗涤各有哪些优、缺点？如何选用洗涤流程？
5. 化学选矿的固液分离使用絮凝剂与助滤剂的作用是什么？

第 5 章

溶剂萃取

5.1 概述

5.1.1 概念

从低组分浓度的浸出液中高效回收目的组分是一个复杂的过程。溶剂萃取是一种高效分离低浓度目的组分的方法，可用于分离提纯目的组分。

溶剂萃取又叫液-液萃取。它是将与水溶液不相混溶的有机溶剂和水溶液一起搅拌，利用有机溶剂对某些金属离子的较大溶解能力，使金属从水溶液转入有机溶剂中，从而达到分离金属的目的。通常把所用的有机溶剂叫作萃取剂。它具有平衡速度快、选择性强、分离和富集效果好、产品纯度高、处理容量大、试剂消耗少、能连续操作以及有利于实现自动化生产等优点。

溶剂萃取方法一般包含萃取、洗涤、反萃和溶剂再生四个作业，基本工艺流程如图 5-1 所示。萃取和反萃作业是溶剂萃取流程中必不可少的步骤。

萃取：将含有目的组分的水溶液与含有萃取剂的有机相在容器中充分混合，使萃取剂与目的组分发生作用，最终目的组分以萃合物的形式进入有机相，静置分层后的有机相为萃取液，水相为萃余液。

洗涤：萃取过程中，目的组分进入有机相时往往会夹带少量杂质一并进入负载有机相，因此，常采用清水相与负载有机相再次混合，使杂质离子重新进入水相，这一过程称为洗涤，又称为萃洗。

反萃：经洗涤后的负载有机相与适当的水溶液混合接触，使有机相中的目的组分再次进入水相，这一过程称为反萃。反萃后的水相可直接送往电积等工艺段处理，提取相应金属。

溶剂再生：经反萃后的有机溶剂可直接返回应用，但污染后的有机溶剂需经过溶剂再生后返回应用。溶剂再生是采用适当的方法将污染后的有机溶剂进行处理，脱出有机溶剂的污染物，恢复有机溶剂的萃取能力。它是节约昂贵的有机溶剂和降低成本的必要手段。

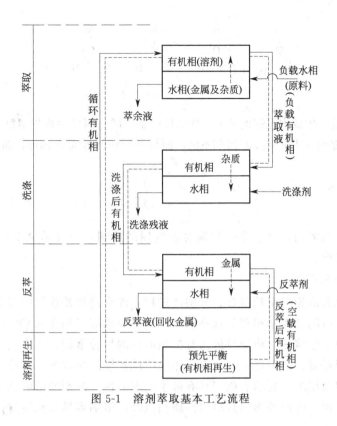

图 5-1　溶剂萃取基本工艺流程

5.1.2　溶剂及其溶解规则

5.1.2.1　溶剂分类

萃取过程用到的溶剂一般都是有机溶剂，有机溶剂一般以分子形式存在，分子与分子间作用力主要有范德华力和氢键两种。任何分子间都存在范德华力，作用力大小随分子的极化率和偶极矩的增大而增大；而氢键 A—H…B 的生成依赖于溶剂分子具有给电子的原子 B 和受电子的 A—H 键（其中，A 和 B 为电负性大而半径小的原子，如 O、N、F 等元素）。因此，萃取过程所用的溶剂，可根据溶剂分子间形成氢键的能力大小分为如下几类。

（1）N 型溶剂　即惰性溶剂，如烷烃类、苯、四氯化碳、煤油等。它们不能生成氢键。

（2）A 型溶剂　即受电子溶剂，如氯仿、二氯甲烷、五氯乙烷等。含有 A—H 基团，能与 B 型或 AB 型溶剂生成氢键。一般的 C—H 链（例如 CH_4 中的 C—H 链）不能形成氢键。但如碳原子上连接几个 Cl 原子，则由于 Cl 原子的诱导作用，使 C 原子的电负性增加，所以能形成氢键。

（3）B 型溶剂　即给电子溶剂，如醚、酮、醛、酯、叔胺等，它们含有给电子的 B 类原子，能与 A 型溶剂生成氢键。

（4）AB 型溶剂　即给受电子溶剂，同时具有 A—H 和 B，因此它们可以结合成多聚分子，且可以分为三类。

① AB（1）型，交链氢键缔合溶剂，如多元醇、氨基取代醇、羟基羧酸、多元羧酸、多元酚等。

② AB（2）型，直链氢键缔合溶剂，如醇、胺、羧酸等，其结构式举例如下：

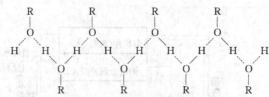

③ AB（3）型，生成内氢键的分子，如邻位硝基苯酚，因已形成内氢键，故 A—H 已不再起作用，所以它们的性质与一般 AB 溶剂不同，而与 B 型和 N 型溶剂相似，如邻位硝基苯酚：

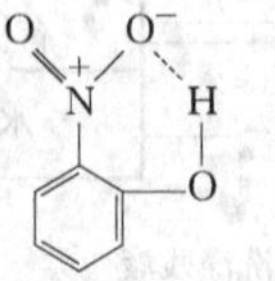

尽管水不是有机溶剂，但它是一种最普遍应用的溶剂，而且是 AB（1）型溶剂中生成氢键缔合最强的溶剂。

5.1.2.2 溶剂互溶规则

萃取过程包含有机相与水相混合、分层两过程，混合过程是使目的组分从水相转入有机相，分层的目的是自动分离水相和负载有机相。分层要求有机相在水相中的溶解度最小。一旦有机相在水相中发生溶解，将导致进入有机相的目的组分重新进入水相，使得萃取分离效果不佳，萃取剂消耗量大。因此，萃取有机相的组成和性质决定着萃取效果的好坏。为了避免有机相溶于水相而损失，要求有机相具有最小的水溶性。溶剂的溶解具有以下原则。

（1）相似性原则　即两种溶剂其结构性质相似时，溶剂容易互相溶解，结构差别较大的溶剂不易互溶。

① 溶剂的结构与水的结构相似性越大，则在水中的溶解度越大。如表 5-1 所示，随着苯基上 OH 基的增大，即与水的相似性增大，在水中溶解度增大。除了引入羟基可增加溶解度外，引入—NO_2、—SO_3H、—NH_2 和＝NOH 基团，可与水形成氢键，从而增大了溶剂在水中的溶解度。

表 5-1　苯和酚在水中的溶解度（20℃）

化合物	分子式	溶解度/（g/100g 水）
苯	C_6H_6	0.072
苯酚	C_6H_5OH	9.06
苯二酚[1,2]	1,2-$C_6H_4(OH)_2$	45.1

② 溶剂的结构与水的相似性减少，则在水中的溶解度也减小。在溶剂中引入与水结构不同的碳氢基团，如烷基—C_nH_m、芳香基等，则溶解度降低；如果烷基上有 H 被 Cl 取代，则溶解性会增大。如表 5-2 所示，随着醇中碳链增大，在水中的溶解度也越来越小，这是因为碳氢基团部分是与水不相同的部分，这部分增大，就意味着与水不相似部分增加，所以溶解度就越来越小。

表 5-2　醇的同系物在水中的溶解度（20℃）

化合物	分子式	溶解度/(g/100g 水)
甲醇	CH_3OH	完全互溶
乙醇	C_2H_5OH	完全互溶
正丙醇	C_3H_7OH	完全互溶
正丁醇	C_4H_9OH	8.3
正戊醇	$C_5H_{11}OH$	2.0
正己醇	$C_6H_{13}OH$	0.5
正庚醇	$C_7H_{15}OH$	0.12
正辛醇	$C_8H_{17}OH$	0.03

以上相似相溶原理不仅可用来解释溶剂之间的互溶现象，还可解释萃取过程中萃合物在水相和有机相中的溶解规律。

(2) 各类溶剂的互溶性　两种液体混合后生成氢键的数目和强度大于混合前氢键的数目和强度者，有利于互相混溶，反之，不利于混溶。根据前面溶剂的分类，可解释如下。

① AB 型和 N 型几乎完全不溶，如水和煤油、苯、四氯化碳不能互溶。

② A 型和 B 型溶剂混合前没有氢键，混合后生成氢键，特别有利于互溶，如氯仿与丙酮等。

③ AB 和 A，AB 和 B，AB 和 AB 型等溶剂，混合前后都有氢键，互溶度大小视混合前后氢键的多少，强弱而定。

④ A 和 A、B 和 B、N 和 N、N 和 B 型等溶剂，在混合前、后都没有氢键，互溶度大小取决于混合前、后范德华引力的大小，可用"相似性原理"判断其互溶度的大小。

⑤ 生成内氢键的 AB 型溶剂与 N 型或 B 型溶剂相似。

各类溶剂的互溶规律可用图 5-2 表示。

5.1.3　萃取体系

萃取过程是用一种或多种与水不相混溶的有机试剂从水溶液中选择性地提取某目的组分的工艺过程。该体系至少包括由水、有机溶剂和一种溶质组成的水相与有机相，这是一种最简单的萃取体系。该过程是根据目的组分在两种溶剂中的溶解度不同，而从一种溶剂转移到另一种溶剂中的过程，它仅仅只是一个物理过程，几乎不发生化学反应。这种简单的溶剂萃取仅在少数情况下发生。

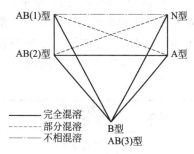

图 5-2　溶剂互溶规律示意

通常情况下，萃取剂能与水相中的目的组分反应生成络合物，再用其他溶剂将其萃取到有机相。此时，不能把包括萃取剂的有机相称为"溶剂"，而用于溶解萃取剂的溶剂被称为"稀释剂"。因此，有机相通常由萃取剂、稀释剂与添加剂组成。稀释剂一般是三者之中数量最多的组分，添加剂有时可以不要，特殊情况下稀释剂也可以不要，萃取剂本身就是溶剂，如 CCl_4 与 TBP 等。

5.1.3.1　有机相

(1) 萃取剂　萃取剂是在萃取过程中同水相中目的组分发生化学结合的有机物质，相当于浮选中的捕收剂，但它不溶于水而溶于稀释剂。对萃取剂通常有如下要求：

① 萃取剂分子中至少含有一个功能基团，该功能基团可与目的组分形成萃合物；

② 油溶性远大于水溶性，即易溶于有机溶剂，难溶于水；

③ 对目的组分具有较高的选择性，分离系数大，萃取容量大；

④ 易反萃，不发生乳化，不生成第三相；

⑤ 物理性能好，安全，即挥发性小、闪点高、不易燃、毒性小；

⑥ 化学稳定性与热稳定性好，即耐酸、耐碱，不水解，具有一定的热稳定性。

以上为萃取剂的主要特点。常用的萃取剂有许多种，其分类的方法也很多，如根据萃取剂分子中功能基团的特征原子可分为含氧萃取剂、含氮萃取剂、含磷萃取剂和含硫萃取剂。根据萃取剂的结构又可分为酸性萃取剂、碱性萃取剂、中性萃取剂和螯合萃取剂。

① 酸性萃取剂。酸性萃取剂又称为阴离子萃取剂，主要包含有机磷酸、羧酸及其他有机酸性萃取剂。

a. 有机磷酸萃取剂包括磷酸二烷基酯、单烷基膦酸单烷基酯、二烷基膦酸、二元有机磷酸、芳香基磷酸、多官能团磷酸萃取剂等。这些磷酸萃取剂均是正磷酸中一个或多个羟基被烷基酯化或取代，其分子中仍有可离解出 H^+ 的 OH 基，此即酸性磷酸酯或膦酸酯，如

$(RO)_2\overset{O}{\overset{\|}{P}}OH$、$RO\overset{O}{\overset{\|}{P}}(OH)_2$、$R\overset{O}{\overset{\|}{P}}(OH)_2$、$R_2\overset{O}{\overset{\|}{P}}(OH)$、$R\overset{O}{\overset{\|}{P}}(OR)(OH)$ 等。

　　b. 羧酸萃取剂主要有两种，一种骨架是链状的，通常称为脂肪酸；另一种骨架是环形的，叫作环烷酸。如苯氧乙酸、α-卤代脂肪酸、氨基酸等。

　　c. 其他酸性萃取剂包括磺酸、硫代磷酸、羟肟酸等。

　　② 碱性萃取剂。碱性萃取剂又称阳离子萃取剂或胺类萃取剂。胺类萃取剂主要是由 NH_3 中的 H 被烷基取代生成有机化合物，被称为胺类。它包括伯胺（NH_2R）、仲胺（NHR_2）、叔胺（NR_3）和季铵盐（NR_4X）等有机胺，R 为烷基，X 为一价阴离子。

　　③ 中性萃取剂。中性萃取剂包括碳-氧中性萃取剂、磷-氧中性萃取剂、含硫中性萃取剂、取代酰胺萃取剂等。例如磷酸三丁酯、酮、醚、醇、醛和酯等。

　　④ 螯合萃取剂。螯合萃取剂广泛应用于分析化学中，它们有极高的选择性，螯合配位体的选择性和金属离子的性质及螯合配位体的结构有关。按其结构可分为 4 大类：羟肟、取代 8-羟基喹啉、β-二酮、吡啶羧酸酯等。

　　表 5-3 列举了常用萃取剂。

表 5-3　常用萃取剂

类别		萃取剂名称	结构式	代号或缩写	水溶度/(g/L)	分子量	使用简况
酸性萃取剂	酸性磷酸酯	二(2-乙基己基)磷酸	$(C_4H_9-\overset{C_2H_5}{\underset{}{CH}}-CH_2O)_2\overset{O}{\overset{\|}{P}}OH$	$D_2EHPAP204$	0.02	322	在核燃料处理和有色金属分离中广泛使用
		异辛基磷酸单异辛酯	$CH_3(CH_2)_3\overset{C_2H_5}{\underset{}{CHCH_2}}\overset{O}{\overset{\|}{P}}\ CH_3(CH_2)_3\underset{C_2H_5}{CHCH_2O}\ OH$	P507	0.029	306	用于稀土分组和重稀土分离
		单、双正十二烷基磷酸混合物	50% $n\text{-}C_{12}H_{25}O\overset{O}{\overset{\|}{P}}(OH)_2$ + 50% $(n\text{-}C_{12}H_{25}O)_2\overset{O}{\overset{\|}{P}}OH_2$	PK酸			从高浓度溶液中萃取铁(Ⅲ)
		二(1-甲庚基)磷酸	$CH_3(CH_2)_5\overset{CH_3}{\underset{}{CHO}}\overset{O}{\overset{\|}{P}}\ CH_3(CH_2)_5\underset{CH_3}{CHO}\ OH$	P215	0.972 (20℃)	322	
		二(2-乙基己基)磷酸酯,磷酸二异辛酯	$(RO_2)\overset{O}{\overset{\|}{P}}-OH$ 其中 R 为 C_2H_5 $(C_4H_9)CH-CH_2$	P204	0.0118	322	用于铀的萃取

类别		萃取剂名称	结构式	代号或缩写	水溶度/(g/L)	分子量	使用简况
酸性萃取剂	羧酸	叔碳酸	R^1 C CH_3 / R^2 COOH	versatic	0.30		用于氨溶液中镍钴分离
		环烷酸	R R / R R $(CH_2)_n COOH$	naphthenic acid	0.09		用于 Ni-Co 分离和稀土分离
	羟肟	5,8-二乙基-7-羟基-十二烷-酮肟	C_4H_9CH OH CH C NOH CHC_4H_9 / C_2H_5 C_2H_5	LIX63	0.02	271	主要用于铜的协萃体系
		2-羟基-5-十二烷基二苯甲酮肟	$C_{12}H_{25}$ ... OH NOH	LIX64 0-3045	0.005		从低酸度溶液中萃铜
		2-羟基-5-壬基二苯甲酮肟	C_9H_{19} ... OH NOH (添加 1%LIX63)	LIX64N			从低酸度溶液中萃铜
		2-羟基-5-仲辛基二苯甲酮肟	C_8H_{17} ... OH NOH	N510			从低酸度溶液中萃铜
		2-羟基-3-氯代-5-壬基二苯甲酮肟	C_9H_{19} ... Cl OH NOH	LIX70			从高酸度溶液中萃铜
	取代 8-羟基喹啉	7-十二烯基-8-羟基喹啉	... CH_3 CH_3 / N OH CH—CH$_2$—C—CH$_2$—C—CH$_3$ CH CH_3 CH_3 CH$_2$	Kelex 100			从高酸高铜溶液中萃铜
碱性萃取剂	伯胺	多支链二十烷基伯胺	CH_3 CH_3 / CH$_3$—C—(CH$_2$—C)$_4$NH$_2$ / CH_3 CH_3	Primene JM-TN116			从 H_2SO_4 介质中分离提取钍、稀土
		仲烷基伯胺	R CH—NH$_2$ / R (R=C$_9$~C$_{11}$)	N1923			萃取钍、稀土
	仲胺	N-十二烯基三烷基甲胺	C(R)(R')(R'') / HN CH$_2$CH=CH—(CH$_2$)$_2$CH$_3$ CH_3 CH_3	Amberlite LAI			萃铀
	叔胺	三烷基胺	$(C_nH_{2n+1})_3$N (n=8~10)	Alamine 336 N235	0.01		从 H_2SO_4 介质中提铀及锆、铪分离

类别		萃取剂名称	结构式	代号或缩写	水溶度/(g/L)	分子量	使用简况
碱性萃取剂	叔胺	三正辛胺	$(C_8H_{17})_3N$	TOA			铀的萃取
		三异辛胺	$N(CH_2CH_2\underset{\underset{CH_3}{\mid}}{C}HCH_2\underset{\underset{CH_3}{\mid}}{C}HCH_3)_3$	TiOA			Ni-Co 的分离
		氯化三烷基甲胺	$[(C_nH_{2n+1})_3N^+CH_3]Cl^-$ $(n=8\sim10)$	Aliquat 336 N263	0.04		萃取 V-Nb
中性萃取剂	醇	仲辛醇	$CH_3(CH_2)_5\underset{\underset{CH_3}{\mid}}{C}H{-}OH$	Octanol-2 辛醇-2	1.00		Nb-Ta 分离等
	酮	甲基异丁基酮	$CH_3{-}\overset{\overset{O}{\|}}{C}{-}CH_3CH(CH_3)_2$	MIBK	19.1		用于 Nb-Ta 和 Zr-Hf 分离
	中性磷酸酯	磷酸三丁酯	$(C_4H_9)_3PO_4$	TBP	0.38		与 P204 齐名,应用广泛,还用作 P204 添加剂
		甲基膦酸二甲庚酯	$CH_3{-}\overset{\overset{O}{\|}}{P}{-}(OCH\overset{\overset{CH_3}{\mid}}{C}_6H_{13})_2$	P350	0.01		目前主要用于稀土分离,性能优于 TBP
		三正辛基氧化膦	$(C_8H_{17})_3PO$	TOPO			作协萃剂、添加剂
	取代酰胺	二仲辛基乙酰胺	$CH_3{-}\overset{\overset{O}{\|}}{C}{-}N(CH\overset{\overset{CH_3}{\mid}}{-}C_6H_{13})_2$	N503			从 H_2SO_4-HF 溶液中分离 Nb-Ta,废水脱酚等
		N,N-二正混合基乙酰胺	$CH_3{-}\overset{\overset{O}{\|}}{C}{-}N\overset{\overset{C_{7\sim9}H_{15\sim19}}{}}{\underset{C_{7\sim9}H_{15\sim19}}{}}$	A101			

（2）稀释剂 稀释剂是能溶解萃取剂、添加剂及萃合物的有机试剂,它是一种惰性溶剂,一般不直接参与萃取反应。稀释剂可改变萃取剂的浓度、有机相的黏度和溶解度。常用稀释剂有煤油、三氯甲烷、四氯化碳、苯、甲苯等,它们难溶于水,通常无萃取能力。煤油是最常用的稀释剂,使用前需对煤油进行磺化处理,去除含有的不饱和烃类物质。稀释剂的选择从理论上很难进行预测,一般由试验确定。试验时最好采用工业用稀释剂,不要用化学纯试剂。稀释剂的选择可遵循以下几点。

① 闪点。闪点是指燃料液体表面挥发气与空气的混合物遇火时发生蓝色火焰闪光的温度。闪点高表明操作中安全性大。

② 在水中溶解度。溶解度小则在萃取进程中损失小。对链烃而言,碳链长,则溶解度小,闪点高,但同时黏度也大,对萃取剂溶解度小。

③ 极性与介电常数。一般地说,极性增大,萃取率下降,人们认为这是稀释剂影响萃取剂的溶剂化作用,因而使萃取率下降。介电常数与萃取率的关系与上面类似,介电常数低者,萃取率增大。当然这种关系是相对的,如在胺类萃取中就没有这种明显关系。

工业常用的稀释剂如表 5-4 所示。

表 5-4　工业常用的稀释剂

名称	组成/%			相对密度	闪点/℃	黏度/cP[①]	沸点/℃
	石蜡烃	萘	芳香烃				
Amsco 无臭矿物油	85	15	0	0.76	53	—	—
Escaid 100	80	80	20	0.80	78	1.52	191
Escaid 110	99.7	99.7	0.3	0.79	74	1.52	193
Kermac 470B(原 Napolcum470)	48.6	39.7	11.7	0.81	79	2.1	210
Shell 140	45	49	6.0	0.79	61	—	174
Cyclosol	1.5	1.5	98.5	0.89	66	—	—
Escaid 350(原 Solvesso 150)	3.0	0	97	0.89	66	1.2	188
磺化煤油	100	0	0	0.78~0.82	62~65	0.3~0.5	170~240

① $1cP=10^{-3}Pa \cdot s$。

（3）添加剂　萃取过程中，为了防止在有机相与水相之间形成第三相，常加入高碳醇（如正癸醇）或 TBP 一类物质，将这类物质称为添加剂。添加剂不仅可以抑制稳定乳化物的生成，还可提高萃取剂的萃取能力，用量一般为 3%~5%，具体用量需根据实际情况决定。表 5-5 为工业常用添加剂。

表 5-5　工业常用添加剂

名称	相对密度	闪点/℃
2-乙基己基醇	0.834	85
异癸醇	0.841	104
壬基酚	0.95	140
磷酸三丁酯	0.973	193

无论是从动力学观点还是从相分离速度和溶剂损失等方面来考虑，都不能轻视稀释剂与添加剂的作用。它们主要影响萃取平衡时间和相分离速度，选择得当便可降低基建投资和操作运行费用。

由萃取剂、添加剂、稀释剂组成有机相这个统一体，其性质可以概括成以下几点。

① 萃取剂的选择性。此选择性不仅取决于萃取剂的本性，还取决于水相的组成与被萃金属的性质，即选择性与萃取剂结构、目的组分在水相的存在状态及萃取条件有关。

② 萃取剂的浓度与饱和容量。萃取剂在有机相的浓度通常以体积分数或体积摩尔数表示。萃取剂浓度一定的有机相，其所能萃取的金属量有一极限值，叫作饱和容量。萃取剂浓度大，则饱和容量也大。

③ 萃取剂的聚合。酸性磷酸酯或膦酸酯以及羟肟类萃取剂具有两个功能基团，容易通过氢键形成二聚物甚至高聚物。萃取剂聚合之后会降低有效浓度，使分配系数下降。

5.1.3.2　水相

水相是指含有待萃取目的组分的水溶液，是萃取作业的加工对象。它可能是矿物原料的浸出液，也可以是工业污染或其他需要净化的溶液。一般情况下，水相中的物质组成比较复杂，溶液中目的组分的存在状态是选择萃取剂的重要依据。除此之外，萃取剂的选择还与水相的 pH，盐析剂和其他离子的种类、浓度等因素有关。一般地说，需选择适当的有机相来满足水相的要求，使萃取过程具有良好的选择性。但有时也可调整水相的性质以便与特定的有机相相配合。

5.1.3.3　萃取体系

所谓萃取体系，是指含有目的组分的水相与含有萃取剂的有机相组成的矛盾统一体。不同的研究者，对萃取体系的分类不一，根据萃取剂的特性和萃取机理，可把萃取体系分成：中性络合萃取体系、酸性络合萃取体系、碱性萃取剂萃取体系和协同萃取体系。根据水相的特性，选择有效的萃取剂、适当的稀释剂和添加剂，组成一个萃取体系，使萃取操作达到较高的萃取率和较佳的分离效果。

5.2 萃取原理

5.2.1 萃取平衡

液-液萃取过程是目的组分在两相中重新分配的过程，当萃取达到平衡时，目的组分在两相中的浓度将不再随时间变化而变化，此时称为萃取平衡。同化学反应一样，萃取也有相应的热力学和动力学理论研究。

(1) 分配常数 λ 当溶质以相同形态在互不相溶的两相中分配时，其在两相中的平衡浓度之比为常数，称为能斯特分配定律，此常数为能斯特分配平衡常数：

$$\lambda = \frac{[A]_2}{[A]_1} \tag{5-1}$$

式中 λ——能斯特分配平衡常数，简称分配常数；

$[A]_1$，$[A]_2$——达到平衡后溶质在两相中的浓度。

(2) 分配系数 D 萃取平衡时被萃物在不相混溶的两相中的总浓度之比称为分配系数或分配比，即：

$$D = \frac{c_{有总}}{c_{水总}} = \frac{[A_1]_0 + [A_2]_0 + \cdots + [A_i]_0}{[A_1]_A + [A_2]_A + \cdots + [A_i]_A} \tag{5-2}$$

式中 $c_{有总}$——被萃物在有机相中的平衡总浓度；

$c_{水总}$——被萃物在水相中的平衡总浓度；

$[A_i]_0$，$[A_i]_A$——A 在有机相和水相中不同分子状态时的浓度。

萃取时 D 值越大，被萃物越易被萃取。当 $D=0$ 时表示被萃物完全不被萃取；$D=1$，且有机相和水相体积相等时，表示有一半被萃取；$D=\infty$ 时表示可完全被萃取。

分配系数和分配常数不同，前者是随萃取条件（如酸度、温度、被萃物浓度、萃取剂浓度、稀释剂类型等）而变的平衡总浓度的比值，只有当条件相同时对比其数值才有意义。分配常数是在一定温度下，溶质以相同分子形态在两相中的平衡浓度比，其值不随萃取条件而变。因此，只有在最简单的物理萃取体系中，被萃物与萃取剂不起化学作用时，分配系数才等于分配常数。

(3) 分离系数 α 它是在同一萃取体系和萃取条件下的两种被萃物的分配系数之比：

$$\alpha = \frac{D_2}{D_1} = \frac{c_{20}/c_{2A}}{c_{10}/c_{1A}} = \frac{c_{20}c_{1A}}{c_{10}c_{2A}} \tag{5-3}$$

式中 D_2，D_1——两种组分的分配系数；

c_{20}，c_{10}，c_{2A}，c_{1A}——两种组分在有机相和水相中的平衡总浓度。

分离系数表征两种被萃物从水相转入有机相的难易程度的差异。α 越大于或越小于 1，两者越易分离，分离越完全；α 越接近 1 时越难分离；$\alpha=1$ 时表示萃取法无法将此两组分分离。

(4) 萃取率 ε 它是萃取平衡时被萃物从水相转入有机相的质量分数：

$$\varepsilon = \frac{m_0}{m_0 + m_A} \times 100\% \tag{5-4}$$

式中 m_0，m_A——萃取平衡时被萃物在有机相和水相的质量。

设有机相和水相的体积分别为 V_0 和 V_A，则：

$$\begin{aligned}
\varepsilon &= \frac{m_0}{m_0 + m_A} \times 100\% \\
&= \frac{V_0 c_0}{V_0 c_0 + V_A c_A} \times 100\% \\
&= \frac{RD}{1 + RD} \times 100\%
\end{aligned} \tag{5-5}$$

其中，$R = V_0/V_A$，称为相比。

设 $RD = \mu$，μ 为提取系数，即萃取平衡时，被萃物在有机相中的质量与其在水相中的质量之比，将其代入得：

$$\varepsilon = \frac{\mu}{1 + \mu} \times 100\% \tag{5-6}$$

萃余液中被萃物的剩余质量分数称为萃余率（φ）：

$$\varphi = 1 - \varepsilon = \frac{1}{1 + \mu} \times 100\% \tag{5-7}$$

从上可知，提高相比和分配系数皆可提高萃取率 ε。

5.2.2 萃取动力学

萃取动力学是研究萃取达到平衡前的萃取速率及其影响因素，从而为萃取设备类型、设备大小的选择以及萃取剂的用量提供设计和参考依据。还可为同一萃取体系下分离不同萃取速率的两种物质提供依据。因此，萃取动力学可解决实际的工程技术问题。

溶剂萃取过程可以划分为以下三个主要过程：

① 萃取剂穿过两相界面扩散到水相；

② 萃取剂在水相与被萃物发生化学反应；

③ 萃合物扩散到相界面并穿过相界面进入到有机相中。

从萃取的发生过程可以得出，萃取速率主要受扩散控制和化学反应控制两个方面的影响。

5.2.2.1 扩散模型

为了认识萃取中的扩散过程，采用双膜模型来解释两相界面扩散过程。图 5-3 为双膜模型的示意图。

图 5-3 表示该溶质在两相间的浓度分布，W 相、O 相分别表示水相和有机相，c_W、c_{W1}、c_O、c_{O1} 分别表示目的组分在水相本体、水相界面层、有机相本体和有机相界面层中的浓度，δ_W、δ_S 分别表示水相界面层和有机相界面层的厚度。假定水相和有机相本体中目的组分的浓度是不变的，在界面层中目的组分存在浓度梯度，目的组分从一相进入另一相需通过扩散方式穿过界面层。

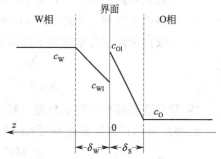

图 5-3 双膜模型中溶质在两相间的浓度分布

由图 5-3 可得，任意时刻目的组分在萃取过程中的分配比为 $D=\dfrac{c_{O1}}{c_{W1}}$；界面两边的扩散系数分别为 $k_W=\dfrac{D_W}{\delta_W}$ 和 $k_O=\dfrac{D_O}{\delta_O}$。目的组分从水相进入到有机相的推动力主要取决于两相界面的浓度差，即 c_W-c_{W1} 和 $c_{O1}-c_O$。当萃取达到稳态时，目的组分从水相传递到界面的量和从界面传递到有机相的量相同，即：

$$k_W(c_W-c_{W1})=k_O(c_{O1}-c_O)=J \tag{5-8}$$

式中　k_W, k_O——水相和有机相的扩散系数；

J——扩散阻力。

界面的扩散阻力等于两边的扩散阻力之和。假设萃取平衡时，有机相中目的组分的浓度为 c_O^*，则：

$$J=K_O(c_O^*-c_O) \tag{5-9}$$

式中　K_O——采用有机相的浓差表示的扩散系数，也表示萃取时总的扩散阻力。

同样，可采用水相萃取平衡时目的组分浓度 c_W^* 来表示扩散阻力：

$$J=K_W(c_W-c_W^*)=K_O(c_O^*-c_O)$$

则：

$$\frac{1}{K_O}=\frac{1}{k_O}+\frac{D_1}{k_W}$$

$$\frac{1}{K_W}=\frac{1}{k_W}+\frac{1}{k_O D_2} \tag{5-10}$$

其中，$D_1=\dfrac{c_O^*}{c_W}$，$D_2=\dfrac{c_O}{c_W^*}$，D_1、D_2 分别为前述两种平衡条件下的分配比。如果 D_1 很大，有利于目的组分溶入有机相，有机相的扩散阻力可以忽略。相反，如果 D_2 很小，有机相的阻力变得很大，水相的阻力相对就很小。前一种情况称为水相膜控制，后一种为有机相膜控制。

5.2.2.2　化学反应过程

溶剂萃取过程发生化学反应的区域称为反应区，它是一个平行于界面层且有一定厚度的液层。目的组分位于萃取剂生成萃合物前，在有机相中的溶解度极小。因此，目的组分与萃取剂发生化学反应的过程，一般均在水相中进行，或是在界面层发生化学反应。

一般来讲，萃取化学反应将经历如下过程（以阳离子萃取剂为例）。

① 萃取剂在两相中分配：$\overline{RH}\rightleftharpoons RH$

② 水相中萃取剂发生解离：$RH\rightleftharpoons R^-+H^+$

③ 萃取剂阴离子与金属离子逐级络合：

$$Me^{n+}+R^-\rightleftharpoons MeR^{(n-1)+}$$

$$MeR^{(n-1)+}+(n-1)R^-\rightleftharpoons MeR_n$$

④ 萃合物在两相中发生分配：$MeR_n\rightleftharpoons\overline{MeR_n}$

此类反应的正向反应速率可表示为：

$$-\frac{d[Me^{n+}]}{dt}=k_f\frac{[Me^{n+}]^x[\overline{RH}]^y}{[H^+]^z} \tag{5-11}$$

①~④中，$\overline{RH}$、RH 分别表示有机相和水相中的萃取剂；Me^{n+} 为目的组分离子；k_f 为反应速率常数；x、y、z 分别表示反应级数。

由上述过程可以看出，萃取剂与目的组分离子从水相内传递到反应区，反应后，萃合物进入有机相，有的产物，如 H^+，则进入水相。反应区的位置显然与反应物的传递速率和化学反应速率有关。如把萃取剂溶解到水相的扩散速率称为 R_d，目的组分离子与萃取剂的反应速率为 R_c。当 $R_d \gg R_c$ 时，从界面传递到水相界面层的萃取剂来不及反应消耗，继续向水相本体内扩散，这样就把反应区推向水相之中，为水相反应。当 $R_d \ll R_c$ 时，萃取剂的分子或离子才传递到界面及其附近，就被金属离子拦截而反应，反应区就在界面或十分贴近界面，这就是界面反应。当 $R_d \approx R_c$ 时，反应区的位置在前述两种情况之间，即在水相界面层中。

5.2.2.3 控制步骤

当目的组分在两相中的存在形式相同时，表明萃取过程无化学反应发生，此时萃取过程受扩散控制。但目的组分在两相中的存在形式不一样时，则萃取过程有化学反应发生，此时需比较扩散和化学反应的速率来决定萃取过程的控制步骤。

扩散是物理现象，其速率取决于萃取剂、金属离子、萃取生成物的质量以及介质的物理性质。对于不同的萃取体系，扩散速率的变化幅度一般在一个数量级之内。化学反应速率取决于萃取剂和金属离子的化学反应性质，变化范围远大于扩散。因此，在搅拌强度较低时，扩散距离较长，一般由扩散控制。在强烈搅拌下，如果萃取速率仍然很慢，多是慢化学反应控制的结果。但整体的萃取速率较快就很难根据现象判断控制步骤。

在化学反应控制步骤中，萃取速率通常与萃合物（螯合物）的生成速率有关。在化学反应过程的四个步骤中，步骤①、②和④的速率一般都较快，步骤③的速率较慢，它往往也是化学反应的控制步骤。

5.2.3 萃取机理

5.2.3.1 酸性络合萃取

酸性络合萃取的萃取剂为有机弱酸，被萃物为金属阳离子，萃取过程属阳离子交换过程。属于此类的有螯合物萃取、酸性磷类萃取剂萃取和有机羧酸和磺酸的萃取。

(1) 螯合物萃取　螯合萃取体系中，螯合剂常为有机酸，它有两种官能团（酸性官能团及配位官能团），溶于惰性溶剂。其酸性官能团能与金属阳离子形成离子键，配位官能团可与金属阳离子形成一个配位键。因此，螯合萃取剂可与金属阳离子形成疏水螯合物而萃入有机相。常用的螯合剂为 8-羟基喹啉类，Kelex 类，羟肟类如 Lix64、N-510 等。N-510 萃铜的反应为：

2-羟基-5-仲辛基二苯甲酮肟(N-510)

可见 N510 萃取二价铜离子时形成两种螯环，即不含氢键的六原子环和含氢键的五原子环。

螯合剂自身缔合趋势小，萃合物一般不含多余的萃取剂分子。螯合萃取的通式为：

$$Me^{n+} + n\overline{HA} \Longrightarrow \overline{MeA_n} + nH^+ \qquad (5\text{-}12)$$

（2）酸性萃取剂萃取　有机磷酸、羧酸和磺酸萃取金属阳离子时，有机相性质对萃取的影响较螯合萃取大，有机磷酸或羧酸在非极性溶剂的有机相中常因氢键形成二聚体或多聚体（自我缔合），在萃取剂和稀释剂间也可能有氢键存在。如 D_2EHPA 在多数非极性溶剂（如煤油、烷烃、环烷烃和芳烃）中形成二聚体：

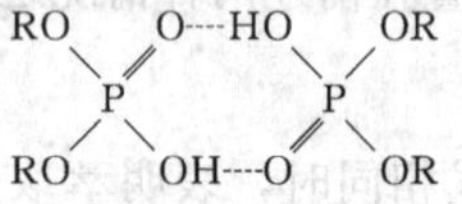

其二聚常数随溶剂而异，如在苯中为 4000，在氯仿中为 500，这是由于 D_2EHPA 与 $CHCl_3$ 间有缔合作用：

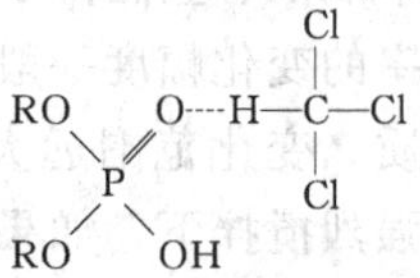

极性溶剂（如羧酸、醇、酮等）能与有机磷酸形成氢键，从而减弱酸性磷酸萃取剂萃取金属阳离子的能力。

羧酸在非极性溶剂中照例因氢键而形成二聚体：

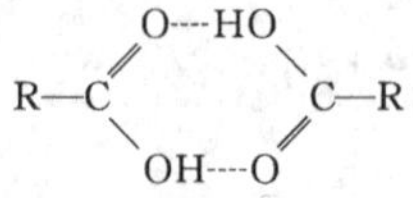

在萃取剂和稀释剂间也可能有氢键存在。如丙酸与氯仿间就有氢键存在。在极性溶剂中羧酸与醇缔合，其本身的二聚体减小。

当萃取剂形成二聚体或多聚体时，萃取平衡可表示为：

$$Me^{n+} + n\overline{(H_2A_2)} \Longrightarrow \overline{MeA_n \cdot nHA} + nH^+$$

有机磷酸、羧酸和磺酸萃取剂自身缔合趋势大，萃合物中一般含有多余的萃取剂分子。酸性磷酸类萃取剂主要有以下三类。

一元酸：

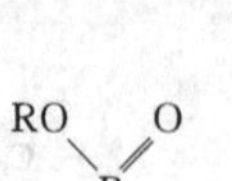

二烷基磷酸 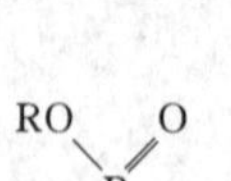　　　　烷基膦酸单烷基酯 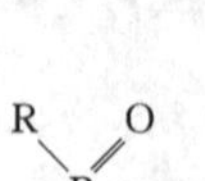　　　　二烷基膦酸

二元酸：

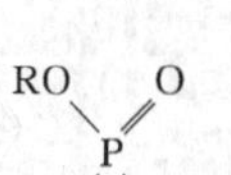

单烷基磷酸 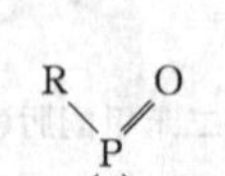　　　　单烷基膦酸

双磷酰化合物：

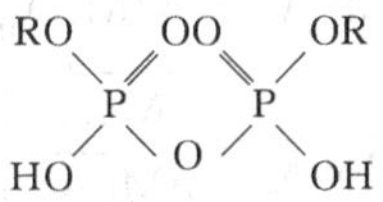

二烷基焦磷酸

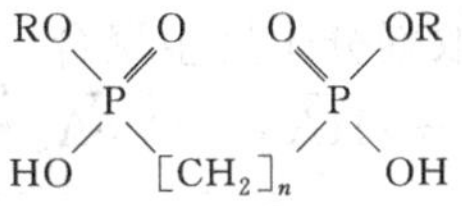

烷基双膦酸

其中最重要的为一元酸。二元酸比一元酸多一个羟基，其水溶性增大，同样条件下其碳链应长一些。二元酸的萃取机理与一元酸类似，但聚合能力更大，更易形成多聚体，其萃取反应可表示为：

$$Me^{n+} + \overline{(H_2A)_m} \rightleftharpoons \overline{MeA_n(H_{2m-n}A_{m-n})} + nH^+$$

二元酸的萃取能力较一元酸大，反萃较困难，需用浓酸作反萃剂。

羧酸中最重要的为环烷酸，为石油副产品。其萃取机理与螯合萃取相似，只是其与金属阳离子形成的络合物中有空的配位位置让水分子占领。水溶性较大，有溶剂络合能力的溶剂可以取代水分子而进入络合物中。故此类溶剂中的分配系数较在惰性溶剂中大。为了减少萃取剂损失，工业上常加入硫酸铵一类盐析剂。

酸性络合萃取时，若金属离子不发生水解，不形成离子缔合及外络合，而且萃合物不与稀释剂、添加剂等生成加成物，其萃取反应可认为由下列过程组成。

① 酸性萃取剂在两相间分配：

$$\overline{HA} \rightleftharpoons HA$$

$$\frac{1}{\lambda_{HA}} = \frac{[HA]}{[\overline{HA}]} \tag{5-13}$$

式中　　λ_{HA}——酸性萃取剂的分配常数；

$[HA]$，$[\overline{HA}]$——酸性萃取剂在水相和有机相中的平衡浓度。

萃取剂分子的碳链越长，其油溶性越大，水溶性越小。若引进亲水基团如—OH、—NH、—SO_3H、—COOH 等可增大其水溶性，降低其 λ 值，通常要求 $\lambda_{HA} > 100$，以降低萃取剂的水溶损耗。

② 酸性萃取剂在水相电离：

$$HA \rightleftharpoons H^+ + A^-$$

$$电离常数 K_a = \frac{[H^+][A^-]}{[HA]} \tag{5-14}$$

K_a 大的为强酸性萃取剂，K_a 小的为弱酸性萃取剂。如取代苯磺酸（$K_a > 1$）为强酸性萃取剂，P204（$K_a = 4 \times 10^{-2}$，正辛烷-0.1mol/L NaClO_4）为中等酸性萃取剂，羧酸（$K_a = 4 \times 10^{-4}$）为弱酸性萃取剂。

③ 萃取剂阴离子与金属阳离子络合：

$$Me^{n+} + nA^- \rightleftharpoons MeA_n$$

$$络合常数 K_{络} = \frac{[MeA_n]}{[Me^{n+}][A^-]^n} \tag{5-15}$$

④ 络合物在两相间分配：

$$MeA_n \rightleftharpoons \overline{MeA_n}$$

$$\lambda_{MeA_n} = \frac{[\overline{MeA_n}]}{[MeA_n]} \tag{5-16}$$

一般 λ_{MeA_n} 远大于 λ_{HA}，即 $\lambda_{MeA_n} \gg \lambda_{HA} \gg 1$。

⑤ 在有机相中一级萃合物与萃取剂分子发生聚合

$$\overline{MeA_n} + i\,\overline{HA} \rightleftharpoons \overline{MeA_n \cdot iHA}$$

$$K_{聚} = \frac{[\overline{MeA_n \cdot iHA}]}{[\overline{MeA_n}][\overline{HA}]^i} \tag{5-17}$$

总的萃取反应为：$Me^{n+} + (n+i)\overline{HA} \rightleftharpoons \overline{MeA_n \cdot iHA} + nH^+$

$$K = \frac{\overline{MeA_n \cdot iHA}[H^+]^n}{[Me^{n+}][\overline{HA}]^{n+i}}$$

$$= \frac{K_a^n K_{络}\ K_{聚}\ \lambda_{MeA_n}}{\lambda_{HA}^n}$$

$$= D \cdot \frac{[H^+]^n}{[\overline{HA}]^{n+i}}$$

$$D = K\frac{[\overline{HA}]^{n+i}}{[H^+]^n}$$

$$= \frac{K_a^n K_{络}\ K_{聚}\ \lambda_{MeA_n}}{\lambda_{HA}^n}\frac{[\overline{HA}]^{n+i}}{[H^+]^n} \tag{5-18}$$

两边取对数：

$$\lg D = \lg K + (n+i)\lg[\overline{HA}] + n\,pH \tag{5-19}$$

由于 $\lambda_{MeA_n} \gg \lambda_{HA} \gg 1$，而且 $K_{络} \gg 1$，所以水相中的 $[HA]$、$[A^-]$、$[MeA_n]$ 可以忽略不计。

若一级萃合物不与萃取剂分子聚合，则：

$$[\overline{HA}] = c_{HA} - \frac{1}{n}[\overline{MeA_n}] \tag{5-20}$$

式中 c_{HA}——萃取剂的起始浓度。

此时，$\lg D = \lg K + n\lg[\overline{HA}] + n\,pH$ $\tag{5-21}$

若聚合为二聚分子，则：

$$[\overline{H_2A_2}] = c_{HA} - n[\overline{MeA_n \cdot nHA}] \tag{5-22}$$

此时，$\lg D = \lg K + n\lg[\overline{H_2A_2}] + n\,pH$

从上可知，酸性萃取剂萃取金属阳离子的平衡常数（简称萃合常数）除与萃取剂浓度和水相 pH 有关外，还与萃取剂的酸性、萃合物的稳定性、萃合物与萃取剂络合的稳定性等因素有关。若其他条件相同时，则 K_a 越大，K 也越大，此时可在较低的 pH 条件下进行萃取。

以上讨论的是最简单和最典型的反应，而实际反应要复杂得多。如金属阳离子除与萃取剂阴离子络合外，还可与其他络合剂络合。当 pH 高时还将部分水解。这些因素对萃合常数均有影响。

酸性萃取剂萃取时实际上也形成螯环，但螯合萃取时的螯环全由共价键和配位键组成，而酸性萃取剂萃取金属时的螯环中含有氢键。因此，从广义而言，酸性萃取剂也可称为螯合萃取剂。

5.2.3.2 离子缔合萃取

离子缔合萃取的萃取剂主要为含氮和含氧的有机化合物，被萃物常为金属络阴离子，两者形成离子缔合物而萃入有机相。

常用的含氮萃取剂为胺类萃取剂，它是氨的有机衍生物，有四种类型：

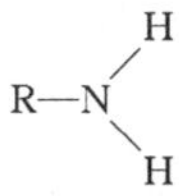

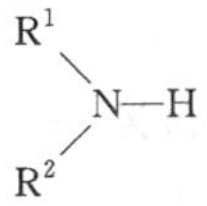

R_1、R_2、R_3、R_4 分别为相同或不同的烃基；X^- 为无机阴离子。常用的胺类萃取剂为脂肪族胺。低分子量的胺易溶于水，用作萃取剂的为高分子量胺，其分子量为 $250\sim600$，它们难溶于水、易溶于有机溶剂。但分子量过大也将降低其在有机溶剂中的溶解度。国内生产的 N235 为多种叔胺混合物，其中含 $(C_7H_{15})_3N$（三庚胺）、$(C_8H_{17})_2NC_7H_{15}$（N-庚基二辛胺）、$(C_8H_{17})_3N$（三辛胺）、$(C_8H_{17})_2NC_{10}H_{21}$（N-癸基二辛胺），其物理化学常数与三辛胺相似（表 5-6）。

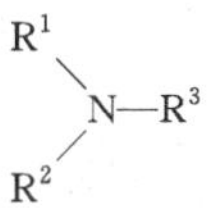

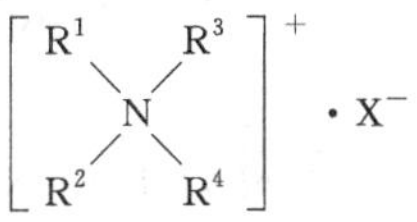

表 5-6　N235 与三辛胺的物理化学常数

项目	N235	三辛胺
沸点/℃	$180\sim230$	$180\sim202$
密度(25℃)/(g/cm³)	0.8153	0.8121
折射率(20℃)	1.4523	1.4499
黏度(25℃)/cP	10.4	8.41
介电常数(20℃)	2.44	2.25
溶解度(25℃)/(g/L 水)	<0.01	<0.01
凝固点/℃	-64	-46
闪点/℃	189	188
燃点/℃	226	226
叔胺含量/%	>98	99.85

胺呈碱性，可与无机酸作用生成盐、酸以铵盐形态被萃入有机相：

$$\overline{R_3N}+HX \Longrightarrow \overline{R_3NH^+ \cdot X^-}$$

胺萃取硫酸分两步进行：

$$2\overline{R_3N} \Longrightarrow (H_2SO_4)\overline{(R_3NH)_2SO_4} \Longrightarrow (H_2SO_4)_2\overline{(R_3NH)HSO_4}$$

由于胺为弱碱，用较强的碱液处理铵盐时可使其再生为游离胺：

$$\overline{R_3NHX}+OH^- \Longrightarrow \overline{R_3N}+X^-+H_2O$$

$$2\overline{R_3NHX}+Na_2CO_3 \Longrightarrow 2\overline{R_3N}+2NaX+CO_2+H_2O$$

用纯水也可将酸从有机相中反萃出来。叔胺对酸有较大的萃取能力，但易被水反萃，此时铵盐发生水解：

$$\overline{R_3NHCl} + H_2O \Longrightarrow \overline{R_3NHOH} + HCl$$

铵盐能与水相中的阴离子进行离子交换：

$$\overline{R_3NH^+ \cdot X^-} + A^- \Longrightarrow \overline{R_3NH^+A^-} + X^-$$

一价阴离子的交换顺序为：ClO_4^-、NO_3^-、Cl^-、HSO_4^-、F^-。存在于水相中的金属络阴离子也可与铵盐进行阴离子交换。可认为是金属络阴离子与 R_3NH^+ 形成离子缔合物而萃入有机相，它由下列平衡式组成。

① 金属络阴离子的生成：

$$Me^{n+} + mX^- \longrightarrow MeX_m^{(m-n)-} \quad (m>n)$$

$$K_{络} = \frac{[MeX_m^{(m-n)-}]}{[Me^{n+}][X^-]^m}$$

② 生成铵盐：

$$\overline{R_3N} + H^+ + X^- \longrightarrow \overline{R_3NHX}$$

$$K_{胺} = \frac{[\overline{R_3NHX}]}{[\overline{R_3N}][H^+][X^-]}$$

③ 阴离子交换反应：

$$(m-n)\overline{R_3NHX} + MeX_m^{(m-n)-} \longrightarrow \overline{(R_3NH)_{m-n}^+ \cdot MeX_m^{(m-n)-}} + (m-n)X^-$$

$$K_{交} = \frac{[\overline{(R_3NH)_{m-n}^+ \cdot MeX_m^{(m-n)-}}][X^-]^{m-n}}{[\overline{R_3NHX}]^{m-n}[MeX_m^{(m-n)-}]}$$

萃取总反应为：

$$Me^{n+} + (m-n)\overline{R_3N} + (m-n)H^+ + mX^- \longrightarrow \overline{(R_3NH)_{m-n}^+ \cdot MeX_m^{(m-n)-}}$$

$$K_{萃} = \frac{[\overline{(R_3NH)_{m-n}^+ \cdot MeX_m^{(m-n)-}}]}{[Me^{n+}][H^+]^{m-n}[\overline{R_3N}]^{m-n}[X^-]^m}$$

$$= K_{络}K_{交}K_{胺}^{m-n}$$

考虑到 Me^{n+} 的逐级成配，平衡水相中金属离子总浓度 $c_{Me} = [Me^{n+}] y$，y 为络合度。

因为

$$D = \frac{[\overline{(R_3NH)_{m-n}^+ \cdot MeX_m^{(m-n)-}}]}{c_{Me}}$$

所以

$$D = \frac{K_{络} K_{交} K_{胺}^{m-n}}{y} [H^+]^{m-n} [\overline{R_3N}]^{m-n} [X^-]^m$$

以氧为活性原子的中性磷氧和碳氧萃取剂在强酸介质中可与氢离子或水合氢离子生成锌阳离子，锌阳离子可与金属络阴离子生成锌盐而将金属离子萃入有机相。可作为锌盐萃取剂的为中性碳氧化合物（醇、醚、醛、酮、酯等）和中性磷氧化合物（三烷基磷酸等）。

锌盐萃取总反应为：

$$Me^{n+} + mX^- + (m-n)H^+ + (m-n)\overline{ROH} \longrightarrow \overline{(ROH_2^+)_{m-n} \cdot MeX_m^{(m-n)-}}$$

$$K_{萃} = \frac{\overline{(ROH_2^+)_{m-n} \cdot MeX_m^{(m-n)-}}}{[Me^{n+}][X^-]^m[H^+]^{m-n}[ROH]^{m-n}}$$

$$= K_{缔} K_{络} K_{锌}^{m-n}$$

同理可得：

$$D = \frac{K_{缔} K_{络} K_{锌}^{m-n}}{y}[X^-]^m[H^+]^{m-n}[ROH]^{m-n}$$

从上可知，锌盐或铵盐萃取的前提是萃取剂分子须先与 H^+ 络合，锌盐只能在高酸（一般为 $5 \sim 15 \text{mol/L}$）下进行。因此，萃取剂中活性原子碱性的大小对萃合常数有明显的影响，络合活性原子的碱性越强，则 $K_{锌}$ 或 $K_{胺}$ 越大，分配系数越大。一般胺中氮原子的碱性较中性磷氧和中性碳氧化合物中的氧原子强，更易与 H^+ 络合。故可在较低的酸度下进行萃取。季铵本身已形成阳离子，不需与 H^+ 络合，故可在中性或弱碱性溶液中进行萃取。

胺类萃取剂依其碱性的强弱，其萃取能力的变化顺序为：伯胺＜仲胺＜叔胺＜季铵。

中性磷氧萃取剂的碱性和萃取能力顺序为：磷酸盐＜膦酸盐＜膦氧化物。

中性碳氧萃取剂的碱性和生成锌离子的能力顺序为：

$$R_2O < ROH < RCOOH < RCOOR < RCOR < RCOH$$
醚　　醇　　酸　　　酯　　　酮　　醛

生成锌盐和铵盐的能力与其活性原子的碱性有关，其碱性与萃取剂中的推电子基 R 有关。与活性原子结合的推电子基 R 的数目越多，其碱性越强，萃取能力越大；反之，拉电子基 RO 总数目越多，其碱性越小，萃取能力越小。但空腔效应有时会使此顺序发生变化，一般随支链的增加，萃取能力下降，但可增加萃取选择性。

离子缔合萃取剂的萃取能力与相应的锌盐或铵盐分子的极性有关。其极性越小，它与水偶极分子的作用越弱，亲水性越小，其萃取能力越大。

萃合常数 $K_{萃}$ 与金属络阴离子的稳定性和亲水性有密切关系。在相同条件下，络阴离子的稳定性越大，亲水性越小，越易被萃取。离子的亲水性一般用离子势或离子电荷相对密度来衡量，离子势（Z^2/r）或离子电荷相对密度（电荷数与表面积或半径之比）越大，其亲水性越大，越难被萃取。但络阴离子的半径为未知数，故常用离子比电荷（电荷数与组成离子的原子个数之比）来衡量其亲水性。比电荷越大，亲水性越强。从亲水性考虑，一价络阴离子较易萃取，二价络阴离子较难萃取；大离子易萃取，小离子较难萃取。当络阴离子的电荷数较大时，则要求萃取剂阳离子的亲水性较小才能生成疏水性较大的萃合物，一般若阴离子的电荷为 1，且其比电荷小于 0.2，则要求与其缔合的萃取剂阳离子的碳原子数不少于 $5 \sim 10$ 个；若阴离子的电荷为 2，且其比电荷小于 0.4，则要求与其缔合的萃取剂的碳原子数不少于 $20 \sim 25$ 个。

金属络阴离子的亲水性除与其电荷数有关外，还与其配位体的亲水性有关。因此，离子缔合萃取时，一般采用非含氧酸根（如 F^-、Cl^-、Br^-、I^-、CNS^- 等）作配位体，不采用含氧酸根（如 NO_3^-、SO_4^{2-} 等）作配位体，以降低金属络阴离子亲水性。

5.2.3.3 中性络合萃取

中性络合萃取剂为中性有机化合物，被萃物为中性无机盐，两者生成中性络合物被萃入有机相。中性络合萃取剂中最重要的为中性磷氧萃取剂，其官能团为 $\equiv P=O$，其次为中性碳氧萃取剂，其官能团为 $=C=O$。此外还有中性磷硫 $\equiv P=S$ 和中性含氮萃取剂等。目前使用较多的为中性磷氧和中性碳氧萃取剂。中性磷氧的萃取反应为：

$$m\left[-\overset{|}{\underset{|}{P}}=O\right]+MeX_n \longrightarrow \left[-\overset{|}{\underset{|}{P}}=O\right]_m MeX_n$$

萃取是通过萃取剂氧原子上的孤电子对生成配位键 $O \to Me$ 来实现的。配位键越强，其萃取能力越大。中性磷氧萃取剂的疏水基团可为烷基（R）或烷氧基（RO）。烷氧基中含有负电性大的氧原子，吸电子能力强，故烷氧基为拉电子基，$\equiv P=\ddot{O}$ 基中氧原子上的孤电子对有被烷氧基拉过去的倾向（使电子云密度降低），减弱了其与 MeX_n 生成配位键的能力。因此，中性磷氧萃取剂的萃取能力的顺序为：

$$(RO)_3 P=O < (RO)_2\overset{R}{\underset{}{P}}=O < R_2\overset{OR}{\underset{}{P}}=O < R_3 P=O$$

三烷基磷酸酯	烷基膦酸二烷基酯	二烷基膦酸烷基酯	三烷基氧化膦

从这一顺序可知，中性磷氧萃取剂中的 C—P 键越多，其萃取能力越大，反之，萃取能力则越小，中性磷氧萃取剂的水溶性与此顺序相反。较常用的中性磷氧萃取剂为 TBP 和 P350，TBP 属 $(RO)_3 P=O$ 类，P350 属 $(RO)_2 RP=O$ 类，故 P350 的萃取能力较 TBP 大。

同理，借助 P=O 键上氧原子的络合能力，中性磷氧萃取剂可萃取无机酸，通常生成 $1:1$ 的萃合物。TBP 对酸的萃取顺序为：$H_2C_2O_4 \approx HAc > HClO_4 > HNO_3 > H_3PO_4 > HCl > H_2SO_4$，此顺序大致与酸根水合能的顺序相反，即无机酸根的水合能越大则越难被萃取。不同中性磷氧萃取剂的萃酸顺序不尽相同，它与酸根的水合能、酸的电离常数、酸的浓度、P=O 键的碱性及分子大小等因素有关。

TBP 萃取中性盐时，其萃合物大致有三种类型：$Me(NO_3)_3 \cdot 3TBP$（Me 为三价稀土及锕系元素）、$Me(NO_3)_4 \cdot 2TBP$（Me 为四价锕系元素及锆、铪）、$MeO_2(NO_3)_2 \cdot 2TBP$（Me 为六价锕系元素）。如 TBP 萃取 $UO_2(NO_3)_2$ 时生成 $UO_2(NO_3)_2 \cdot 2TBP$，其结构式为：

$$
\begin{array}{c}
(C_4H_9O)_3P=O \quad O \quad O-N=O \\
O \to U \leftarrow O \\
O=N-O \quad O \quad O=P(OC_4H_9)_3
\end{array}
$$

即铀酰离子的六个络合原子位于平面六角形的顶点，铀酰离子中的两个氧原子位于与此平面六角形相垂直的直线上，可见 TBP 中 P=O 键中的氧原子直接与金属离子络合。常将这种直接与金属离子络合的称为一次溶剂化。若萃取剂分子不与金属离子直接结合，而是通过氢键与第一络合层的分子相结合的称为二次溶剂化。因此，常将中性络合萃取称为溶剂化萃取。

中性碳氧萃取剂萃取金属时，金属离子常以水合物形式被萃取，如甲异丁酮及二异戊醚萃取 $UO_2(NO_3)_2$ 的溶剂化物结构为：

$$UO_2(NO_3)_2 \cdot 3H_2O \cdot R_2CO \qquad\qquad UO_2(NO_3)_2 \cdot 2H_2O \cdot 2R_2O$$

前者有三个水分子参加络合，后者的 R_2O 不是直接与 UO_2^{2+} 络合，而是通过氢键与第一络合层的水分子相结合，故其萃取能力皆比 TBP 差得多。由于中性碳氧萃取剂的萃取能力较小，为了提高其萃取能力常使用盐析剂。虽然硝酸盐的盐析作用较强，但也常用硝酸作盐析剂。酸度对萃取的影响与 TBP 相似，但当酸度高时，被萃物将转变为 $[R_2O\cdots H]^+$ $[UO_2(NO_3)_3]^-$ 锌盐形式。而且在盐酸体系中更易形成这种锌盐，但只在高酸条件下才出现。因此，酸度不同时有着不同的萃取机理，萃取机理不仅与萃取剂和被萃物有关，而且与萃取条件有关。

其他的中性萃取剂中，还有中性硫萃取剂，如石油亚砜 R_2SO、石油硫醚 R_2S，它们通过氧原子络合，同时硫也有络合能力，可萃取铂族元素。

5.2.3.4　协同萃取

两种或两种以上的萃取剂混合物，萃取某些被萃物的分配系数大于其在相同条件下单独使用时的分配系数之和的现象称为协同效应或协萃作用。此萃取体系称为协萃体系，若混合使用时的分配系数小于其单独使用时的分配系数之和，则称为反协同效应或反协萃作用。若两者相等，则无协萃作用。实践表明，协同效应是较普遍的。如图 5-4 所示的体系皆有协同效应，其他如酸性磷类萃取剂、β-双酮、羧酸和醚、酮、醇、胺、酚等加在一起，也常产生协萃效应。

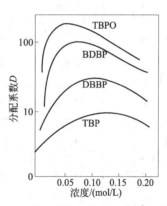

图 5-4　具有协萃效应的某些协萃体系

水相：$0.004mol/L\ UO_2^{2+} + 1.5mol/L\ H_2SO_4$；

有机相：$0.1mol/L$ P204 煤油

以 HTTA-TBP 协萃为例，其定量式为：

$$Me^{n+} + n\overline{HTTA} + x\overline{TBP} \rightleftharpoons \overline{Me(TTA)_n \cdot xTBP} + nH^+$$

$$K_s = \frac{[\overline{Me(TTA)_n \cdot xTBP}][H^+]^n}{[Me^{n+}][\overline{HTTA}]^n[\overline{TBP}]^x}$$

单独采用 HTTA 作萃取剂时的平衡常数为：

$$K = \frac{[\overline{Me(TTA)_n}][H^+]^n}{[Me^{n+}][\overline{HTTA}]^n}$$

协萃反应为：

$$\overline{\mathrm{Me(TTA)}_n} + x\overline{\mathrm{TBP}} \rightleftharpoons \overline{\mathrm{Me(TTA)}_n \cdot x\mathrm{TBP}}$$

$$\beta_s = \frac{\overline{[\mathrm{Me(TTA)}_n \cdot x\mathrm{TBP}]}}{\overline{[\mathrm{Me(TTA)}_n]}\,\overline{[\mathrm{TBP}]}^x} = \frac{K_s}{K}$$

$$\lg\beta_s = \lg K_s - \lg K$$

从 β_s 值可以判断协萃效应的大小。某些酸性萃取剂-中性萃取剂协萃体系的 β_s 值如表 5-7 所示。

表 5-7 酸性萃取剂-中性萃取剂协萃体系

协萃络合物	酸性萃取剂	中性萃取剂	稀释剂	$\lg K_s$	$\lg K$	$\lg\beta_s$
$\mathrm{UO_2(HA_2)_2S}$	P204	TBPO	煤油	8.81	4.53	4.28
		BDBP	煤油	8.31	4.53	3.78
		DBBP	煤油	7.31	4.53	2.78
		TBP	煤油	6.45	4.53	2.18
		TBP	己烷	6.45	4.60	1.85
		TBP	CCl$_4$	—	—	1.60
		TBP	苯	—	—	1.20
		TOPO	煤油	8.38	4.53	3.85
$\mathrm{UO_2A_2S}$	HDBP	TBP	苯	9.64	4.69	4.95
		TBP	环己烷	3.70	−2.82	6.52
	HTTA	—	苯	2.48	−2.80	5.28
$\mathrm{ThA_4S}$	HAA	TBP	苯	−2.25	−5.85	3.60
			环己烷	7.95	1.67	6.28
			CCl$_4$	—	—	5.18
	HTTA	TBP	苯	—	—	4.70
			CHCl$_3$	—	—	3.30
$\mathrm{CeA_3 \cdot 2S}$	HTTA	DBBP	煤油	2.93	−9.49	12.36
$\mathrm{EuA_3 \cdot 2S}$	HTTA	DBBP	煤油	3.96	−7.66	11.62
$\mathrm{TbA_3 \cdot 2S}$	HTTA	DBBP	煤油	4.04	−7.51	11.55
$\mathrm{LuA_3 \cdot 2S}$	HTTA	DBBP	煤油	3.43	−6.77	10.20
$\mathrm{CaA_2 \cdot S}$	HTTA	TBP	CCl$_4$	−8.29	−13.40	4.11
$\mathrm{CaA_2 \cdot 2S}$			—	−5.18		8.22
$\mathrm{SrA_2 \cdot S}$	HTTA	TBP	CCl$_4$	−11.54	−15.30	3.76
$\mathrm{SrA_2 \cdot 2S}$			—	−7.78		7.52

比较各协萃体系的 β_s 值可以看出如下几点。

① 中性磷氧化合物络合能力增强，协萃效应也增强，如在 P204 中加入中性萃取剂，其协萃效应增强顺序为：$(RO)_3P{=}O < (RO)_2RP{=}O < (RO)R_2P{=}O < R_3P{=}O$，当 R 为苯基时，协萃效应下降。

② 对同一酸性萃取剂而言，β_s 均随 K_s 的增大而增大，与单独酸性萃取剂的顺序相同。

③ 稀释剂对协萃效应的影响很大，不同稀释剂中的 β_s 值顺序为：煤油 > 己烷 > CCl$_4$ > 苯 > CHCl$_3$；极性较高的 CHCl$_3$ 中的 β_s 值较小，可能与 CHCl$_3$ 和 TBP 的相互作用有关。

④ 金属离子对 β_s 值的影响较复杂，金属离子半径减小可增大金属离子与配位体的引力，但也可增大空间位阻，这两个因素的影响是相反的。如稀土元素与 HTTA-TBP 能形成 $\mathrm{RE(TTA)_3 \cdot 2TB}$ 络合物，β_s 随离子半径增大而增大（轻稀土），但对碱土金属而言，β_s 则随离子半径增大而减小。

因为 $K_s = \dfrac{[\overline{Me(TTA)_n \cdot xTBP}] + [H^+]^n}{[Me^{n+}][\overline{HTTA}]^n[\overline{TBP}]^x}$

所以 $D = K_s \dfrac{[\overline{HTTA}]^n[\overline{TBP}]^x}{[H^+]^n}$

$$\lg D = \lg K_s + n\lg[\overline{HTTA}] + x\lg[\overline{TBP}] + n\text{pH}$$

因此，体系确定之后，介质 pH 是控制金属离子能否被萃取的主要因素。pH 越高越有利于金属离子的萃取，但不宜超过其水解的 pH。增大酸性萃取剂和中性萃取剂浓度有利于金属离子的萃取。但中性萃取剂浓度太高时也将产生不利的影响，此时协萃效应遭到破坏。

常见协萃体系如表 5-8 所示。

表 5-8　常见协萃体系

大类	协萃类型	代表性例子
二元协萃体系	酸性萃取剂＋中性萃取剂	$UO_2^{2+}/H_2O\text{-}HNO_3/P204\text{-}TOPO\text{-}煤油$
	酸性萃取剂＋胺类萃取剂	$UO_2^{2+}/H_2O\text{-}H_2SO_4/P204\text{-}R_3N\text{-}煤油$
	中性萃取剂＋胺类萃取剂	$PuO_2^{2+}/H_2O\text{-}HNO_3/TBP\text{-}TBAN\text{-}煤油$
二元同类协萃体系	酸性萃取剂＋酸性萃取剂	$Cu^{2+}/H_2O\text{-}H_2SO_4/LIX63\text{-}环烷酸\text{-}煤油$
	中性萃取剂＋中性萃取剂	$UO_2^{2+}/H_2O\text{-}HNO_3/二丁醚\text{-}二氯乙醚$
	锌盐萃取剂＋锌盐萃取剂	$Pa^{5+}/H_2O\text{-}HCl/RCOR\text{-}ROH\text{-}煤油$
三元协萃体系	酸性萃取剂＋中性萃取剂＋胺类萃取剂	$UO_2^{2+}/H_2O\text{-}H_2SO_4/P204\text{-}TBP\text{-}R_3N\text{-}煤油$
稀释剂协同	离子缔合萃取剂＋稀释剂	$Fe^{3+}/H_2O\text{-}HCl/丁醚\text{-}1,2二氯乙烷\text{-}硝基甲烷$

一般认为协萃反应机理较复杂，通常认为协萃作用是由于两种或两种以上的萃取剂与被萃物生成一种更加稳定和更疏水（水溶性更小）的含有两种以上配位体的萃合物的缘故。因此，这种萃合物更易溶于有机相。协萃作用是由以下原因引起的。

① 溶剂化作用，协萃剂分子取代了萃合物中的水分子使萃合物更疏水。

② 取代作用，中性萃取剂分子取代了萃合物中的酸性萃取剂分子：

$$\overline{MeA_n \cdot iHA} + i\overline{B} \Longrightarrow \overline{MeA_n \cdot iB} + i\overline{HA}$$

③ 加成作用，当萃合物络合饱和时，协萃剂强行打开螯环而络合，从而生成更稳定、更疏水的萃合物。

协萃作用不仅表现为混合使用时大大增大其分配系数，而且还表现为大大缩短萃取的平衡时间，增大萃取速度。目前将这类加快萃取速度的协萃效应称为动力协萃作用。如用 N510 从硫酸铜溶液中萃铜的试验表明，当有机相中加入 0.1％ P204 时，则萃取时间可缩短 5/6～7/8。动力协萃作用不仅可以提高生产率，而且可使组分分离得更完全。

除协萃作用外，有的体系会出现反协萃作用，如用 P204-TBP 萃 UO_2^{2+} 为协萃，但萃 Th^{4+} 则为反协萃。

有机溶剂萃取法最初用于化学工业和分析化学领域，20 世纪 40 年代才开始大规模地用于冶金工业部门。由于它具有速率高、效率高、容量大、选择性高、过程为全液过程、易分离、易自动化、试剂易再生回收、操作安全方便等特点，有时还可直接从矿浆中提取有用组分，可省去固液分离作业，故 70 年来发展相当迅速。其主要缺点是试剂较昂贵，易乳化夹带，成本较高等。目前，此法主要用于核燃料、稀土、钽铌、钴镍、锆铪等的分离提纯工艺。但由于萃取工艺的不断完善、试剂价格的降低，目前也已逐渐大规模地用于铜等重有色金属和黑色金属的提取工艺中。

萃取时可按萃取机理将萃取过程分为以下几个阶段。

(1) 中性萃取　中性萃取剂与中性金属化合物形成络合物而被萃入有机相，如用 TBP 从硝酸溶液中萃取硝酸铀酰。

(2) 离子缔合萃取　有机萃取剂离子与带相反电荷的金属离子或金属络离子形成离子缔合体而被萃入有机相，根据金属离子电荷符号可分为阳离子萃取和阴离子萃取，目前常见的为阴离子萃取，金属离子呈络阴离子与萃取剂形成离子缔合物而转入有机相。根据萃取剂的活性原子为氧、氮、磷、砷、锑、硫可相应地分为锌盐、铵盐、磷盐、砷盐、锑盐、硫盐萃取体系。常见的是锌盐和铵盐萃取体系，有时将此类萃取称为阴离子萃取。如用有机胺从酸液中萃取金属离子。

(3) 酸性络合萃取　萃取剂本身为弱酸，可电离出氢离子。金属阳离子可与萃取剂阴离子结合成中性萃合物而转入有机相，故有时将其称为阳离子萃取，如酸性磷酸酯和肟类萃取剂属此类。

(4) 协同萃取　采用两种或两种以上的萃取剂同时进行萃取，被萃组分的分配系数显著大于在相同条件下单独使用时的分配系数之和的萃取过程。

5.3　影响萃取过程的主要因素

萃取过程是使亲水的金属离子由水相转入有机相的过程。金属离子在水溶液中被极性水分子包围，呈水化离子的形态存在。要使金属离子由水相转入有机相，萃取剂分子须先取代水分子而与金属离子结合或通过氢键与水合离子络合后才能生成疏水的萃合物。故萃取过程实质上是萃取剂分子与极性水分子争夺金属离子、使金属离子由亲水变为疏水的过程。因此，萃取过程的效率与有机相和水相的组成、性质以及操作和设备等因素有关，下面着重讨论几个主要影响因素。

5.3.1　萃取剂

有机相中萃取剂的浓度对萃取效率有较大的影响。当其他条件相同时，有机相中萃取剂的游离浓度随其原始浓度的增大而增大。增大有机相中萃取剂的游离浓度可以提高被萃组分的分配系数和萃取率，但会降低有机相中萃取剂的饱和度，导致增大共萃的杂质量，降低萃取选择性。当萃取剂原始浓度过大时，黏度增大，分层慢，不利于操作，易出现乳化和三相现象。选择有机相中萃取剂浓度时，需综合考虑上述影响。原则上是尽量使用纯萃取剂或浓度高的有机相，以提高萃取能力和产量，也可避免有机相组成复杂化。但应考虑某些操作因素。一般需针对具体的萃取原液，通过一些基本萃取性能试验来确定。

5.3.2　稀释剂

多数萃取体系中，稀释剂是有机相中含量最多的组分。稀释剂的作用主要是降低有机相的密度和黏度，以改善分相性能、减少萃取剂损耗，同时可调节有机相中萃取剂的浓度，以达到较理想的萃取效率和选择性。

稀释剂极性大时，常通过氢键与萃取剂缔合，降低有机相中游离萃取剂的浓度，从而降低萃取率。稀释剂的极性可以用偶极矩或介电常数来衡量。介电常数是衡量物质绝缘性的参数，其数值与物质的极性有关，真空中 $\varepsilon=1$，导体的相对介电常数（ε）趋于无穷大。某些有机溶剂的相对介电常数列于表 5-9 中。

通常采用煤油作稀释剂，其介电常数为 $2\sim3$。一般宜选用介电常数低的有机溶剂作稀释剂，以得到较高的萃取率。

表 5-9 某些有机溶剂的相对介电常数

有机溶剂	煤油	苯	石油	CS₂	甲苯	CCl₄	氯仿	乙醚
相对介电常数 ε	2.1	2.29	2~2.2	2.62	2.4	2.25	4.18	4.34

5.3.3 添加剂

加入添加剂是为了改善有机相的物理化学性质，增大萃取剂和萃合物在稀释剂中的溶解度，抑制稳定乳浊液的形成，防止形成三相和起协萃作用。一般采用长链醇（如正癸醇等）和 TBP 作添加剂，其具体用量用试验确定，一般为 $3\%\sim5\%$。加入添加剂常可改善分相性能，减少溶剂夹带，提高分配系数和缩短平衡时间，从而可以提高萃取作业的技术经济指标。

5.3.4 水相离子组成

被萃组分在水相中的存在形态是选择萃取剂的主要依据，而且从经济方面考虑，一般是萃取低浓度组分，将高浓度组分留在萃余液中，以减少传质量，较为经济。在浸出液中，有用组分常比杂质含量低，故常萃取有用组分。但在某些除杂作业中，有用组分含量高于杂质含量，此时可萃取杂质而将有用组分留在萃余液中。

中性络合萃取只萃取中性金属化合物。溶剂络合物的稳定性与金属离子的电荷大小成正比，而与其离子半径大小成反比。同时离子势（Z^2/r）越大，其水化作用越强越亲水。这两种作用竞争结果决定了金属组分的分配系数。如 P350 从硝酸盐溶液中萃取三价稀土离子的分配系数与原子序数的关系如图 5-5 所示。金属离子浓度对分配系数的影响如图 5-6 所示。中性组合萃取时的盐析作用特别明显，随金属离子浓度的增大，自盐析作用使分配系数增大，但当金属离子浓度过大时，有机相中游离萃取剂浓度下降而使分配系数下降，故图 5-6 的曲线出现峰值。金属离子生成不被萃取的金属阴离子或离子缔合物主要取决于阴离子类型和浓度，如用 TBP 从硝酸介质中萃铀时，阴离子的不良影响按下列顺序递增：$Cl^- < C_2O_4^{2-} < F^- < SO_4^{2-} < PO_4^{3-}$。

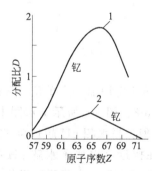

图 5-5　P350 萃取 $R(NO_3)_3$ 时 D 与 R 的原子序数的关系

1—有 6mol/L NH₄NO₃；2—无盐析剂

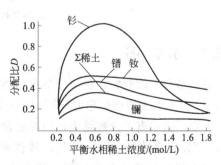

图 5-6　50%P350 萃取 $R(NO_3)_3$ 时 D 与平衡水相稀土浓度的关系

酸性络合萃取只萃取金属阳离子。酸性络合萃取剂对金属阳离子的萃取能力首先取决于其萃合物的稳定常数 $K_{络}$。$K_{络}$ 越大则其萃合常数 K 也越大。$K_{络}$ 与金属离子的价数和离子半径有关。对以氧原子为络合原子的酸性萃取剂而言，其与惰性气体型结构（外层电子为 s^2p^0）的离子络合形成络合物，$K_{络}$ 随离子价数的增大而增大，对同价离子而言，$K_{络}$ 随离子半径的减小而增大（此规律对非惰性气体型离子不太适用）。水相中若有其他络合剂而使金属离子呈络阴离子存在，则将显著降低酸性萃取剂萃取金属离子的能力。形成的络合物越稳定，其分配系数下降越大。P204 从无机酸中萃 UO_2^{2+} 的能力按下列顺序下降：$ClO_4^- > NO_3^- > Cl^- > SO_4^{2-} > PO_4^{3-}$。

离子缔合萃取只萃取金属络阴离子。金属络阴离子的亲水性越小越有利于萃取；𨫡盐或铵盐分子的极性越小，萃合物的亲水性越小。理想条件下，$K_{络}$ 越大，萃合常数也越大（但实际情况要复杂得多，有时甚至出现相反的情况）。增大配位体（X）的浓度可提高分配系数，但非配位体的其他阴离子浓度的增大会降低被萃组分的分配系数。如叔胺从硫酸盐溶液中萃铀时，铀的分配系数与其他阴离子浓度的关系如图 5-7 所示，其影响顺序为：$SO_4^{2-} < PO_4^{3-} < Cl^- < F^- < NO_3^-$。

其他条件相同时，水相中被萃金属离子浓度的增大，有可能降低其分配系数。这是由于有机相中萃取剂的游离浓度随被萃组分浓度的提高而下降，或是被萃组分在水相聚合以及被萃化合物在萃取剂中离解的缘故。若被萃组分在有机相中有聚合作用，且聚合体在有机相中仍有较大的溶解度，则分配系数将随金属离子浓度的增大而增大。一般而言，分配系数随金属离子浓度的增大而减小，欲达到同样的萃取率则要求更多的萃取级数。当金属离子浓度增至一定值时，则要求增大萃取剂浓度和相比，否则，易出现第三相。

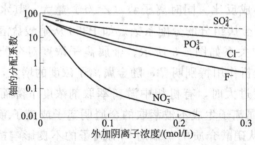

图 5-7　阴离子对胺类萃取剂萃铀的影响

水相：$\sum [SO_4^{2-}] = 1mol/L$，pH=1.0

有机相：0.1mol/L 三辛胺

5.3.5　水相 pH

酸性络合萃取时，在游离萃取剂浓度一定的条件下，pH 每增加一个单位，分配系数则增加 10^n。萃取剂浓度恒定时的萃取率-pH 关系曲线如图 5-8、图 5-9 所示。从图中"S"形曲线可知，金属离子价数越大，曲线越陡直，但有一最大值。当水相 pH 超过金属离子水解pH 时，分配系数将下降。因此，酸性络合萃取一般宜在接近金属离子水解 pH 的条件下进行，以得到较高的分配系数。酸性络合萃取过程不断析出 H^+，为了稳定操作，保持最佳萃取 pH，常将酸性萃取剂预先进行皂化，如将脂肪酸制成钠皂使用。当 pH 太低时，由于质子化作用和影响金属离子的存在形态而使分配系数下降。

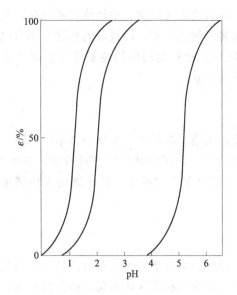

图 5-8 二价金属理论萃取曲线

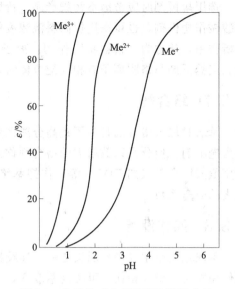

图 5-9 各种价态金属的理论萃取曲线

离子缔合萃取时，提高 H^+ 浓度可提高分配系数，但随酸浓度的提高，分配系数可能出现峰值。这是由于酸本身被萃取，降低了有机相中游离萃取剂浓度，如铵盐或季铵盐萃取酸时生成所谓四离子缔合体 $R_3Cl_3N^+ \cdot NO_3^- \cdot H_3O^+ \cdot NO_3^-$。因此，酸度应适当，其适宜的 pH 随萃取剂活性原子碱性的强弱而异。

中性络合萃取时，虽然中性萃合物的生成不直接取决于介质的 pH，但介质 pH 对其分配系数仍有较大的影响。TBP（100%）在无盐析剂条件下萃取稀土时的分配系数与硝酸浓度的关系如图 5-10 所示，由于 $D = [NO_3^-]^3[TBP]^3$，加上盐析作用，使分配系数与硝酸浓度的关系曲线呈"S"形。

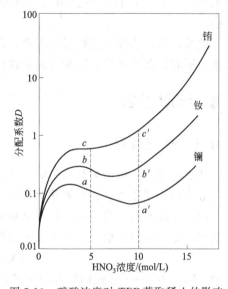

图 5-10 硝酸浓度对 TBP 萃取稀土的影响

5.3.6 盐析剂

在中性络合萃取和离子缔合萃取体系中，常使用盐析剂以提高被萃组分的分配系数。盐析剂是一种不被萃取、不与被萃物结合，但与被萃物有相同的阴离子而可使分配系数显著提高的无机化合物。盐析剂的作用是多方面的：同离子效应；盐析剂离子的水化减小了自由水分子浓度，抑制了被萃组分的水化或亲水性；盐析剂还可降低水相的介电常数，增加了带电质点间的作用力；可以抑制被萃组分在水相中的聚合等。这些作用皆有利于萃取过程，使被萃组分更易转入有机相中。

当盐析剂的摩尔浓度相同时，阳离子的价数越高，其盐析效应越大。对同价阳离子而言，离子半径越小，其盐析效应越大。常见金属阳离子的盐析效应顺序为：$Al^{3+} > Fe^{3+} > Mg^{2+} > Ca^{2+} > Li^+ > Na^+ > NH_4^+ > K^+$。

选用盐析剂时应考虑不污染产品、价廉易得、溶解度大等因素。中性络合萃取时，常用硝酸铵作盐析剂，也可采用提高料液浓度的方法代替外加盐析剂。因被萃的硝酸盐本身也有盐析作用，常称为"自盐析"作用。离子缔合萃取时，盐析剂的作用主要是降低离子亲水性。当盐析剂与络阴离子有相同配位体时，也有同离子效应。

5.3.7 络合剂

萃取时加入络合剂是为了提高分离系数。使分配系数下降的络合剂称为抑萃络合剂，又称为掩蔽剂。使分配系数增大的络合剂称为助萃络合剂。采用中性萃取剂进行稀土分离时，常用氨羧络合剂（如 EDTA 等）作抑萃络合剂，它使分配系数减小，但却能增大相邻稀土元素的分离系数。

5.3.8 操作设备

萃取相比是主要操作因素之一。连续操作时，相比即为有机相和水相的流量比。当其他条件相同时，增大相比，可提高萃取率，有助于防止出现三相和乳化现象。但提高相比，会降低有机相中萃取剂的饱和度，以致降低萃取的选择性。同时，增大相比要求增大设备容积和延长生产周期，有时还会降低分配系数和增加生产成本。因此，应通过试验确定其适宜值。

此外，应适当控制搅拌混匀程度，设法提高效率。同时，适当提高萃取效率。无疑，萃取率与萃取设备的类型、结构等因素密切相关。

5.4 萃取工艺

5.4.1 萃取流程

萃取可采用一级或多级（串级）的形式进行。多级萃取时又可根据有机相和水相的流动接触方式分为错流萃取、逆流萃取、分馏萃取和回流萃取等形式。

（1）一级萃取 将料液与新有机相混合至萃取平衡，然后静置分层而得到萃余液和负载有机相，此为一级萃取。一级萃取的物料平衡为：

$$V_A X_H = V_O Y_K + V_A X_K \tag{5-23}$$

式中 V_O，V_A——有机相和水相体积；

X_H，X_K——水相中被萃物的原始浓度和最终浓度；

Y_K——负载有机相中被萃物的浓度。

因为 $D = \dfrac{Y_K}{X_K}$，$R = \dfrac{V_O}{V_A}$，以及结合式(5-23)，所以 $DR = \dfrac{X_H}{X_K} - 1$。

虽然一级萃取流程简单，但萃取分离不完全，在生产中应用较少。但实验室中常用一级萃取的方法优选最佳萃取操作条件和进行萃取剂的基本性能测定，如测定萃取剂的饱和容量，对酸的萃取能力、萃取平衡时间，考查萃取剂浓度、料液 pH、金属离子浓度、相比、洗液 pH、温度等因素对分配系数、分离系数和萃取率的影响。

（2）错流萃取 错流萃取是一份原始料液多次分别与新有机相混合接触，直至萃余液中的被萃组分含量降至要求值时为止的萃取流程。每接触一次（包括混合、分层、相分离）称为一个萃取级。图 5-11 为三级错流萃取简图。由于每次皆与新有机相接触，故萃取较完全。

但错流萃取的萃取剂用量大，负载有机相中被萃物的浓度低，最后几级的分离系数低。

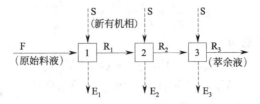

图 5-11　三级错流萃取简图

设 m_0 为被萃物原始总量，m_1 为一次萃取后残留在水相中的被萃物总量，$m_0 - m_1$ 为一次萃取后进入有机相中的被萃物总量，可得：

$$D = \frac{(m_0 - m_1)/V_O}{m_1/V_A} = \frac{(m_0 - m_1)V_A}{m_1 V_O} \tag{5-24}$$

整理后得：

$$\frac{m_1}{m_0} = \frac{1}{DR + 1} \tag{5-25}$$

m_1/m_0 为经一次萃取后留在水相中的被萃物的质量分数，称为萃余率（φ）。若一次萃取后的萃余液进行第二次萃取，第二次萃取后留在水相中的被萃物总量为 m_2，则：

$$D = \frac{(m_1 - m_2)/V_O}{m_2/V_A} = \frac{(m_1 - m_2)V_A}{m_2 V_O} \tag{5-26}$$

整理后得：

$$\frac{m_2}{m_0} = \left(\frac{1}{DR + 1}\right)^2 \tag{5-27}$$

同理可得：

$$\frac{m_n}{m_0} = \left(\frac{1}{DR + 1}\right)^n \tag{5-28}$$

若已知单级萃取的分配系数 D、相比 R 和萃取级数 n，即可计算出经 n 级错流萃取后留在水相中的被萃物的质量分数。反之，若已知原始料液和萃余液中被萃物的质量、分配系数和相比，即可求得所需的萃取级数：

$$n = \frac{\lg m_0 - \lg m_n}{\lg(DR + 1)} \tag{5-29}$$

（3）逆流萃取　逆流萃取为水相（料液 F）和有机相（S）分别从萃取设备的两端给入，以相向流动的方式经多次接触分层而完成萃取过程的萃取流程。图 5-12 为五级逆流萃取简图。逆流萃取可使萃取剂得到充分利用，适于分配系数和分离系数较小的物质的分离，只要适当增加级数即可达到较理想的分离效果和较高的金属回收率。但级数太多，进入有机相的杂质量也将增加，产品纯度下降。

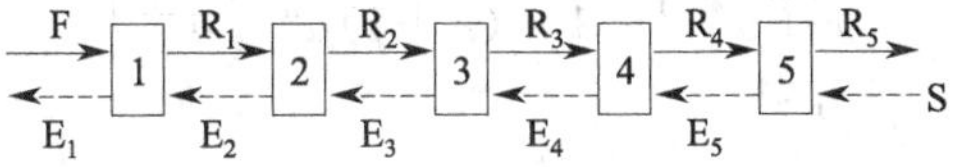

图 5-12　五级逆流萃取简图

逆流萃取理论级数可用计算法、图解法或模拟试验法求得。

① 计算法。若有机相和水相互不相溶，且各级分配系数不变，则：

$$D=\frac{y_1}{x_1}=\frac{y_2}{x_2}=\frac{y_3}{x_3}=\cdots=\frac{y_n}{x_n}$$

第一级被萃物质量平衡为：

$$V_A x_H + V_O y_2 = V_A x_1 + V_O y_1$$

$$V_A x_H + V_O D x_2 = V_A x_1 + V_O D x_1$$

$$x_1 = \frac{V_A x_H + V_O D x_2}{V_A + V_O D} = \frac{x_H + RD x_2}{1+RD} = \frac{x_H + \mu x_2}{1+\mu}$$

$$= \frac{\mu(\mu-1)x_2 + (\mu-1)x_H}{\mu^2-1}$$

第二级被萃物质量平衡为：

$$V_A x_1 + V_O y_3 = V_A x_2 + V_O y_2$$

$$V_A x_1 + V_O D x_3 = V_A x_2 + V_O D x_2$$

$$(1+\mu)x_2 = \mu x_3 + x_1 = \mu x_3 + \frac{\mu x_2 + x_H}{1+\mu}$$

$$= \frac{\mu(\mu+1)x_3 + \mu x_2 + x_H}{\mu+1}$$

$$x_2 = \frac{\mu(\mu+1)x_3 + x_H}{\mu^2+\mu+1}$$

$$= \frac{\mu(\mu^2-1)x_3 + (\mu-1)x_H}{\mu^3-1}$$

同理，对 n 级可得：

$$x_n = \frac{\mu(\mu^n-1)x_{n+1} + (\mu-1)x_H}{\mu^{n+1}-1}$$

若有机相不含被萃物，即 $y_{n+1}=0$，$x_{n+1}=\frac{y_{n+1}}{D}=0$，则 $x_n=\frac{(\mu-1)X_H}{\mu^{n+1}-1}$。

由于水相和有机相互不相溶，原始料液与萃余液体积相等，即 $\frac{m_n}{m_O}=\frac{x_n}{x_H}=\varphi$，所以

$\varphi=\frac{\mu-1}{\mu^{n+1}-1}$。

$$n = \frac{\lg(\frac{\mu-1}{\varphi}+1)}{\lg\mu} - 1$$

当 $\mu=1$ 时，上式不适用，此时可利用：

$$\lim_{\mu\to1}\frac{\mu-1}{\mu^{n+1}-1} = \frac{1}{(n+1)\mu^n} = \frac{1}{n+1} \tag{5-30}$$

即

$$\varphi = \frac{1}{n+1}$$

对于难萃物质，$\mu<1$，而 $\mu^{n+1}\ll1$，可得：

$$\varphi = 1 - \mu$$

若 μ 恒定，n 是 φ 的函数。为简化计算，可预先固定 μ 绘制对 φ 的关系曲线（图 5-13）采用查曲线法求得 n 值。但多级萃取时，各级分配系数不同，故计算值偏差较大，只当被萃物浓度较低时，才可大致适用。

例：用 5% TBP 煤油溶液从组成为 U_3O_8 10g/L、ThO_2 170g/L 的料液中逆流萃铀，$R=2$，$D_U=3$，要求萃余液中 U_3O_8 含量为 6.42mg/L，问需几级才能达要求。

解：$\mu = D_U R = 2 \times 3 = 6$

$$\varphi = \frac{0.00642}{10} = \frac{6-1}{6^{n+1}-1}$$

$$n = 4$$

已知 $\varphi = 6.42 \times 10^{-4}$，$\mu = 6$，从图 5-13 中易找到 A 点即可查到 $n=4$。

② 图解法。当分配系数不是定值且变化较大时，不能使用计算法，一般是用图解法求得理论级数。多级逆流萃取时，各级出口浓度 x_1，y_1；x_2，y_2；…；x_n，y_n 之间是两相平衡浓度的关系，某组分在两相间的分配除与其浓度有关外，还与其他组分、酸度等因素有关。实际萃取过程中，各级中的这些因素均为变数。为了反映实际情况，需采用多级平衡数据，可将料液稀释成不同浓度按规定相比或不稀释而改变相比进行试验可得到 n 组互成平衡的浓度数据。若有分液漏斗模拟试验提供的平衡数据则更接近实际。根据这些平衡浓度数据可绘制平衡曲线（萃取等温线）（图 5-14）。

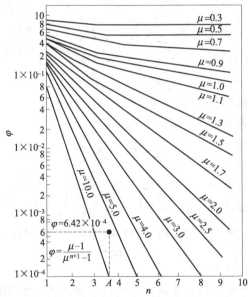

图 5-13　逆流萃取级数计算　　　图 5-14　图解法求理论级数

相邻两级的两相浓度之间的关系可用物料衡算法求得，对 $1 \sim m$ 级作金属平衡：

$$V_A X_H + V_O Y_{m+1} = V_A X_m + V_O Y_1$$

$$Y_{m+1} = \frac{V_A}{V_O} X_m + Y_1 - \frac{V_A}{V_O} X_H$$

$$= \frac{1}{R}(X_m - X_H) + Y_1$$

此方程为直线方程，它在 X-Y 图上作的直线称为操作线。其斜率为相比的倒数，它通过点 A（X_H，Y_1）和点 B（X_n，Y_{n+1}）。通常进口料液浓度 X_H、进口有机相浓度 Y_{n+1}、萃余液浓度 X_n、出口负载有机相浓度 Y_1 及相比 R 均是工艺上规定的已知条件，故可用连接 A（X_H，Y_1）、B（X_n，Y_{n+1}）两点或通过 A 点（或 B 点）作斜率为 $1/R$ 的直线的方法作操作线。

有了平衡线和操作线，可用梯级法求得理论级数，通过点 A 作横坐标平行线交于平衡线得到与 Y_1 平衡的水相浓度 X_1，作纵坐标的平行线可在操作线上得到和 X_1 对应的 Y_2，依次作阶梯，直至 B 点达到所要求的萃余液中的浓度 X_n 为止，所得的阶梯数即为理论萃取级数（图 5-14 中为三级）。

图解法的前提是萃取体系的 pH 恒定，当 pH 变化时应用空间坐标系，此时平衡曲线为平衡曲面，操作线为操作面，上面讨论的平面坐标图仅是 pH 为某值时的一个截面。

上述求得的是每级均达平衡时的理论级数。实际操作是接近平衡而未达平衡，故平衡线和操作线均与实际有偏差，实际萃取级数应略高于理论级数。

③ 模拟试验法。模拟法是经常采用的一种试验方法，是在分液漏斗中用间歇操作模拟连续逆流多级萃取过程的试验。其目的是检验所定工艺条件是否合理、产品能否达到要求、发现过程中可能出现的各种现象（如乳化、三相等）以及最终确定所需的理论级数。

五级逆流萃取分液漏斗模拟试验方案如图 5-15 所示，图中符号同前，取 5 个分液漏斗分别编成 1 号、2号、3号、4号、5号五个标号，先将料液和有机相加入 3 号，摇动混匀（摇动时间等于其平衡时间）静置分层，水相转入 4 号，有机相转入 2 号，将新有机相加入 4 号，料液加入 2 号，摇动 2 号、4 号，静置分层，依次按方案图 5-15 所示负载有机相向左移动，萃余液向右移动。随排数的增加，所得萃余液被萃组分的浓度逐渐降低直至等于 R_5 的浓度，而负载有机相中被萃组分的浓度逐渐增加直至等于 E_1 的浓度。通常当 4 号和 5号漏斗萃余液组分的浓度保持恒定时，则认为模拟系统

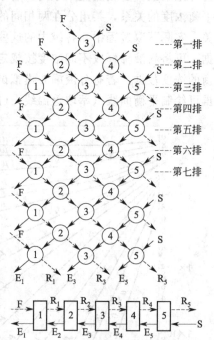

图 5-15　五级逆流萃取分液漏斗模拟
试验方案

达到了稳定，试验即可停止。实际试验时，一般出液排数为级数的 2 倍以上就可认为该萃取体系已达平衡。

试验稳定后，将最后五个分液漏斗中的两相进行分析，将 X_1，Y_1；X_2，Y_2；…各点绘于 X-Y 图上可得一条实际萃取平衡线。将 X_H，Y_1；X_1，Y_2；…X_n，Y_{n+1} 各点绘于 X-Y 图上可得一条实际操作线，从而可绘出系统的实际萃取平衡图。

（4）分馏萃取　分馏萃取是加上逆流洗涤的逆流萃取（图 5-16），又称为双溶剂萃取。此时有机相和洗涤剂分别由系统的两端给入，而料液由系统的某级给入。分馏萃取将逆流洗涤和逆流萃取结合在一起，通过逆流萃取保证较高的回收率，而通过逆流洗涤保证较高的产品品位，

使回收率和品位可以兼顾，使分离系数小的组分得到较好的分离。此流程在实践中应用最广。

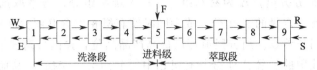

图 5-16　五级萃取四级洗涤的分馏萃取流程

分馏萃取的计算方法与精馏有相似之处，但算法复杂而不统一，一般模拟试验法较符合实际。图 5-17 为图 5-16 流程的分液漏斗模拟试验方案。图中 W 代表洗涤剂，其他符号同前。取 9 个分液漏斗，分别编成 1 号、2 号、3 号、4 号、5 号、6 号、7 号、8 号、9 号，在 5 号加入料液、有机相和洗涤剂，摇动混匀，静置分层后，有机相转入 4 号，水相转入 6 号，在 4 号加入洗涤剂，6 号加入新有机相，摇动 4 号、6 号，静置分层，按图 5-17 中所示顺序，水相向右移动，负载有机相向左移动，直至负载有机相 E 和萃余液 R 中的组分含量达恒定时为止，此时萃取体系达平衡。

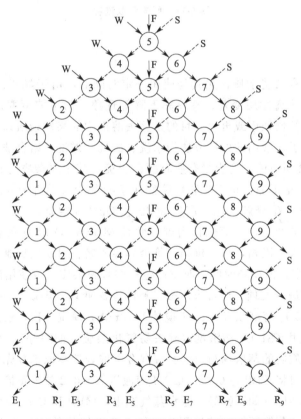

图5-17　五级萃取四级洗涤分馏萃取流程的分液漏斗模拟试验方案

模拟试验时分液漏斗的摇动混匀时间要足够长（一般为 3~5min），相分离应完全。过程开始后，不应以任何形式改变条件，否则应重新开始。试验所用料液、有机相组成和相比应与生产条件相同。当体系平衡后仍达不到预期的分离效果，则应调整级数，重新试验，直至获得满意结果为止。有关分馏萃取工艺参数的设计和计算，请参阅《稀土提取技术》一书中的有关内容。

（5）回流萃取　回流萃取是改进的分馏萃取，其流动方式相同，只是使组分回流（图5-18）。设 A、B 两组分分离，A 为易萃组分，B 为难萃组分，若萃取剂中含有一定量的 B 组分或洗涤剂中含有一定量的 A 组分，或者同时使有机相中含 B 组分和洗涤剂中含 A 组分，则分馏萃取即变为回流萃取。组分回流可以提高产品品位，提高分离效果，但产量低些。操作时萃取段水相中残留的少量 A 组分与有机相中的 B 组分"交换"，从而提高了水相中 B 组分的含量。在洗涤段，有机相中的少量杂质 D 可与洗涤剂中的 A "交换"，从而提高了有机相中 A 的含量。图 5-18 中转相段的作用是使循环有机相与萃余水相接触，使其含有一定量的 B 组分，以使组分回流。

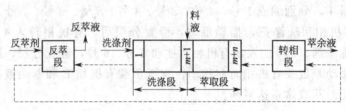

图 5-18　回流萃取流程

5.4.2　溶剂处理

市售萃取剂常含有某些杂质，尤其是使用一定时间后，由于降解、聚合变质、"中毒"乳化等原因常出现相分离性质变差、萃取率下降等现象。为了使萃取过程能高效稳定地进行，常要求对溶剂进行预处理或再生，目的是除去溶剂中的某些杂质以及预先准备一种能与被萃组分相交换的离子。常用的处理方法为水洗、酸洗、碱洗、络合洗涤及蒸馏等。

如 TBP 为无色透明液体，含少量杂质时颜色变黄，其主要杂质为磷酸一丁酯（MBP）、磷酸二丁酯（DBP）、正丁醇、正丁醛和焦磷酸四丁酯及少量无机物等。使用过程中，辐射和水解作用可使 TBP 产生降解反应，产生 MBP 和 DBP 等杂质。MBP 和 DBP 对某些杂质的萃取能力强，会污染产品，反萃也较困难，而且 MBP 和 DBP 有亲水基（—OH），可与金属离子络合而不进入有机相，与三价和四价金属离子络合时易生成难溶化合物，易出现三相。P350 比 TBP 稳定，但循环时间长时也产生一些降解杂质，故使用前或使用一定时间后的 TBP 和 P350 均需进行处理。通常采用酸、碱洗涤法处理，即以 $R=1$ 水洗，搅拌 0.5～1min 后，用 5%Na_2CO_3 溶液以 $R=2～1$ 搅拌 1～2min，碱洗三次，然后用去离子水洗至中性即可使用。有时可用 $KMnO_4$ 溶液洗以除去易氧化杂质（如醇等）。为了保持萃取过程的酸度，可将已除去杂质后的萃取剂与空白酸液混合萃取，使萃取剂预先为酸饱和。要求高时可用蒸馏法处理。此时将 TBP 与 0.4%NaOH 溶液以 $R=0.2$ 放入蒸馏器中，通入水蒸气进行常压蒸馏，挥发性杂质（如丁醇等）随水蒸气逸出，MBP 和 DBP 则生成水溶性钠盐，焦磷酸酯水解溶于水中，蒸馏至馏出液体积为原始混合液体积的 1/3 时为止。提纯后的 TBP 用去离子水洗数次即可使用。如需干燥，可用真空温热的方法进行。

多数萃取剂在进入萃取段前需进行预处理，有的萃取剂的预处理与反萃同时进行，反萃后的有机相可直接返回萃取段。如酸性萃取剂或螯合萃取剂萃取金属要求用酸的形式时，LIX 系萃取剂反萃后可直接返回萃取段使用。用有机胺（如叔胺）萃铀时，用碳酸钠液或氯盐反萃后可直接返回使用。

有时为了保证萃取过程的 pH 恒定，要求采用盐的形式而不用酸的形式，反萃后的有机相则需附加处理，如用 P204 的钠皂萃钴：

$$\overline{2(RO)_2PO(ONa)} + CoSO_4 \underset{}{\overset{\text{萃取}}{\rightleftharpoons}} \overline{[(RO)_2POO]_2Co} + Na_2SO_4$$

$$\overline{[(RO)_2POO]_2Co} + H_2SO_4 \underset{}{\overset{\text{反萃}}{\rightleftharpoons}} \overline{2(RO)_2PO(OH)} + CoSO_4$$

$$\overline{2(RO)_2PO(OH)} + 2NaOH \underset{}{\overset{\text{预处理}}{\rightleftharpoons}} \overline{2(RO)_2PO(ONa)} + 2H_2O$$

将 P204 转变为铀皂可使萃取时水相的 pH 不发生变化，以利于稳定萃取操作。

能萃酸的萃取剂用酸反萃时能萃取酸，当其返回萃取时将使萃取时的酸度发生变化。因此，返回前应将酸脱除，如 Kelex 100 由于有碱性氮原子，与脂肪胺一样能形成酸式盐：

从上可知，与有机相中没有酸分子 HX 时比较，此时酸度增加了一倍，同时萃铜前需预先将酸置换出来，这将降低萃取速度。因此，反萃后应用水将有机相中的酸脱除。

有机胺萃取用硝酸盐反萃时，所得的有机胺盐也需用碱液处理，以脱除亲和力大的硝酸根。

当某些杂质在有机相产生积累不为正常反萃剂反萃时，循环一定时间后，有机相的容量下降，严重时将出现乳化现象，此时应采取相应的试剂进行处理。如用 P204 进行稀土分组时，一部分重稀土会在有机相积累，严重时会在槽内产生蜡状物，此时可用 5%～10% Na_2CO_3 溶液按 $R=1:1.5$，在 60～80℃ 条件下反萃，使其呈 $RE(OH)_3$、$RE_2(CO_3)_3$ 沉淀，反萃有机相水洗至中性再用 0.5mol/L 盐酸酸化，调配后即可再用。也可用草酸络合法，使稀土沉淀析出，铁草酸盐进入水相，有机相水洗酸化，调配后即可再用。

5.4.3 萃取过程的乳化和三相

乳化和三相是萃取过程中常见的现象，它不仅影响萃取过程的正常进行，而且降低萃取分离效率、增加试剂消耗及生产成本。液-液萃取的混合过程使一相分散在互不相溶的另一相内，形成不稳定的乳浊液，当外力消除后，乳浊液即聚集分相。当有机相（O）分散在水相（A）中时则形成油-水（水包油）O/A 乳浊液，此时有机相为分散相，水相为连续相。混合时哪一相为分散相或连续相，与有机相和水相的性质及相比有关。通常比例大的一相为连续相，比例小的一相为分散相。由于澄清分层时间大致与连续相的黏度成正比，而水相的黏度比有机相小得多，故通常选用水相为连续相，有机相为分散相，以加速分层过程。

乳化是指两相混合后长期不分层或分层时间很长，形成稳定乳浊液的现象。乳化严重时，在两相界面常产生乳酪状的乳状物，非常稳定，且越积越多，严重影响分离效率和萃取操作。

混合时，若气体分散在液体中则会形成泡沫，可形成油包气型或水包气型泡沫。有的泡沫不稳定，澄清时即消失。但有的相当稳定，长期不消失。萃取过程中的泡沫现象系指这种稳定泡沫而言，大量的泡沫对萃取过程不利。

萃取过程正常时只存在两个液相，若在两相之间或水相底部出现第二个有机相，则认为萃取过程出现了三相。三相的形成对萃取不利。

乳浊液和泡沫在本质上皆为胶体溶液，只是分散质不同，它们的形成与物质的表面特性有关。三相的形成常与萃合物的溶解度有关。若溶液中含有亲连续相而疏分散相的表面活性物质（可为无机物或有机物），且有一定的浓度，可在界面形成具有一定强度和密度的界面膜，则此表面活性物质可使混合时形成的不稳定乳浊液转变为稳定的乳浊液，此表面活性物质即成了乳化剂。某些有机表面活性物质（如醇、醚、酯、有机酸、无机酸酯、有机酸盐、铵盐等）和无机表面活性物质（如 Si、Ti、Zr、Fe 等的水解产物，带入的灰尘、矿粒、炭粒等），当其亲水时，则可能形成水包油型乳浊液；当它们亲油时，则可能形成油包水型乳浊液（图 5-19）。

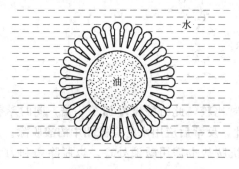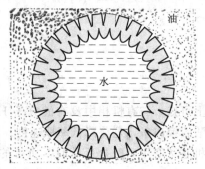

(a) O/A型(K⁺、Na⁺等一价金属脂肪酸盐)   (b) A/O型(Ca²⁺、Mg²⁺、Al³⁺等脂肪酸盐)

图 5-19　脂肪酸盐引起乳化示意

除表面活性物质外，带电微粒有时也可能形成稳定的乳浊液。某些萃取剂本身就是一种较强的乳化剂，如环烷酸、脂肪酸钠皂或铵皂为亲水表面活性物质，能形成 O/A 型乳浊液。试验表明，环烷酸用氨水皂化即成乳浊液，放置数天不分层，甚至呈胶冻。酸性磷酸酯如 P204 在强碱性溶液中也是一种较强的亲水乳化剂。中性磷型萃取剂因呈电中性，一般没有乳化能力，P204 萃取时加入 TBP 可减轻乳化现象。

形成三相可能是由于生成了不同的萃合物或是萃合物的聚合作用使其在有机相中的溶解度下降或是由于萃取剂的容量小，萃合物在有机相中的溶解度有限。水相中被萃物浓度过高时也可能产生三相。

发现乳化和三相现象时，首先应查清乳浊液类型，分析产生乳化和三相的原因，然后才能采取相应措施防止和消除乳化和三相现象。实践中可采用稀释法、染色法、电导法或滤纸润湿法鉴别乳浊液类型。前两种方法均利用乳浊液连续相可与某液滴（水或有机溶剂）混匀的原理进行鉴别。电导法是利用连续相的电导与某相电导相近的原理鉴别。滤纸润湿法是利用水能润湿滤纸而一般有机相不润湿滤纸的原理进行鉴别，能润湿的为 O/A 型，否则为 A/O 型。

防止乳化的关键是防止表面活性物质被带入萃取体系。因此，料液须严格过滤，以除去固体微粒或"可溶性"硅酸等有害杂质，有时可加入适当的凝聚剂；可预先用酸、碱洗涤法处理有机相，以除去某些溶于酸、碱的表面活性物质；可加入某些助溶剂或极性改善剂以改善有机相的物化性质。此外，还应严格控制过程的操作条件，如控制酸度以防止硅、钛、锆、铁的水解，控制搅拌强度以防止分散相的液滴过细，应避免空气进入液流中以防止形成泡沫，还应控制相比、密度差等。有时虽然采取了某些预防措施，但萃取过程仍产生乳化现象，此时须采取破乳措施才能保证萃取操作的正常进行。一般可采用转相法或改善某些操作条件的方法破乳。转相法是使 O/A 型转为 A/O 型或相反，如增大有机相体积可使 O/A 型转为 A/O 型，此时亲连续相的乳化剂变为亲分散相，故稳定的乳浊液转变为不稳定的乳浊液。有时提高酸度、增大相比、提高温度、降低搅拌强度等对消除乳化也可起一定的作用。有时加入某些络合剂可抑制某些杂质的乳化作用（如 F^- 可抑制 Si、Zr 等），有时加入某些表面活性物质可以代替界面起乳化作用的表面活性物质或加入某些还原剂均可起破乳作用。

5.5 萃取设备

萃取设备繁多，可大致分为塔式和槽式两大类，常用的为脉冲萃取塔和混合澄清槽。

脉冲萃取塔分为脉冲填料塔和脉冲筛板塔，冶金工业用的为脉冲筛板塔，其结构如图 5-20 所示，由塔体和脉冲发生器两部分组成，塔体可用金属材料或有机玻璃等制成，一般为空心圆柱体，柱内每间隔一定高度（50～100mm）装有与塔身空隙极小的筛孔塔板，板上按一定方式钻有小孔，孔径为 3～4mm，孔洞自由截面占 23%～26%，其作用是使两相混合，增加接触面积，阻止纵向混合。脉冲发生器（如脉冲泵等）用管道与塔体连接，产生的脉冲频率为 60～120 次/min，振幅 10～30mm，脉冲使塔体内液体产生往复运动，强化两相的搅拌接触，增大分散程度和湍动作用，以提高萃取效率。操作时料液由上部给入，有机相由下部给入，两相利用密度差相向流经塔体，筛板和送入的脉冲强化了两相的接触，有利于加速化学反应和提高扩散速度。脉冲筛板塔较其他塔式设备（如填料塔、转子塔、空气搅拌塔等）的效率高，除用于清液萃取外，还可用于固体含量小于 20%～30% 的矿浆萃取。

混合澄清槽有各种不同结构，液体的混合可采用机械搅拌和脉冲搅拌两种方法。目前冶金工业广泛使用的是机械搅拌的卧式混合澄清槽，其单级结构如图 5-21 所示，主要由混合室、澄清室和搅拌器组成。级间通过相口紧密相连，操作时两相的流动呈逆流（图 5-22）。混合室中装有搅拌器，搅拌器的作用是使两相充分接触，保证级间水相和混合相的顺利输送。混合室分上、下两部分，下部为前室，它使水相连续稳定地进入混合区，前室和混合区通过回孔相连。前室的一侧有水相进口与邻室的澄清室相通，借搅拌器的搅拌将邻室的水相从相口抽吸过来。混合室的另一侧有有机相进口，它与下一邻室的澄清室的溢流口相通，有机相靠搅拌器搅拌造成的液位差从下一室流入混合室。本级混合室与澄清室间有混合相口，混合后的混合相由此相口进入澄清室分层。澄清室的作用是使混合相澄清分层，其一侧上部有溢流口，另一侧下部有水相出口，分别与上一级和下一级的混合室相通。因此，两相液流在同级作顺流流动，在各级间呈逆流流动。卧式混合澄清槽结构简单、紧凑，操作稳定，易维修制造，但占地面积大，动力消耗大。

图 5-23 为矿浆萃取用的双孔斜底箱式混合澄清槽，与清液萃取用的混合澄清槽的区别在于澄清室内有斜底，以利于矿浆下滑进入混合室。混合室内没有假底，混合室的进料和出料依靠两个相口，在本级混合室和澄清室间隔板下有一矩形孔（称下相口），其作用是进矿浆和出有机相，用插板调节大小以控制澄清室内矿浆液面高度。在级间隔板上部有一矩形孔

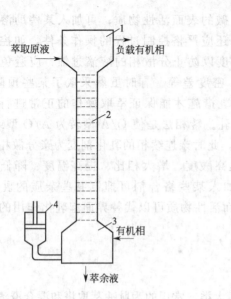

图 5-20　脉冲筛板塔

1—负载有机相澄清室；2—筛板；

3—萃余液澄清室；4—脉冲发生器

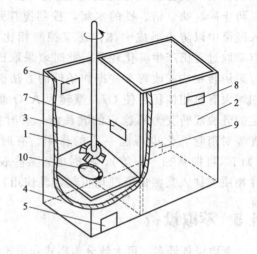

图 5-21　混合澄清槽的单级结构

1—混合室；2—澄清室；3—搅拌器；4—前室；

5—水相入口；6—有机相入口；7—混合相入口；

8—有机相出口；9—水相出口；10—前室圆孔

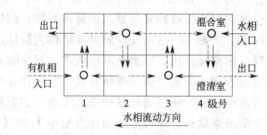

图 5-22　混合澄清槽两相流向

（称上相口），其作用是进有机相、出混合矿浆和有机相回流。萃取以强制逆流方式进行，矿浆给入第一级澄清室，沿斜底下滑至下相口，借搅拌作用进入混合室与有机相混合，混合相由上相口甩出进入第二级澄清室进行分层，以此方式完成各级萃取。萃余矿浆由末级底部排出。贫有机相从最末级加入后经过各级混合室与矿浆逆流接触，负载有机相从第一级澄清室溢流出去。该类型设备宜用于处理固体含量为 $20\%\sim30\%$ 的经稀释或分级稀释后的浸出矿浆。目前矿浆萃取的主要问题是萃取剂的损失太大，几乎为溶液萃取的 $3\sim4$ 倍。改进设备结构，采用适当的乳化抑制剂，减少萃取剂在矿浆固体上的吸附损失等是矿浆萃取尚待解决的问题。

　　由于生产中常用的是箱式混合澄清槽，现讨论其计算方法。预先通过试验确定料液量（A）、相比（R）、平衡时间（t）和澄清时间等条件。混合室主室的有效容积 V_m 计算式为：

$$V_m = (A + RA)t/\varphi \tag{5-31}$$

式中　V_m——混合室主室的有效容积，L；

　　　A——水相（料液）流量，L/min；

　　　t——平衡时间，一般为 $1\sim3$ min；

　　　φ——容积利用系数，生产中 $\varphi = 0.7\sim0.85$，实验设备为 $\varphi = 0.65\sim0.7$。

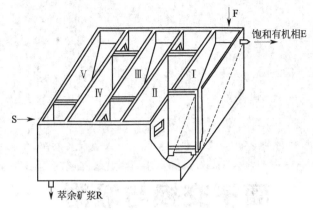

图 5-23　双孔斜底箱式混合澄清槽

混合室主室为长方体，截面为正方形，截面边长与高之比为 $1:1\sim1:1.5$，混合室前室与主室之比视设备大小而异，不宜太高以减少储液量。混合室和澄清室的高度与宽度之比一般为 $2\sim3$。澄清室与混合室仅长度不同，其长度取决于澄清时间。澄清时间一般为平衡时间的 $2\sim6$ 倍，故澄清室的容积一般为混合室的 $2\sim6$ 倍。

相口是混合室与澄清室及级间连接的通道，设计时应保证液体连续逆流和操作稳定正常，流体阻力小，结构简单易于制造，并应防止液体短路和返混。混合相口有孔洞式、罩式和百叶窗三种，位于槽体有效高度的 $1/2\sim2/3$ 处，须高于澄清室两相界面。确定混合澄清槽单级尺寸后，根据求得的萃取级数即可算出混合澄清槽的尺寸。

本章思考题

1. 什么是溶剂萃取？有哪些应用？
2. 萃取用溶剂有哪些分类？各自有哪些特点？
3. 什么是离子缔合萃取？其特点是什么？
4. 影响萃取过程的主要因素有哪些？
5. 简述萃取工艺流程。
6. 简述萃取过程中乳化和三相对萃取的影响。
7. 简述两种萃取设备的特点。

第6章

离子交换与吸附

6.1 概述

离子交换过程类似于化学反应中的交换反应，只是"交换反应"发生在固相与液相之间。它是将溶液中的目的组分离子与固体离子发生交换，使溶液中的目的组分离子选择性地由液相转入固态离子交换剂中。然后采用适当的试剂洗脱被离子交换剂吸附的目的组分，使目的组分离子重新转入溶液中，从而达到净化和富集目的组分的目的。离子交换法常用于放射性元素、贵金属及稀有金属，如铀、钍、稀土、金、银、铂系金属及钴、镍等金属的分离提纯过程。

离子交换过程主要包含吸附和解吸过程，通常将目的组分离子由液相转入固相的过程称为"吸附"，而其由固相转入浓相的过程称为"洗脱"（或称为"解吸""洗提""淋洗"）。在吸附和洗脱过程中，离子交换剂的形状和电荷保持不变。

离子交换过程除了吸附和洗脱两个基本过程外，还有洗涤、交换剂的转型再生作业等。吸附后的洗涤作业是除去吸附液中与交换剂亲和力弱的杂质离子。洗脱后的洗涤是为了除去黏附在交换剂上的洗脱剂。交换剂的转型再生是采用一定的方法使离子交换剂发生转化，再次具备交换吸附功能，实现离子交换剂的循环利用，节约生产成本。其原则流程如图6-1所示。

在化学选矿中，离子交换主要有以下几个方面的应用：

① 从贫液中富集和回收有价金属，例如铀的回收、贵金属和稀散金属的回收；

② 提纯化合物和分离性质相似的元素，例如钨酸钠溶液的离子交换提纯和转型、稀土分离、锆铪分离和超铀元素分离等；

③ 废水中重金属等杂质离子、浮选药剂的去除；

④ 高纯水的制备；

⑤ 用于核燃料的前、后处理工艺；

⑥ 化学分析。

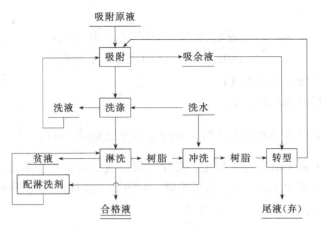

图 6-1　离子交换吸附净化法原则流程

离子交换剂的种类较多，分类方法不一，一般是根据离子交换剂交换基团的特性进行分类（图 6-2）。目前应用最广的是各种型号的有机合成离子交换树脂。

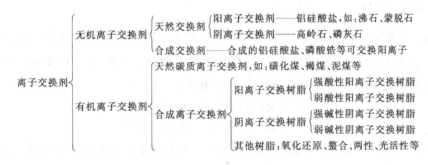

图 6-2　离子交换剂分类

离子交换法用于净化和富集金属组分具有选择性高、作业回收率高、作业成本低、可获得较高质量的化学精矿等一系列优点，并可从浸出矿浆中直接提取目的组分（矿浆吸附法、炭浆法），也可将浸出作业和吸附作业合在一起进行（矿浆树脂法、炭浸法），以提高浸出率和简化或省去固液分离作业。离子交换法的主要缺点是交换树脂的吸附容量较小，只适于从稀溶液中提取目的组分，而且吸附速率小，吸附循环周期较长。因此，在许多领域离子交换法已被有机溶剂萃取法所代替。

6.2　离子交换原理

6.2.1　离子交换平衡

6.2.1.1　平衡常数

假设含有目的组分离子 A^+ 的溶液，采用 B 型离子交换剂吸附分离，交换达到平衡时，离子交换可用下式表达：

$$RB+A^+ \Longrightarrow RA+B^+$$

式中　R——离子交换剂的骨架与固定基团。

与可逆的化学平衡反应相同，根据质量作用定律，离子交换反应的热力学平衡常数表示为：

$$K = \frac{(RA)(B^+)}{(RB)(A^+)} = \frac{[RA]\gamma_{RA}[B^+]\gamma_{B^+}}{[RB]\gamma_{RB}[A^+]\gamma_{A^+}} \tag{6-1}$$

式中　（RA）——组分 RA 的活度；

　　　　[RA]——组分 RA 的浓度；

　　　　γ——相应组分的活度系数，稀溶液中常认为 $\dfrac{\gamma_{B^+}}{\gamma_{A^+}} = 1$。

由于树脂相中的离子活度很难测定，实际应用中常以树脂相中的离子浓度代替其活度，即不考虑树脂相活度系数 γ_{RA}、γ_{RB} 的影响时，可得到上述稀溶液离子交换过程的平衡常数 $\widetilde{K}$，也称表观平衡常数。

$$\widetilde{K} = \frac{[RA][B^+]}{[RB][A^+]} = K\frac{\gamma_{RA}}{\gamma_{RB}} \tag{6-2}$$

由于 $\widetilde{K}$ 计算时，没有考虑树脂和溶液中离子的活度系数，因此，$\widetilde{K}$ 不为常数。

6.2.1.2　平衡的表征

(1) 选择性系数　$\widetilde{K}$ 的数值可反映出该树脂对不同离子的相对亲和力，即选择性的大小，因此，表观平衡常数 $\widetilde{K}$ 也被称为选择性系数，以 K_B^A（或 K_{AB}）表示，如式（6-3）。$K_B^A < 1$，表明该树脂对 B 离子的选择性大于 A 离子。

$$K_B^A = \frac{[RA]/[RB]}{[A^+]/[B^+]} = \frac{[RA]/[A^+]}{[RB]/[B^+]} \tag{6-3}$$

即当进行等价离子交换时，选择性系数 K_B^A 是交换离子 A 在两相中的比率之比，或 A、B 两种离子分配系数（见第 5 章溶剂萃取）之比。在稀溶液的条件下，选择性系数 K_B^A 通常可看作常数。

若将交换离子 A 在两相中的平衡浓度 [RA]、[A^+] 分别表示为 q 与 c；两相中的总离子浓度分别表示为 Q 与 C_0，即

$$\begin{cases} C_0 = [A^+] + [B^+] \\ Q = [RA] + [RB] \end{cases}$$

则：

$$\begin{cases} [B^+] = C_0 - c \\ [RB] = Q - q \end{cases} \tag{6-4}$$

式中　Q——离子交换剂的交换容量；

　　　c，C_0——水相中平衡离子浓度与总离子的浓度；

　　　q，Q——树脂相中平衡离子浓度与总离子的浓度。

由以上式子可推出：

$$\widetilde{K} = \frac{q(C_0 - c)}{C(Q - q)} = \frac{(q/Q)(1 - c/C_0)}{(c/C_0)(1 - q/Q)} \tag{6-5}$$

令 $x = c/C_0$，$y = q/Q$，则：

$$\frac{y}{1-y} = \widetilde{K}\frac{x}{1-x}$$

式中　x，y——无量纲浓度，或者对比浓度；

　　　　c，q——以 C_0、Q 为参比浓度。

（2）平衡参数　对于不等价离子交换，反应式可写作

$$a\mathrm{R}_b\mathrm{B}+b\mathrm{A}^{a+} \Longleftrightarrow b\mathrm{R}_a\mathrm{A}+a\mathrm{B}^{b+}$$

$$\widetilde{K}=K_\mathrm{B}^\mathrm{A}=\frac{[\mathrm{R}_a\mathrm{A}]^b[\mathrm{B}^{b+}]^a}{[\mathrm{R}_b\mathrm{B}]^a[\mathrm{A}^{a+}]^b}$$

$$\frac{(q/Q)^b}{(1-q/Q)^a}=\widetilde{K}\left(\frac{Q}{C_0}\right)^{a-b}\frac{(c/C_0)^b}{(1-c/C_0)^a}$$

$$\frac{y^b}{(1-y)^a}=\widetilde{K}\left(\frac{Q}{C_0}\right)^{a-b}\frac{x^b}{(1-x)^a} \tag{6-6}$$

式中　$\left(\dfrac{Q}{C_0}\right)^{a-b}$——平衡参数，或表观选择性系数。

　　等价离子交换时，若已知 K_B^A，给定 x 值，即可求得 y 值，y 值与 C_0、Q 无关；不等价交换时，已知 K_B^A，给定 x 与 Q 后，y 值随 C_0 而变化。

　　（3）分配比与分离因数　在离子交换分离技术中，还可用分配比（或称分配系数）λ 表征待分离组分在两相间的平衡分配。

$$\lambda=\frac{q}{c} \tag{6-7}$$

式中　λ——分配比；

　　　　q——离子交换平衡时，目的组分在离子交换剂中的浓度，$\mathrm{mol/m^3}$ 或 $\mathrm{mol/kg}$；

　　　　c——离子交换平衡时，目的组分残留在溶液中的浓度，$\mathrm{mol/m^3}$ 或 $\mathrm{mol/kg}$。

　　分配比通常是指某组分在两相间的平衡分配。在离子交换过程中，某组分在两相中可能是以不同电荷的各种离子形式存在。

　　分配比 λ 也是交换平衡线（等温线）在水相离子浓度为 c 时的斜率。在线性平衡时，λ 值是常数，即等温线为直线；在非线性平衡时，λ 则不是常数。分配比的数值固然反映了交换离子在两相间的平衡分配，但是 λ 低的交换过程，树脂相的饱和程度却未必低，如图 6-3 所示。图 6-3 中所示的平衡情况下，Ⅰ 点的斜率大于 Ⅱ 点的斜率，即 $\lambda_\mathrm{I}>\lambda_\mathrm{II}$，但在 Ⅱ 点时树脂相的饱和程度却大于 Ⅰ 点，即 $q_\mathrm{II}>q_\mathrm{I}$。

　　分离因数 α 的定义为：

$$\alpha_\mathrm{B}^\mathrm{A}=\frac{[\mathrm{RA}][\mathrm{B}^+]}{[\mathrm{RB}][\mathrm{A}^+]} \tag{6-8}$$

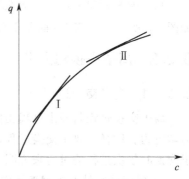

图 6-3　分配比 λ 的变化

　　显然，$\alpha_\mathrm{B}^\mathrm{A}$ 与等价交换时的选择系数 K_B^A 相等，即 $\alpha_\mathrm{B}^\mathrm{A}=K_\mathrm{B}^\mathrm{A}$。

　　$\alpha_\mathrm{B}^\mathrm{A}$ 为无量纲数值，与浓度无关。它也表达了溶液中同时存在 A、B 两种离子时的分配比之比，即：

$$\alpha_\mathrm{B}^\mathrm{A}=\frac{\lambda_\mathrm{A}}{\lambda_\mathrm{B}} \tag{6-9}$$

$\alpha_B^A > 1$，表明离子交换剂对 A 离子的亲和力大于对 B 离子的亲和力，A 优先被离子交换剂吸附。α_B^A 与交换离子的价态无关，这也是 α_B^A 与 K_B^A 的区别所在。

（4）离子交换平衡图　离子交换过程中，离子交换剂与水相离子浓度间的平衡关系可以在 x-y 图（$\dfrac{c}{C_0}$-$\dfrac{q}{Q}$ 图）上得到清晰的反映，如图 6-4 所示。图 6-4 中曲线是在一定温度下得到的，故称离子交换平衡等温线，简称交换等温线。

在恒平衡系数条件下，即 $\widehat{K}$ 为常数时，平衡关系可表达为双曲线型，即：

$$y = \frac{\widehat{K}}{1 - x - \widehat{K}x} \tag{6-10}$$

式中　x，y——两相中离子组分的分子分数。则：

$\widehat{K} = 1$ 时，为线性平衡；

$\widehat{K} > 1$ 时，为有利平衡；

$\widehat{K} < 1$ 时，为不利平衡。

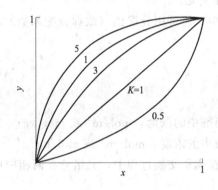

图 6-4　离子交换平衡图

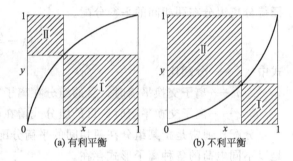

图 6-5　等价交换时选择性系数 K_B^A 的表示

在交换平衡图上，等价交换时选择性系数 K_B^A 的数值，可由图上面积 Ⅰ、Ⅱ 之比得到，如图 6-5 所示，即 $K_B^A = $ 面积 Ⅰ /面积 Ⅱ。

6.2.2　离子交换动力学

6.2.2.1　离子交换过程

离子交换过程与浸出过程相似，均是在固、液非均相中进行的过程，都涉及两相的流体力学行为。同样，离子交换过程也含有一定的步骤，以下仅就树脂与水溶液两相接触进行离子交换时依次进行的过程来说明，包括以下七个步骤：

① 树脂颗粒外部主流液体中交换离子的对流扩散；

② 树脂颗粒周围滞流液膜中交换离子的扩散；

③ 树脂颗粒内部（包括微孔结构中）交换离子的扩散；

④ 交换离子在树脂固定基团上的化学交换反应；

⑤ 被交换离子在树脂颗粒内部的扩散；

⑥ 被交换离子穿过滞流液膜的扩散；

⑦ 被交换离子在主流液体中的扩散。

其中，①与⑦、②与⑥、③与⑤是性质相同的过程，因此离子交换过程包括：对流扩散、液膜扩散（也称膜扩散或外扩散）、颗粒扩散（也称内扩散）与化学反应四种类型的过程。

6.2.2.2 动力学表达式

树脂与溶液中的离子交换是一个复杂的过程，其交换速率由速率最慢的那一步决定。不同的步骤，有不同的速率控制模型，即不同的动力学表达式。以下仅对常见的控制模型表达式作简要介绍。

（1）扩散模型

① 颗粒扩散控制（PDC）。离子交换过程的交换速率与树脂颗粒的大小、形状密切相关。在进行理论处理时，为了简化起见，通常假定所有树脂颗粒都是球形，且具有相同的大小。对于球形的树脂颗粒来讲，在液相组成恒定的情况下，树脂交换率（或转化率）F 与时间 t 之间的关系为：

$$F(t) = 1 - \frac{6}{\pi^2} \sum_{n=1}^{\infty} \left(\frac{1}{n^2} e^{-\frac{n^2 \pi^2 \overline{D}_{AB} t}{R^2}} \right) = 1 - \frac{6}{\pi^2} \sum_{n=1}^{\infty} \left[\frac{1}{n^2} \exp\left(-\frac{n^2 \pi^2 \overline{D}_{AB} t}{R^2} \right) \right] \quad (6\text{-}11)$$

式中　R——树脂颗粒半径；

$\overline{D}_{AB}$——互扩散系数，是树脂相组成的函数，与 A、B 两种离子的浓度与扩散行为有关。

当树脂交换率较高时，即 $F > 0.8$ 时，式(6-11) 可简化为：

$$F(t) = 1 - \frac{6}{\pi^2} \exp\left(-\frac{\pi^2 \overline{D}_{AB} t}{R^2} \right) \quad (6\text{-}12)$$

当树脂交换率较低时，即 $F < 0.5$ 时，式(6-11) 可简化为：

$$F(t) = \frac{6}{R} \left(\frac{\overline{D}_{AB} t}{\pi} \right)^{\frac{1}{2}} - \frac{3 \overline{D}_{AB} t}{R^2} \quad (6\text{-}13)$$

② 膜扩散控制。离子交换过程中，在树脂颗粒表面厚为 δ 的滞流液膜内进行的扩散传质行为可表示为：

$$F(t) = 1 - \exp\left(-\frac{3Dct}{R\delta c} \right) \quad (6\text{-}14)$$

式中　D——离子在树脂表面滞流液膜内的扩散系数；

δ——树脂颗粒表面滞流液膜厚度；

R——树脂颗粒半径；

c——离子在树脂表面滞流液膜内的浓度。

（2）缩合模型　对于普通的凝胶型树脂来说，由其孔隙结构特点和溶胀性所决定，在某些情况下，可认为起始离子交换反应只发生在树脂颗粒表面上，随着交换过程的不断进行，反应位置逐渐向树脂颗粒内部迁移。也就是说，离子交换过程是交换离子通过树脂颗粒的反应壳层以后，在树脂内部未反应核的表面上逐渐进行的。这种由树脂颗粒表面逐渐向树脂颗粒内部推进的非均相扩散传质过程，可用缩合模型给予描述。未反应树脂颗粒半径由 R 减小至 r 所需的时间 t 为：

$$t = \frac{aRQ}{c_0}\left[\frac{1}{3}\left(\frac{1}{k_f} - \frac{R}{\overline{D}}\right)\left(1 - \frac{r^3}{R^3}\right) + \frac{1}{aK_c Q}\left(1 - \frac{r}{R}\right) + \frac{R}{2\overline{D}}\left(1 - \frac{r^2}{R^2}\right)\right] \quad (6\text{-}15)$$

式中　a——化学计量系数；

　　　Q——树脂交换容量，mol/m^3；

　　　c_0——液膜一侧的离子浓度，mol/m^3；

　　　k_f——液膜传质系数，m/h；

　　　K_c——化学反应速率常数，$m^4/(mol \cdot h)$；

　　　$\overline{D}$——树脂相扩散系数。

交换离子由液相进入树脂内部进行离子交换反应时，需克服液膜扩散、颗粒扩散、化学反应三种阻力。

① 液膜扩散控制（FDC）。当树脂交换容量较高、交联度较低、树脂相扩散系数 $\overline{D}$ 较大、粒度较细、溶液浓度较低、液流搅动作用不强烈时，一般表现为 FDC，即 $k_f \ll K_c$，$k_f \ll \overline{D}$ 时，式(6-15) 可简化为：

$$t = \frac{aRQ}{3k_f c_0}\left(1 - \frac{r^3}{R^3}\right) \quad (6\text{-}16)$$

② 颗粒扩散控制（PDC）。当树脂颗粒较大、溶液浓度较高、液流搅动作用剧烈、膜扩散系数较高时，一般表现为 PDC，即当 $\overline{D} \ll K_c$，$\overline{D} \ll k_f$ 时，式(6-15) 可简化为：

$$t = \frac{aR^2 Q}{\overline{D}c_0}\left[\frac{1}{2}\left(1 - \frac{r^2}{R^2}\right) - \frac{1}{3}\left(1 - \frac{r^3}{R^3}\right)\right] \quad (6\text{-}17)$$

或者：

$$t = \frac{aR^2 Q}{6\overline{D}c_0}\left(1 - 3\frac{r^2}{R^2} + 2\frac{r^3}{R^3}\right) \quad (6\text{-}18)$$

③ 化学反应控制。即当 $K_c \ll k_f$，$K_c \ll \overline{D}$ 时，则：

$$t = \frac{R}{K_c c_0}\left(1 - \frac{r}{R}\right) \quad (6\text{-}19)$$

未反应核半径 r 的大小，反映了树脂在离子交换过程中被利用的程度，故树脂交换率 F 可表示为：

$$F = \frac{\frac{4}{3}\pi R^3 - \frac{4}{3}\pi r^3}{\frac{4}{3}\pi R^3} = 1 - \frac{r^3}{R^3} \quad (6\text{-}20)$$

将式(6-20) 分别代入式(6-16)、式(6-17)、式(6-19) 中，则液膜扩散控制时，t 与 F 成线性关系；颗粒扩散控制时，t 与 $[1 - 3(1-F)^{2/3} - 2(1-F)]$ 成线性关系；化学反应控制时，t 与 $[1 - (1-F)^{1/3}]$ 成线性关系。

在颗粒扩散控制（PDC）时，将交换率以 t 与 $[1 - 3(1-F)^{2/3} - 2(1-F)]$ 作图，由所得直线的斜率 m 可求得树脂相内扩散系数 $\overline{D}$。

$$\overline{D}=\frac{aR^2Q}{6mc_0} \tag{6-21}$$

（3）经验模型
① 简单线性推动模型：

$$F(t)=\frac{3}{(\overline{c_0}-\overline{c}^*)R^3}\int_0^R \overline{c}r^2\mathrm{d}r \tag{6-22}$$

② 平方推动模型：

$$\frac{\mathrm{d}\overline{c}}{\mathrm{d}t}=m\frac{\overline{c}^{*2}-\overline{c}^2}{2\overline{c}-\overline{c_0}} \tag{6-23}$$

修正的平方动力学模型为：

$$\frac{\mathrm{d}\overline{c}}{\mathrm{d}t}=K_s c(\overline{c}^*-\overline{c}) \tag{6-24}$$

③ 双参数模型：

$$\frac{\mathrm{d}\overline{c}}{\mathrm{d}t}=K_1 c(\overline{c}^*-\overline{c})-K_2\overline{c} \tag{6-25}$$

式（6-22）～式（6-25）中　K_1，K_2，m——实验常数；

$\overline{c}^*$，$\overline{c}$，c，$\overline{c_0}$——平衡时树脂相中的离子浓度、树脂相中的离子浓度、溶液中的离子浓度、平衡时树脂相中的初始离子浓度；

K_s——固相总传质系数；

R，r——树脂颗粒的初始半径和 t 时刻的树脂颗粒半径。

6.3　离子交换树脂简介

6.3.1　离子交换树脂的结构

离子交换树脂是一种含有离子交换基团，具有三维立体交联的多孔网状结构的球形人工合成高分子化合物。树脂的合成方法有聚合和结合两种。聚合法是由多个不饱和脂肪族或芳香族的有机单体通过双链或环的断开将它们聚合为高分子化合物，然后再将交换基团引入到聚合体中。例如，常见的强酸性阳离子交换树脂 732（即 001×M7）是先将苯乙烯和二乙烯苯悬浮聚合成珠体，然后用浓硫酸磺化而成。其反应式可简化为：

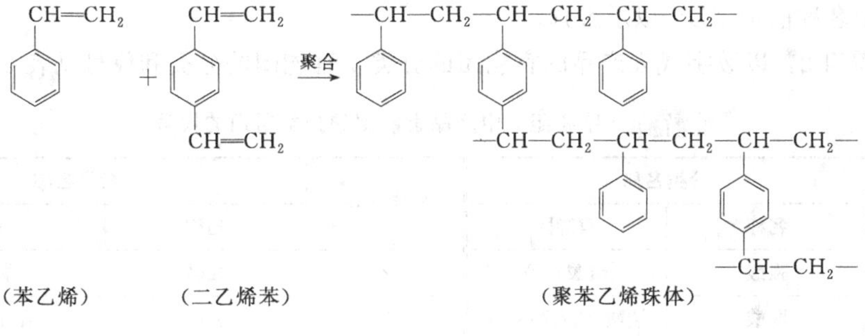

（苯乙烯）　　（二乙烯苯）　　　　　　　　（聚苯乙烯珠体）

$$\xrightarrow{\text{H}_2\text{SO}_4}$$

(732 树脂)

离子交换树脂是一种人工合成的有机高分子固体聚合物，其结构一般由以下三部分构成。

（1）高分子部分 高分子部分是树脂的主干，常用的为聚苯乙烯或聚丙烯酸酯等，它起着联结树脂功能团的作用，又被称为树脂的骨架或母体。具有一定的机械强度，不易溶解。

（2）交联剂部分 交联剂的作用是将整个线状高分子交联起来，使之具有三维空间网状结构，从而构成树脂的骨架。在网状骨架中形成一定大小的空隙，可允许交换的离子自由通过。合成树脂中常用交联剂为二乙烯苯，交联剂所占质量分数称为树脂的交联度，一般为 7%～12%。

$$\text{交联度(DVB)} = \frac{\text{交联剂质量}}{\text{高分子质量} + \text{交联剂质量}} \times 100\%$$

在树脂命名过程中，常用符号"×"后面的数字表示合成树脂的交联度。如强碱树脂 201×7，表示该树脂交联度为 7%。交联度的大小会影响树脂的机械强度、交换容量以及溶胀性等。

（3）功能团部分 功能团是固定在树脂高分子部分上的活性离子交换基团。交换基团可分为两部分：一是固定在骨架上的荷电基团（如—SO_3^-），二是带相反电荷的可交换离子（如 H^+）。可交换离子可与溶液中的同符号离子进行交换。例如：—SO_3H、—$COOH$ 在电解质水溶液中可电离出可交换离子（如—SO_3H 中的 H^+）与溶液中的离子进行交换。功能团的种类、含量和酸碱性的强弱决定了树脂的性质和交换容量。

6.3.2 离子交换树脂的命名

国产树脂的名称代号已标准化，根据标准 GB/T 1631—2008《离子交换树脂命名系统和基本规范》将离子交换树脂分为七类，其全名由国家标准号、基本名称和单相组组成。基本名称为离子交换树脂，凡分类属酸性的，应在基本名称前加"阳"字；分类属碱性的，在基本名称前加"阴"字。为了命名明确，单项组又分为包含下列信息的 6 个字符组。

——字符组 1：离子交换树脂的型态分凝胶型和大孔型两种。凡具有物理孔结构的称大孔型树脂，在全名称前加"D"以示区别。

——字符组 2：以数字代表产品的官能团的分类，官能团的分类和代号见表 6-1。

表 6-1 字符组 2 中产品官能团的分类所用的代号

数字代号	分类名称		数字代号	分类名称	
	名称	官能团		名称	官能团
0	强酸	磺酸基等	2	强碱	季铵盐等
1	弱酸	羧酸基、磷酸基等	3	弱碱	伯、仲、叔氨基

数字代号	分类名称		数字代号	分类名称	
	名称	官能团		名称	官能团
4	螯合	胺酸基等	6	氧化还原	硫醇基,对苯二酚基等
5	两性	强碱-弱酸,弱碱-弱酸			

——字符组 3：以数字代表骨架的分类，骨架分类和代号见表 6-2。

表 6-2 字符组 3 中产品骨架的分类所用的代号

数字代号	骨架名称	数字代号	骨架名称
0	苯乙烯系	4	乙烯吡啶系
1	丙烯酸系	5	脲醛系
2	酚醛系	6	氯乙烯系
3	环氧系		

——字符组 4：顺序号，用以区别基团、交联剂等的差异。交联度用"×"号连接阿拉伯数字表示。如遇到二次聚合或交联度不清楚时，可采用近似值表示或不予表示。

——字符组 5：不同床型应用的树脂代号，代号见表 6-3。

表 6-3 不同用途的树脂代号

用途	代号	用途	代号
软化床	R	凝结水混床	MBP
双层床	SC	凝结水单床	P
浮动床	FC	三层床混床	TR
混合床	MB		

——字符组 6：特殊用途树脂代号，代号见表 6-4。

表 6-4 特殊用途树脂代号

特殊用途树脂	代号	特殊用途树脂	代号
核级树脂	—NR	食品级树脂	—FR
电子级树脂	—ER		

命名示例如下：

大孔型苯乙烯系强酸性阳离子混床用核级离子交换树脂表示为：

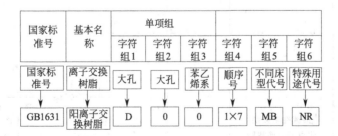

国家标准号	基本名称	单项组					
		字符组1	字符组2	字符组3	字符组4	字符组5	字符组6
国家标准号	离子交换树脂	大孔	大孔	苯乙烯系	顺序号	不同床型代号	特殊用途代号
GB1631	阳离子交换树脂	D	0	0	1×7	MB	NR

命名：D001×7MB-NR

表 6-5 为国产离子交换树脂分类、全名称、型号及结构对照表，表 6-6 为国内外常见离子交换树脂型号对照表。

表 6-5　国产离子交换树脂分类、全名称、型号及结构对照表

形态	分类	全名称	型号	结构
凝胶型	强酸性	强酸性苯乙烯系阳离子交换树脂	001	
	弱酸性	弱酸性丙烯酸系阳离子交换树脂	111	
			112	
		弱酸性丙酚酸系阳离子交换树脂	122	
	强碱性	强碱性季铵型阴离子交换树脂	201	

形态	分类	全名称	型号	结构
凝胶型	弱碱性	弱碱性苯乙烯系阴离子交换树脂	301	$\left[\begin{array}{c} -CHCH_2- \\ \bigcirc \\ CH_2N^+(CH_3)_3 \end{array} \quad \begin{array}{c} -CHCH_2- \\ \bigcirc \\ -CHCH_2- \end{array} \right]_n$
			303	$\left[\begin{array}{c} -CHCH_2- \\ \bigcirc \\ CH_2NCH_3CH_2NH_2 \end{array} \quad \begin{array}{c} -CHCH_2- \\ \bigcirc \\ -CHCH_2- \end{array} \right]_n$
		弱碱性环氧系阴离子交换树脂	331	$\left[\begin{array}{c} HNC_2H_4NC_2H_4NHC_2H_4 \\ CH_2 \\ CHOH \\ CH_2 \\ -C_2H_4^+NC_2H_4- \\ CH_2 \end{array} \right]_n$
	螯合型	螯合型胺酸基离子交换树脂	401	$\left[\begin{array}{c} -CHCH_2- \\ \bigcirc \\ CH_2N(CH_2COOH)_2 \end{array} \quad \begin{array}{c} -CHCH_2- \\ \bigcirc \\ -CHCH_2- \end{array} \right]_n$
大孔型	强酸性	大孔强酸性苯乙烯系阳离子交换树脂	D001	$\left[\begin{array}{c} -CHCH_2- \\ \bigcirc \\ SO_3H \end{array} \quad \begin{array}{c} -CHCH_2- \\ \bigcirc \\ -CHCH_2- \end{array} \right]_n$
	弱酸性	大孔弱酸性丙烯酸系阳离子交换树脂	D111	$\left[\begin{array}{c} -CH_2CH- \\ COOH \end{array} \quad \begin{array}{c} -CHCH_2- \\ \bigcirc \\ -CHCH_2- \end{array} \right]_n$

表 6-6　国内外常见离子交换树脂型号对照表

国产型号	交换基团	日本	美国	英国	法国	苏联
强酸型 001	磺酸基	Diaion K Diaion BK Diaion SK Diaion SK-1B	Amberlite IR-120 Dowex 50 Nalcite HCR Nalcite 1-16 Permutit Q Lonaca 40	Zeokarb 225 Zerolite 215 Zerolite 225 Zerolite 325 Zerolite 425 Zerolite SRC	AllassionCS Duolite C-20 Duolite C-21 Duolite C-25 Duolite C-27 Duolite C-202	KY-2 SDB-3 SDV-3
大孔强酸 D001	磺酸基	Diaion PK Diaion HPK	Amberlite 200 Amberlite 252 Amberlyst 15 Amberlyst XN1004 Amberlyst XN1005 Permutit QX Dowex 50W	Zerolite S-1004 Zerolite S-625 Zerolite S-925	Allassion AS Duolite C-20HL Duolite C-26 Duolite C-261 Duolite ES-26	KY-2-12p KY-23
大孔强碱 D290 D296 D261	I型季铵基	Diaion PA	Amberlite IRA-900、 IRA-904、IRA-938 Ambersorb XE-352 Amberlyst A-26、A-27、 XN-1001、XN-1006	Zerolit S-1095、 S-1102 Zerolit K(MP) Zerolit MPF De-Acidite K-MP	Allassion AR-10 Duolite A-140、 A-161 Duolite ES-143 Duolite ES-161	AB-17Ⅱ
大孔强碱 Ⅱ型 D206 D252	季铵基	Diaion PA404 Diaion PA406 Diaion PA408 Diaion PA410 Diaion PA420	Amberlite IRA-910 Amberlite IRA-911 Amberlite XE-224 Amberlyst A-29 Amberlyst NA-1002 Nalcite A651	Zerolite S-1106 Zerolite MPN	Allassion AR-20 Allassion DC-22 Duolite A402c Duolite A-160	AB-27Ⅱ AB-29Ⅱ
弱碱 311 704			Amberlite IRA-45 Nalcite WBR	Zerolite H(IP) Zerolite M(IP) Zerolite M De-Acidite GHJ	Duolite ES106 Duolite A114 Duolite A303	AH-17 AH-18 AH-19 AH-20
大孔弱碱 D301 D390 D396 D351 709、 710A、B	伯仲叔 季氨(铵)基	Diaion WA-20 Diaion WA-21	Amberlite IRA-93 Amberlite IRA-94 Amberlite IRA-945 Amberlyst A-21 Amberlyst XE-1003 Permutit S-440 Dowex MWA-1 Ionac A-320	Zerolite MPH Zerolite S-1101	Duolite ES-308 Duolite ES-368 Duolite A305	AH-80×77Ⅱ
EDTA 型 螯合树脂 D401	EDTA	Diaion CR-10	Amberlite IRC-718 Dowex A-1 Bio-Bhalex 100	Zerolite S-1006	Duolite ES-466	KT-1 KT-2 KT-3 KT-4 XKA-1

6.3.3　离子交换树脂的分类

离子交换树脂的分类方法有很多，根据交换基团的性质可将交换树脂分为阳离子树脂和阴离子树脂。主要离子交换树脂分类及常见功能团见表 6-7。不同类型的离子交换树脂其功能和用途有一定的差异。

表 6-7 离子交换树脂分类及常见功能团

分类名称	功能团举例
强酸性阳离子交换树脂	磺酸基（—SO_3H）等
弱酸性阳离子交换树脂	羧酸基（—COOH）、磷酸基（—PO_3H_2）等
强碱性阴离子交换树脂	季铵基 $\left[-N^+(NH_3)_3\right.$、 $-N^+\begin{matrix}(CH_3)_2 \\ \\ CH_2-CH_2-OH\end{matrix}\Big]$
弱碱性阴离子交换树脂	伯、仲、叔氨基（—NH_2、=NH、≡N）等
螯合树脂	胺酸基 $\left(-CH_2-N\begin{matrix}CH_2-COOH \\ \\ CH_2-COOH\end{matrix}\right.$ 、 $-CH_2-N\begin{matrix}CH_3 \\ \\ C_6H_8(OH)_5\end{matrix}\Big)$ 等
两性树脂	强碱-弱酸 $\left[-N(CH_3)_3^+,-COOH\right]$ 弱碱-弱酸（—NH_2、—COOH）
氧化还原树脂	硫醇基（—CH_2SH）、 对苯二酚基（ $HO-\langle\ \rangle-OH$ ）等

（1）**强酸性阳离子交换树脂** 树脂上带有强酸性功能团，例如—SO_3H，其性质类似于无机强酸，在酸性介质中仍能电离出可交换离子 H^+，故能在 pH 为 0~14 下与溶液中的阳离子进行交换，树脂若为—SO_3H，称为 H^+ 型树脂；若为—SO_3NH_4，称为 NH_4^+ 型树脂。

（2）**弱酸性阳离子交换树脂** 树脂上带有弱酸性功能团，例如—COOH，其性质类似于无机弱酸，在酸性介质中难电离出可交换离子 H^+，故一般适合于 pH>6 的条件下与溶液中的阳离子进行交换。

（3）**强碱性阴离子交换树脂** 树脂上带有强碱性功能团，例如 R_4NOH，其性质类似于无机强碱，在碱性介质中仍能电离出可交换离子 OH^-，故能在 pH 为 0~14 下与溶液中的阴离子进行交换，树脂若为 R_4NOH，称为 OH^- 型树脂；若为 R_4NCl，称为 Cl^- 型树脂。

（4）**弱碱性阴离子交换树脂** 树脂上带有弱碱性功能团，例如—NH_3OH、=NH_2OH 等，其性质类似于无机弱碱，故一般只适合于 pH<7 下与溶液中的阴离子进行交换。

（5）**螯合树脂** 螯合树脂是指带有具有螯合能力的功能团，对特定离子具有特殊选择能力的树脂，因为它既有生成离子键的能力，又有形成配位键的能力，故能与待交换的阳离子形成稳定的螯合物（内络合物），例如胺酸基螯合树脂与 2 价金属阳离子的交换反应为：

$$R-CH_2-N\begin{matrix}CH_2COOH \\ \\ CH_2COOH\end{matrix}+Me^{2+} \Longrightarrow R-CH_2N\begin{matrix}CH_2-C-O \\ \\ CH_2-C-O\end{matrix}Me+2H^{2+}$$

（6）**两性树脂** 两性树脂和螯合树脂的差别在于，两性树脂的两种功能团分别独立存在于两种单体上，其作用是各自独立的，螯合树脂的两种功能团是连接在一种单体上的，多半是其中一种起主要作用，而另一种只起辅助络合作用，两性树脂既可以和阳离子发生交换，也可以和阴离子发生交换。在络合能力上，两性树脂与螯合树脂有点相像，也许多金属离子有特殊选择性。

(7) 氧化还原树脂　氧化还原树脂是指能使周围离子（或化合物）氧化或还原的树脂，典型的例子是对苯二酚基树脂，树脂失去电子，由原来的还原形式变为氧化形式，而周围的物质就被还原。

凡具有物理孔结构的交换树脂称为大孔型树脂，否则为凝胶型树脂。除球形交换树脂外，还可制成其他形状的交换树脂（如膜、丝、管、片、带、泡沫等形状），除固体交换剂外，还有液体离子交换剂。

化学选矿中采用离子交换法净化和分离目的组分时，常要求离子交换树脂具有较大的机械强度、较高的选择性、较大的交换容量、较高的化学稳定性和热稳定性，以降低作业成本。下面讨论树脂的主要性能。

6.3.4　合成树脂的性能

6.3.4.1　物理性能

(1) 溶胀性　由树脂的结构可知，合成树脂由具有疏水性的碳链和亲水基的离子交换基团（功能团）组成，离子交换基团具有很强的极性，当树脂处于水溶液的环境中时，树脂整体表现出亲水性。干树脂浸泡于水中时，离子交换基团首先发生水化作用，离子半径增大，使树脂体积发生膨胀；其次，吸附的水分子通过树脂的网状结构渗入到骨架的孔道中，使孔道中充满水，骨架高分子的链被挤开、伸长，孔道扩大，从而使整个树脂体积膨胀。树脂体积的增量称为溶胀率。

影响树脂溶胀的因素较多，主要有以下几个方面。

① 树脂交联度。一般 DVB 数值越大，溶胀性越差。

② 树脂容量。树脂的容量由离子交换基团的数量决定，离子交换基团的数量也决定了吸水量的多少，从而影响树脂的溶胀体积。

③ 离子交换基团的价态。高价态的离子水化数量多，树脂溶胀体积大；同价离子，水和能力强的树脂溶胀体积大。

④ 溶液浓度。溶液浓度高时，渗透压低，树脂溶胀性变差。

总之，树脂的交联度越小，孔容度越大，吸水越多，溶胀性则越大；树脂的交换基团越多，亲水性越大，溶胀性也越大；相反离子价数越高，溶胀性越小；同价离子的水化能力越小，溶胀性越小。

(2) 交联度　交联度与树脂骨架的密度、强度、膨胀性等密切相关，是树脂的重要结构参数。在树脂的合成过程中，很难知道参与合成反应 DVB 的量，因此，常采用生产时用加入的 DVB 量作为产品树脂交联度的指标。

普通树脂的 DVB 为 7%～12%，特种树脂的 DVB 可低至 0.25%，或高达 25%。交联度低，树脂易溶胀、较软、具有似胶性。

工业用 DVB（二乙烯基苯）有邻位、间位与对位三种异构体。作为交联剂，希望用间位 DVB。因为邻位 DVB 不起作用，对位 DVB 的反应速度太快，所得产物的结构不均匀，质量较差。间位 DVB 反应速度适宜，产品质量好。

由于工业 DVB 成分不同（三种异构体含量不同），故不同厂家生产的商品树脂，即使同一交联度性能往往也有差异。此外，交联度也会使树脂结构的紧密程度不同，例如孔隙率、孔径与比表面积等皆与交联度有关。所以树脂在离子交换过程中的许多行为和规律如交换容量、选择性、交换速度等都与交联度密切相关。

离子交换过程中的许多规律，如离子的渗透、扩散等和树脂的含水量密切相关，而树脂含水量取决于 DVB（交联度）。树脂含水率随交联度增大而显著下降。

（3）外形与粒度　合成树脂的外形常呈球形，具有一定的孔洞结构，常用孔隙率、孔径和比表面积等参数来描述。颜色有白、黄、黑、赤褐等，透明或半透明。树脂粒度直接影响离子交换速度、液体流动压降、树脂溶胀及磨损等。树脂粒度小，则比表面积较大，交换速度快，操作交换容量大，但溶液流经树脂床层的阻力增大。

树脂粒度常用其在水中充分溶胀后通过筛孔的网目数表示，国产树脂的粒度一般为 15～50 目。用于溶液吸附的树脂粒度为 16～48 目，用于矿浆吸附的树脂粒度为 10～20 目。

（4）密度　树脂的密度有干、湿之分，分为干树脂的真密度、湿树脂的真密度和湿树脂的表观密度。

① 干树脂的真密度：

$$\rho_R = \frac{W_R}{V_R} \tag{6-26}$$

式中　W_R，V_R——干树脂的质量和体积。

干树脂的真密度与 DVB、盐型有关。通常，ρ_R 为 1.03～1.4 g/cm³。

② 湿树脂的真密度：

$$\rho_S = \frac{W_S}{V_S} \tag{6-27}$$

式中　W_S，V_S——湿树脂的质量和体积，其中 V_S 不包含树脂颗粒间的空隙体积。

ρ_S 可用比重瓶法测定。ρ_S 的数值影响到操作中树脂床的流化行为，即床层的膨胀、混合与分离。

③ 湿树脂的表观密度　湿树脂的表观密度又称为视密度。

$$\rho_a = \frac{W_S}{V_a} \tag{6-28}$$

式中　W_S，V_a——湿树脂的质量和体积，其中 V_a 包含树脂颗粒间的空隙体积。

湿树脂的表观密度一般为 0.6～0.8 g/mL。由湿树脂的表观密度和真密度可求出树脂颗粒间的孔隙率 ε：

$$\varepsilon = \left(1 - \frac{\rho_a}{\rho_S}\right) \times 100\% \tag{6-29}$$

离子交换树脂内部孔的容积一般为百分之几十（单位为 mL/mL 或 mL/g），凝胶型树脂的比表面积小于 $1 m^2/g$，大孔型树脂的比表面积则为几至几十平方米每克。

有时也可用树脂在某一密度溶液中的漂浮率表示其密度，如在10％食盐溶液（$\rho = 1.1$g/cm³）中的漂浮率小于0.5％等。

（5）水分　合成树脂均具有一定的水分，保持一定的水分（40％~50％）可防止树脂龟裂。合成树脂需采用塑料袋密封包装，暂不使用的树脂应浸泡于水中保存。测树脂水分时，一般在（105±1）℃条件下烘干至恒重。

（6）物理稳定性　离子交换树脂的物理稳定性包含机械强度、耐热性、抗辐射性与溶解性等。机械强度是指树脂在各种机械力作用下，抵抗破坏的能力，是树脂的重要性能指标。如移动床、流化床等高流速下操作时都要求树脂具有足够的机械强度。在流体的冲击下，树脂颗粒间的碰撞，与器壁、管道的摩擦，均能使强度差的树脂颗粒发生破碎，导致树脂耗损、流失、操作阻力增大。

树脂在外力作用下的破坏与树脂颗粒的内应力有关。在制备小白球的交联聚合过程中以及引入功能基团的反应过程中，都有可能产生结构内应力。从这一意义上说，大孔型树脂因其内应力小、强度高而优于凝胶型树脂。

大孔型树脂的耐热性也优于凝胶树脂，前者可耐150℃，后者最高可耐120℃。聚苯乙烯系阳离子树脂可在100℃下操作，而阴离子树脂只能在60℃下操作。盐型树脂比相应的酸型、碱型树脂耐热性高，如Na型阳离子树脂比H型阳离子树脂抗热性好，Cl型阴离子树脂比OH型阴离子树脂抗热性好。交联度低的树脂耐热性好，这可能与其弹性结构有关，DVB高时，结构紧密、柔韧性差。

由于树脂的结构孔隙中总含有一定量水分，温度低于0℃时，因结冰产生的体积变化可能使树脂破裂。因此，树脂储存时应注意防冻。

离子交换树脂也像其他一些高分子化合物一样在射线作用下能引起辐射破坏。离子交换树脂抗辐射能力的一般规律大致是：阳离子树脂优于阴离子树脂；高交联度树脂优于低交联度树脂；交联均匀的树脂优于均匀性差的树脂。

树脂是典型的不溶物质，但因含有低聚物和分解产物，仍有少量溶解，其溶解倾向如表6-8所示。因此，对强酸性和强碱性树脂而言，盐型树脂的溶解度极小，酸型或碱型树脂的溶解度较盐型大些；对弱酸性和弱碱性树脂而言，盐型树脂的溶解度较大，酸型或碱型树脂的溶解度较小。缩合树脂、交联度小的树脂、苯酚型树脂的溶解度较大。实践中较常使用苯乙烯系的强酸性或强碱性聚合树脂。

表6-8　离子交换树脂的溶解倾向

树脂类型	相反离子		溶解倾向
强酸性阳离子树脂	Na⁺	H⁺	不溶,小
弱酸性阳离子树脂	Na⁺	H⁺	大,小
强碱性阴离子树脂	Cl⁻	OH⁻	不溶,小
弱碱性阴离子树脂	Cl⁻	OH⁻	大,小

6.3.4.2　化学性能

（1）酸碱性　一般用测定pH滴定曲线的方法测定树脂的酸碱性，即在不同条件（水或中性盐溶液）下使树脂与溶液搅拌接触，用已知浓度的盐酸溶液滴定羟基型阴离子树脂和用已知浓度的氢氧化钠溶液滴定氢型阳离子树脂，观察并记录pH的变化，作pH与所用酸、碱量的关系曲线（图6-6），由曲线的形状即可判断树脂酸碱性的强弱。由实验可知，阳离子树脂交换基团酸性递降的顺序为：

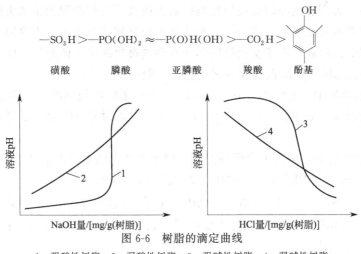

图 6-6 树脂的滴定曲线

1—强酸性树脂；2—弱酸性树脂；3—强碱性树脂；4—弱碱性树脂

含磺酸基的强酸性阳离子树脂类似于强酸，在 pH 为 2～14 的条件下几乎完全电离，盐型稳定，洗涤时不水解，转型时体积变化小，宜用于 pH 变化大的阳离子交换过程。含季铵基团的强碱性阴离子树脂类似于强碱，在 pH 为 0～12 的条件下可完全电离，盐型稳定，转型时体积变化小，宜用于 pH 变化大的阴离子交换过程。弱酸性树脂和弱碱性树脂则分别类似于弱酸和弱碱，溶液 pH 对其电离有很大影响，盐型不稳定，易水解，转成盐型时体积变化大，只能用于 pH 较窄的交换过程。因此，树脂的酸碱性越强，其操作容量受 pH 的影响越小，树脂操作的 pH 范围越宽。

（2）交换容量　交换容量是指一定数量（质量或体积）的离子交换树脂带有的交换基团或可交换离子的数量。它是离子交换树脂重要的性能指标之一。由于树脂量及可交换离子量的表示方法不同，容量的表示方法也不同。树脂交换容量分为总容量、表观容量和操作容量。

① 总容量。树脂总容量也称最大容量、理论容量，是干燥恒重的单位质量树脂中可交换离子（离子基团）的总数量。它与交换离子的类型、操作条件等因素无关。

② 表观容量。弱酸、弱碱树脂的离子基团属于非完全解离型。使用时，其活动离子不可能从功能基团上完全解离出来，因此，单位质量树脂只能提供一部分可交换的离子量。这时的树脂容量称为表现容量或有效容量。此值常低于总容量。

在离子交换操作中，若伴有显著的吸附作用，其容量可能大于总容量。总容量加吸附容量称为全容量。表观容量的数值取决于测定条件，例如水相 pH、溶液浓度等。

强酸、强碱树脂与弱酸、弱碱树脂不同，在离子交换中可将溶液中的中性盐分解、转化为酸或碱。这种反映树脂酸、碱性强度的容量称为解盐容量或劈盐容量。

③ 操作容量。树脂的操作容量是指在某一操作条件下，单位体积（或质量）树脂中实际所交换的某种离子的总量，其数值与树脂中交换基团的数目、被吸附离子的特性和操作条件等因素密切相关。

操作容量分为静力学容量和动力学容量。静力学容量是指静态吸附（如：槽作业）时树脂的操作容量。动力学容量是指动态吸附（如：柱作业）时的树脂操作容量。当交换基团未完全解离或孔径太小，交换容量未完全利用时，操作容量小于全容量，但当树脂粒度细、吸附现象显著时，操作容量可能高于全容量。

（3）选择性　离子交换吸附的选择性表征被吸附离子与树脂间的亲和力的差异，常用选择性系数（分配系数或交换势）表示。一般认为它们之间亲和力的大小取决于该离子与树脂间静电引力的强弱。因此，离子交换吸附的选择性与被吸附离子的类型、电荷数、浓度、水合离子半径、溶液 pH 及树脂性能等因素有关。一般规律如下。

① 常温稀水溶液中（浓度小于 0.1mol/L），当离子浓度相同时，吸附能力随被吸附离子价数的增大而增大，如 $Th^{4+}>Re^{3+}>Cu^{2+}>H^+$。吸附无机酸时，吸附强度随酸根价数增大而增大。

② 常温稀水溶液中，当离子价数相同时，吸附亲和力随水合离子半径增大而增大，如：

$Tl^+>Ag^+>Cs^+>Rb^+>K^+>NH_4^+>Na^+>H^+>Li^+$

$Ba^{2+}>Pb^{2+}>Sr^{2+}>Ca^{2+}>Ni^{2+}>Cd^{2+}>Cu^{2+}>Co^{2+}>Zn^{2+}>Mg^{2+}>UO_2^{2+}$

$La^{3+}>Ce^{3+}>Pr^{3+}>Nd^{3+}>Sm^{3+}>Eu^{3+}>Gd^{3+}>Tb^{3+}>Dy^{3+}>Ho^{3+}>\cdots>$

$Lu^{3+}>Fe^{3+}>Al^{3+}$

③ 被吸附离子与溶液中电荷相反的离子或络合剂的络合能力越大，其对树脂的亲和力越小。

④ 强碱性阴离子树脂的吸附顺序为：

$SO_4^{2-}>C_2O_4^{2-}>I^->NO_3^->CrO_4^{2-}>Br^->SCN^->Cl^->HCO_3^->CH_3COO^->F^-$

用三甲胺胺化的 I 型和二甲基乙醇胺胺化的 N 型树脂对 OH^- 的吸附性差别较大，前者吸附顺序为：$I^->HCO_3^->CH_3COO^->F^-\approx OH^-$，后者为 $Cl^->OH^->$

$CH_3COO^->F^-$。

⑤ H^+、OH^- 对树脂的亲和力与树脂性能有关。对强酸性树脂而言，H^+ 的亲和力介于 Na^+ 与 Li^+ 之间。对弱酸性树脂而言，H^+ 的亲和力甚至大于 Tl^+。对强碱性树脂而言，OH^- 的亲和力介于 Cl^- 与 F^- 之间，而 OH^- 对弱碱性树脂的亲和力则远较上述阴离子大，且树脂的碱性越弱，其间的亲和力越大。

⑥ 使树脂溶胀越小的被吸附离子，其对树脂的亲和力越大。

⑦ 吸附选择性随离子浓度和温度的上升而下降，有时甚至出现相反的顺序。

⑧ 树脂的交联度越大，其对不同离子的选择系数越大。

从上可知，只有在稀水溶液中进行离子交换吸附才能获得较高的选择性，在高浓度（一般认为大于 3mol/L）溶液中，水化不充分，可出现相反的吸附顺序。

（4）化学稳定性　合成树脂对非氧化性酸碱都有较强的稳定性。不过阳离子树脂对碱的耐受性不及酸，一般不宜长期泡在 2mol/L 以上的碱溶液中。由于有机胺在碱中易发生重排反应，所以阴离子树脂对碱的耐受性也不好，保存时应该转化为氯型，而非羟基型。

树脂功能基团的耐氧化性差别很大，浓硝酸、次氯酸、铬酸、高锰酸都能使一些树脂氧化。阴离子树脂的耐氧化性的顺序如下：

叔胺＞氯型季铵＞伯胺、仲胺＞羟基型季铵

除伯胺、仲胺易和醛发生缩合反应外，其他树脂都有很强的耐还原能力。

强氧化剂对树脂骨架与功能基团都能引起氧化反应，从而使交联结构降解，功能基团破坏。一般情况下，阳离子树脂盐型比酸型稳定，例如 Na^+ 型比 H^+ 型稳定；阴离子树脂 Cl^- 型比 OH^- 型稳定。交联度高的树脂耐氧化性好，大孔型树脂比凝胶型树脂耐氧化性好，聚苯乙烯系树脂比酚醛系树脂耐氧化性好。功能基团中引入卤素原子或均匀交联、重复交联、互贯交联，皆可提高树脂的耐氧化性。

6.4 树脂交换吸附工艺

6.4.1 树脂的选用

如前所述，树脂的种类较多，每种树脂的特点不一，因此，离子交换树脂在实际应用中的选择非常重要。离子交换树脂的选用遵循的最主要原则是要适应料液的组成和目的组分的分离要求；其次是树脂的交换容量、机械强度要高，选择性好，能耐干湿冷热变化，耐酸碱胀缩，能抗流速磨损；还要有较高的化学稳定性，能耐有机溶剂、稀酸、稀碱、氧化剂和还原剂等；在后续循环利用中，还要求树脂的再生性能良好，抗污染性能好等。除此之外，选用树脂时一般还需遵循下列原则。

① 根据目的组分在原液中的存在形态选择树脂的种类，如：目的组分呈阳离子形态则选用阳离子交换树脂，反之则须选用阴离子交换树脂。针对树脂交换基团作用较弱的无机酸离子，如：离解常数较小（pK 值大于 5）的酸与弱碱树脂成盐后水解度很大，此时还应考虑价数、离子大小及结构因素，应选用强碱性树脂；同理，对交换基团作用较弱的阳离子应选用强酸性树脂（表 6-9）。

表 6-9   阴离子树脂对某些无机酸的作用

酸	pK（25℃）	作用难易	
		弱碱	强碱
HCl	-6.1	易	易
HNO_3	-1.34	易	易
H_2SO_4	$pK_1=3, pK_2=1.9$	易	易
H_3PO_4	$pK_1=2.2, pK_2=7.2, pK_3=12.36$	易	易
H_3BO_3	$pK_1=9.24, pK_2=12.74, pK_3=13.80$	不	能
H_3SiO_3	$pK_1=9.77, pK_2=11.80$	不	能
H_2CO_3	$pK_1=6.38, pK_2=10.25$	不	能
H_2S	$pK_1=6.88, pK_2=14.15$	不	能
HCN	9.21	不	能

② 交换能力强、交换势高的离子，因淋洗再生较困难，应选用弱酸性或弱碱性树脂。在中性或碱性体系中，多价金属阳离子对弱酸性阳离子树脂的交换能力较强酸性树脂强，用酸很易淋洗。

③ 中性盐体系使用盐型树脂，体系 pH 不变，有利于平衡。酸性或碱性体系中应选用羟基型或氢型树脂，反应后生成水有利于交换平衡。有盐存在需单独除去酸或碱时，可使用弱碱或弱酸树脂，否则交换后系统中的盐会继续交换生成酸或碱，对平衡不利。使用混合柱时，生成的酸、碱可逐步中和除去。

④ 聚苯乙烯型树脂的化学稳定性比缩聚树脂高，阳离子树脂的化学稳定性较阴离子树脂高，阴离子树脂中，以伯、仲、叔胺型弱碱性阴离子树脂的化学稳定性最差。最稳定的是磺化聚苯乙烯树脂。

⑤ 树脂的孔度包括孔容和孔径两部分内容。凝胶型树脂的孔度与交联度有密切的关系。溶胀状态下的孔径约为数十埃（Å，$1Å=10^{-10}m$）。大孔型树脂内部会有真孔和微孔两部分，真孔为数万至数十万埃，它不随外界条件而变，而微孔较小，随外界条件而变，一般为

数十埃。一般所用树脂的孔径应比被交换离子横截面积大数倍（3~6倍）。

⑥ 料液中微量离子的吸附常采用强型树脂，离子浓度较高或要求选择性高时可选用弱型树脂。交换吸附具有氧化性的离子时，要采用抗氧化能力强的树脂，如：从废水中除去 $Cr_2O_7^{2-}$，不宜采用凝胶树脂，而应该用抗氧化的大孔、高交联的弱阴离子树脂。

6.4.2 树脂的预处理

树脂使用前需进行溶胀处理。一般的干树脂先采用纯水浸泡，使其充分溶胀；再将溶胀后的树脂转入到吸附装置中，用纯水淋洗以除去色素、水溶性杂质和灰尘等，直至出水清澈为止。如果树脂完全干燥，几乎不含水分，则不能直接用纯水浸泡，需先采用浓的 NaCl 溶液浸泡后，再逐渐稀释 NaCl 溶液浓度，缓解溶胀速度，防止树脂发生胀裂现象，最后用纯水清洗。

溶胀后的树脂，待清洗水排干后采用 95％乙醇浸泡 24h 以除去醇溶性杂质，将乙醇排净后用水将乙醇洗净。经充分溶胀并除去水溶性和醇溶性杂质后的树脂用湿筛或沉降分级法得到所需粒级的树脂。

出厂树脂一般为盐型（Na^+ 型或 Cl^- 型），使用前还需除去酸溶性和碱溶性杂质。若为阳离子树脂可先用 2mol/L HCl 浸泡 2~3h，将盐酸液排净后用水洗至 pH 为 3~4，再用 2mol/L NaOH 溶液浸泡，然后水洗至 pH 为 9~10 即可储存或使用。若为阴离子树脂，则按 2mol/L NaOH→水→2mol/L HCl→水的顺序处理，以除去碱溶性和酸溶性杂质，最后水洗至 pH 为 3~4。处理后的树脂用水浸泡储存。

溶胀-清洗后的树脂，使用前还需根据分离组分性质和分离要求对树脂进行转型。氯型强碱性阴离子树脂转化为氢氧根型比较困难，需要用树脂体积 6~8 倍的 1mol/L 的 NaOH 溶液处理，而后以纯水洗至流出水无碱性。所用的碱中不应含碳酸根，否则交换于树脂上，使其容量下降。氢氧根型强碱性阴离子树脂转化为氯型则十分容易，可用氯化钠溶液处理，当流出液 pH 升至 8~8.5 即已完成。清洗过的强酸性阳离子树脂转化为氢型，常用 1mol/L 的 HCl 处理，而后水洗至无酸性即可。如吸附铀时转变为 SO_4^{2-} 型。为使转型完全，所用酸、碱体积常为树脂体积的 5~10 倍。

6.4.3 吸附方法

离子交换吸附常分为静态吸附和动态吸附两种。静态吸附常采用柱吸附，柱吸附作业时采用固定床或移动床，柱吸附过程只能处理清液或低浓度颗粒物的悬浮液，不能处理含高浓度颗粒悬浮物的溶液。柱作业时，被吸附离子浓度差不仅存在于树脂和溶液的接触表面，而且存在于树脂相和液相内部。动态吸附常用槽吸附，槽吸附不受溶液颗粒物浓度的限制，可处理固体颗粒悬浮物浓度较高的原液，如矿浆等原液。槽作业时可用搅拌槽或流化床，此时树脂和溶液不断进行混合，被吸附离子浓度差仅存在于树脂和溶液的接触表面，而在树脂相或液相内部，被吸附离子的浓度相同。

6.4.3.1 清液吸附

(1) 柱吸附　实验室中常用滴定管改装为小型交换柱，底部填入少许玻璃棉，然后在其上倒入一层小玻璃珠，上面装填树脂，即成为一个小型树脂柱。专用的小型树脂交换柱底部有玻璃砂芯垫板，可以直接装填树脂，如图 6-7 所示。树脂交换柱工作时，会在树脂层形成如图 6-8 所示的交换区。

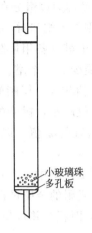

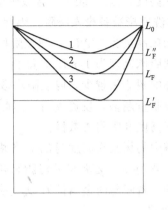

图 6-7　小型树脂交换柱　　　　　　　图 6-8　不同条件下形成的交换区

当料液进入树脂层顶部 L_0 后，交换反应开始，顶部的树脂不断与料液中的离子交换，一部分料液中待交换离子被树脂完全脱除，不含料液离子的溶液向下流动，穿过下面的树脂层，不发生交换。但是，随着顶层树脂的负荷增加，含待交换离子的料液的锋面向前推移，而与下面的树脂发生交换反应。一定时间之后，当顶层的树脂达到平衡时，含有料液离子的溶液已经深入到下层树脂床层，达到一定深度。树脂的负载由上而下，逐渐降低，形成一定的梯度负载层。假定负载有交换离子的树脂层的底部为 L_F。由于从 L_0 到 L_F 的一段树脂层正在发生交换反应，所以称为反应区或交换区。离子从液相到固相的传质也在这里发生，故又称为传质区。在这个区域内，树脂都有了一定的负载，而与其共存的溶液，也均含有一定浓度的待交换离子。此时的交换区高度 L_J 为 (L_F-L_0)。进料速度越快时，交换区高度越大，此时 $L_J=L'_F-L_0$；进料速度降低时，$L_J=L''_F-L_0$。交换区高度与操作条件、料液组成、树脂性质及交换柱有关。

前锋面抵达树脂床底部的时刻称为穿透点，即穿透点相应于交换区的前锋面抵达底部时的体积。随着交换区穿过床底逐渐下移，流出液中离子的浓度随之上升，直至达到与料液同样的浓度。此时，树脂的负载与料液达到平衡，或者说达到此种条件下的饱和负载，饱和点相应于平衡点。以其浓度变化与流出液体积作图，就是流出曲线，简称 $C\text{-}V$ 曲线。

在工业上，常采用固定树脂床吸附。固定床吸附塔的结构如图 6-9 所示，其主体是一个高大的圆柱体，底部装有冲洗水布液系统，上部装有吸附原液和淋洗剂的布液系统。塔的大小取决于生产能力，塔的外壳一般由碳钢制成，内衬防腐蚀层。每一吸附循环所需塔数取决于塔中固定树脂床的高度及一系列操作因素。每塔的树脂床高度约为塔高的 2/3，它取决于一定操作条件下被吸附组分的交换区高度，一般由试验决定。影响交换区高度的主要因素为树脂性能、被吸附组分性质、浓度及吸附流速等。对一定的树脂和吸附原液而言，交换区高度主要取决于吸附流速。求吸附带高度的方法是将吸附原液以某一流速通过吸附塔，以树脂饱和度为纵坐标，以从上往下计的树脂床高度为横坐标作吸附曲线（图 6-10）。

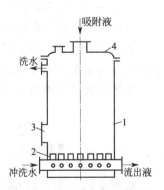

图 6-9　固定床吸附塔的结构
1—壳体；2—过滤帽；
3—人孔；4—圆形盖

树脂刚饱和的那层树脂至刚漏穿的那层树脂间的树脂床高度称为该组分在该操作条件下的交换区高度，以 L_0 表示。若吸附塔中的树脂床高度为 L_0，则首塔饱和时，2 号塔刚漏穿，3 号已淋洗完毕准备投入吸附。因此，整个吸附循环最少需 3 个塔（备用塔除外）。若吸附塔中树脂床高度为 $1/2 L_0$，则吸附作业需 3 个塔，整个循环最少需 4 个塔。由此可知，若塔中的树脂床高度为 $1/n L_0$，则整个循环需（$n+2$）个塔。n 值越大，树脂的周转率越大，整个循环的树脂量越少，但吸附塔数多，操作管理较复杂。n 值越小，树脂的周转率越小，投入的树脂量越多，投资较高。因此，应通过对比方法决定适宜的 n 值，以决定塔中适宜的树脂床高度和吸附塔数目。

若塔中的树脂床高度为 L_0，各塔的吸附情况如图 6-11 所示，图中 a、b、c 分别为 1、2、3 塔的漏穿点。若各塔的树脂床高度和操作条件相同，各塔吸附的金属量也应相同，以 2 号塔为例，若吸附的金属量为 Q，则 Q 值相当于图中阴影部分面积，并近似地等于长方形 $bcde$ 的面积：

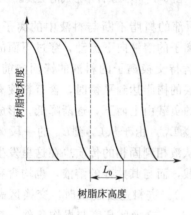

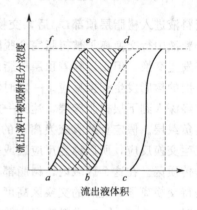

图 6-10　吸附曲线　　　　　　　　　图 6-11　各吸附塔的吸附曲线

$$Q = qB = VC \tag{6-30}$$

式中　Q——吸附塔中树脂所吸附的金属量，kg；

q——树脂的操作容量，kg/m^3；

B——吸附塔中的树脂量，m^3；

V——2 号塔漏穿至 3 号塔漏穿时的流出液体积，m^3；

C——吸附原液的金属浓度，kg/m^3。

各塔必须密切配合，漏穿后应及时接塔才能保证高的金属回收率。若改变原液性质或操作条件，可使漏穿点提前或推后，改变吸附速率，将破坏吸附循环的正常操作。

吸附过程的效率常用吸附率 $\varepsilon_{吸}$ 表示：

$$\varepsilon_{吸} = \frac{吸附原液中的金属量 - 流出液中的金属量}{吸附原液中的金属量}$$

$$= \frac{吸附原液中被吸组分浓度 - 流出液（吸余液）中被吸附组分浓度}{吸附原液中被吸附组分浓度}$$

生产中 $\varepsilon_{吸}$ 一般可达 98% 左右。

操作时用水将预处理过的树脂洗入装有水的吸附塔中，让树脂在水中沉降达到预定的高度（如为 L_0），树脂床应均匀和无气泡，浸泡在水中。从上部引入吸附原液，以与树脂床高度对应的流速流经固定树脂床，吸余液从下部排出，漏穿后的吸余液接入下一吸附塔。当塔内树脂被目的组分饱和后（达动态平衡），切除原液，该塔转入淋洗。原液直接进入 2 号塔，2 号塔漏穿，流出液进入 3 号塔。淋洗前，冲洗水由塔底进入使树脂床溶胀松散，除去固体杂质，然后从上部引入淋洗剂，淋洗剂从下部排出，根据其中目的组分浓度分为若干部分。淋洗完后，从上部引入洗水洗去树脂床中的淋洗剂，然后引入转型液使树脂转型，转型后的树脂重新用于吸附。如此周而复始地进行吸附和淋洗作业。

吸附多个循环后，若树脂有中毒现象，转入吸附前需用适宜的解毒试剂使树脂解毒，以使树脂恢复原有的吸附性能。

（2）动态吸附　工业上的动态吸附常采用连续逆流吸附工艺。连续逆流吸附塔的结构如图 6-12 所示，塔身为一高大圆柱体，上部有树脂进料装置和吸余液溢流堰。整个塔身分上、下两部分。上部为吸附段，下部为洗涤段，其间用缩径分开，在各段的下部设有布液和布水装置，使溶液均匀地分布于塔的横截面上。在吸附段装有若干筛板，以减少树脂的纵向窜动和使液流均匀稳定地上升。连续逆流溶液吸附作业和淋洗作业均在单塔中完成。淋洗塔的结构和吸附塔基本相同。连续逆流吸附-淋洗流程如图 6-13 所示。操作时吸附原液被泵入吸附塔内，淋洗后的树脂从塔上部加入，树脂自上向下沉降并与自下向上流动的吸附液逆流接触。树脂饱和或接近饱和时，经缩径进入洗涤段。饱和树脂经过缩径时受到很好的洗涤作用。缩径可减少吸附液向下穿窜，起良好的逆止作用，它只允许树脂和洗水逆流通过。饱和树脂在洗涤段洗涤后经塔底排出，用水力提升器送往脱水筛脱水。脱水后的饱和树脂从塔顶进入淋洗塔，在淋洗段与淋洗剂逆流接触，合格液由塔顶排出，淋后树脂经洗涤、提升、脱水后重返吸附塔循环使用。树脂在吸附段呈流化床，在洗涤段呈移动床。而在淋洗塔的淋洗段和洗涤段均呈移动床。为了达到预定的吸附淋洗效率，吸附塔应控制好吸附原液的流量和树脂的排出量（即吸附液与树脂的流比）、洗水用量、吸附树脂的动态高度等因素，淋洗塔主要应控制好淋洗剂用量、洗水用量、树脂层高度和树脂排放量（即树脂在淋洗段的停留时间、淋洗剂与树脂流比）等因素。

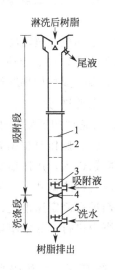

图 6-12　连续逆流吸附塔的结构

1—筛板；2—塔体；3—布液装置；4—缩径；5—布水装置

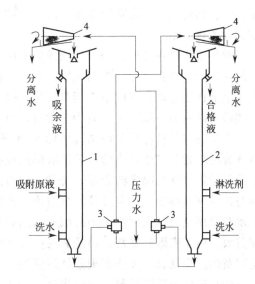

图 6-13　连续逆流吸附-淋洗流程

1—吸附塔；2—淋洗塔；3—水力提升器；4—脱水筛

与固定床吸附相比，连续逆流吸附系统的流程较简单，只得到合格液，淋洗剂用量少，合格液浓度高，所用树脂量少，树脂利用率高。设备有效容积系数可达 90%，且吸附液中的含固量可允许达 1%～2%，但操作控制较严，不易掌握，不如固定床稳定。连续逆流吸附已用于水的处理，投资可节省 25%～30%，树脂再生费和树脂用量低 25%～40%，在金属提取领域已完成半工业试验。

6.4.3.2 矿浆吸附

矿浆吸附是在除去粗砂后的浸出矿浆中直接进行吸附，可省去或简化固液分离作业，适用于难以制取清液的矿浆。

(1) 悬浮树脂床吸附　矿浆悬浮吸附塔的主体为碳钢圆柱壳体，内衬不锈钢等耐腐蚀材料，底部为混凝土及耐酸砖内衬，并装有矿浆和压缩空气分配管及铺有石英砂层。石英砂层的作用是使矿浆和洗水均匀地分布于塔的截面，并可防止树脂从下部排液管小孔流走。石英砂层按粒度大小分层铺成。塔的上部装有带网状分离装置的排泄管，由不锈钢槽和不锈钢筛网组成。操作时将预处理好的树脂装入塔内，达到规定高度后，将除去粗砂的矿浆经下部分配管以一定流速泵入塔内，塔内树脂床处于稳定的悬浮状态。矿浆流经树脂床经上部排泄管排出或流入下一吸附塔。网状分离器的筛孔比树脂粒度小而比矿浆中的最大矿粒大，它只让矿浆通过而将树脂留于塔内。因此，用于矿浆吸附的树脂粒度一般较清液吸附的大。塔内树脂饱和后，从下部引入逆洗水和压缩空气，以除去树脂床中的细泥。冲洗干净后，从上部引入淋洗剂进行固定床淋洗。淋洗液的处理与清液吸附相同。淋洗完后，引入冲洗水洗去树脂床中的淋洗剂，用转型液或吸余矿浆使树脂转型后可重新用于吸附。

悬浮床吸附可简化固液分离作业，处理量大，吸附塔结构简单，树脂的磨损较小，但此法仅能处理含细粒（如 -325 目，即 -0.043mm）的稀矿浆，所需树脂床高度较清液吸附大。操作时吸附塔为 3～4 个，淋洗塔为 1～2 个，故作业周期较长，对吸附矿浆而言是连续的，对单塔而言是间断的，故设备利用率较低。

(2) 搅拌吸附　搅拌吸附为静力学吸附，需经多段吸附才能使液相中的目的组分含量达废弃值。其优点是可处理固体浓度较大的矿浆，操作条件易控制，主要缺点是树脂磨损较严重和设备较复杂。

搅拌吸附可在带网篮的搅拌槽或空气搅拌吸附塔中进行。采用搅拌槽时将树脂装入带筛网的网篮中，筛孔尺寸比树脂粒度小而比矿粒大。每槽有多个网篮，它由传动装置带动在槽内作上下往复运动，使篮中树脂与矿浆充分接触。吸附系统由多个搅拌槽串联组成，矿浆从一端给入而从另一端排出。树脂饱和后，由吸附系统转入淋洗系统进行淋洗。

常见的空气搅拌吸附塔结构如图 6-14 所示，与浸出用泊秋克槽的区别在于上部装有带网状分离装置的矿浆排出管，下部有淋洗液排出管及压缩空气管。操作时根据处理量及料液中的目的组分浓度决定树脂量，将其装入塔内。吸附矿浆从塔顶进入，用压缩空气搅拌使树脂与矿浆充分接触，矿浆经筛网从溢流口排出，树脂留于塔内。树脂饱和后，从下部引入逆洗水和压缩空气洗去树脂床中的细泥，然后从上部引入淋洗剂进行固定床淋洗，得到合格液和贫液。由于吸附、逆洗、淋洗和脱淋洗剂等作业均在同一塔中进行，故对单塔而言，操作是间断的，周期长，无法实现连续逆流操作。

(3) 连续半逆流吸附　连续半逆流吸附塔的结构如图 6-15 所示，主体仍为空气搅拌吸附塔，只是在塔的下部加装一个树脂浓集斗，用于连续地在塔间提升树脂，操作时，由上塔来的矿浆和由下塔来的树脂均由进料管进入塔内，经空气搅拌接触后，矿浆经筛网排至下塔，在混合过程中部分树脂落入浓集斗中，由空气提升器送至上塔。流经一个塔的矿浆和树脂则称为一个吸附段。在塔间矿浆与树脂呈逆流流动，实现了树脂和矿浆的连续排放和流动。但在每一塔内，树脂与矿浆均处于扰动状态，属静力学吸附，故将这种吸附方法称为连续半逆流吸附。在吸附系统中，矿浆由首塔进入，流经各塔后由尾塔排出，树脂由尾塔进入，依次流经各吸附塔，饱和树脂由首塔排出。吸附首塔出来的饱和树脂经圆筒筛脱泥脱水，再经脱泥塔脱泥后进入淋洗塔进行淋洗。采用移动床逆流淋洗法，只得到合格液并可保证较高的合格液浓度。淋洗后的树脂送入脱淋洗剂塔脱除淋洗剂，然后返至吸附系统的尾塔。

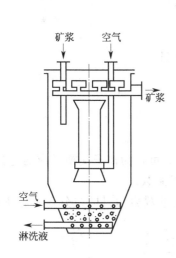

图 6-14　空气搅拌吸附塔结构

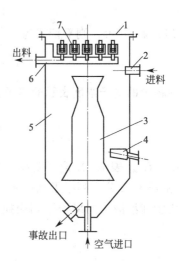

图 6-15　连续半逆流吸附塔结构

1—槽盖；2—进料管；3—循环桶；

4—树脂接受斗；5—槽体；6—出料管；7—梯形筛网

表 6-10 列举了三种矿浆吸附法的优缺点，从投资、处理能力和吸附效率等方面综合考虑，连续半逆流吸附较先进，悬浮吸附较差，空气搅拌吸附居中。

表 6-10　三种矿浆吸附法比较

项目	悬浮吸附	空气搅拌吸附	连续半逆流吸附
树脂投入量	多	中等	少
每吨树脂年处理能力	小	中等	大
树脂损耗	较小	较大	大
矿浆液固比	大	小	较大
动力消耗	小	较大	大

6.4.4　离子交换吸附的化学过程

离子交换法可分为简单离子交换分离法和离子交换色谱分离法。前者可采用选择性吸附或选择性淋洗两种方法来实现，一般是将这两种方法结合起来而以选择性吸附为主。它主要用于从稀溶液中提取有用组分，进行有用组分分离、水的净化和废水处理。离子交换色谱分离法主要用于性质十分相近，仅靠简单离子交换无法分离的元素的分离（如稀土元素的分离）。

淋洗是吸附的逆过程，用于解吸树脂上被吸附组分的溶液称为淋洗剂，淋洗所得的含目的组分的溶液称为淋洗液。淋洗时可采用无机淋洗剂或有机淋洗剂，前者是无机酸、碱或盐的水溶液，用于简单离子交换法，后者是有机络合剂，常用于稀土元素分离过程。

离子交换树脂是一种聚合电解质，当其与水溶液接触时，树脂交换基团上的可交换离子即电离并与溶液中电荷符号相同的离子进行交换。交换反应为可逆反应，服从质量作用定律。如氢型的阳离子树脂的交换反应为：

$$\overline{R-H} + Me^+ \rightleftharpoons \overline{R-Me} + H^+$$

式中，化学式上方有横线者为树脂相，无横线者为液相；R 为树脂相的固定离子。为简便起见，略去 R 及电荷符号，则交换反应为：

$$\overline{H} + Me \rightleftharpoons \overline{Me} + H$$

若 Me 为 $+n$ 价，则平衡式为：

$$\overline{H} + \frac{1}{n}Me \rightleftharpoons \frac{1}{n}\overline{Me} + H$$

以两相中的离子浓度表示的离子交换平衡常数为：

$$K_{Me} = \frac{[\overline{Me}]^{\frac{1}{n}}[H]}{[Me]^{\frac{1}{n}}[\overline{H}]}$$

式中，K_{Me} 表示 Me 离子对树脂的亲和力。因此，又可称为离子交换反应的选择系数。表 6-11 和表 6-12 分别列举了某些阳离子和阴离子的选择系数。

当树脂和溶液中的离子达到交换平衡时，可用分配系数表示目的组分在两相中的分配情况：

$$D = \frac{[\overline{Me}]}{[Me]} = K_{Me}\frac{[\overline{H}]^n}{[H]}$$

式中，$[\overline{Me}]$ 表示 Me 离子吸附在干树脂上的量，mmol/g（干树脂）；$[Me]$ 表示溶液中 Me 离子的浓度，mmol/mL。

某一操作条件下两组分的分离情况可用分离因数 β 表示，它是某一操作条件下被吸附离子的分配系数之比：

$$\beta_{\frac{1}{2}} = \frac{D_1}{D_2} = \frac{[\overline{Me_1}][Me_2]}{[Me_1][\overline{Me_2}]}$$

表 6-11 阳离子交换的选择系数 Dowex 50

阳离子	选择系数			阳属离子	选择系数		
	$X=4$	$X=8$	$X=16$		$X=4$	$X=8$	$X=16$
Li^+	1.00	1.00	1.00	Cu^{2+}	3.29	3.85	4.46
H^+	1.32	1.27	1.47	Cd^{2+}	3.37	3.88	4.95
Na^+	1.58	1.98	2.37	Ni^{2+}	3.45	3.93	4.06
NH_4^+	1.90	2.55	3.34	Be^{2+}	3.43	3.99	6.23
K^+	2.27	2.90	4.50	Mn^{2+}	3.42	4.09	4.91
Rb^+	2.46	3.16	4.62	Ca^{2+}	4.15	5.16	7.27
Cs^+	2.67	3.25	4.66	Sr^{2+}	4.70	6.51	10.10
Ag^+	4.73	8.51	22.99	Ba^{2+}	7.47	11.50	20.80
Tl^+	6.71	12.40	28.50	Pb^{2+}	6.56	9.91	18.0
UO_2^{2+}	2.36	2.45	3.34	Cr^{3+}	6.6	7.60	10.5
Mg^{2+}	2.95	3.29	3.51	La^{3+}	7.6	10.70	17.0
Zn^{2+}	3.13	3.47	3.78	Ce^{3+}	7.5	10.60	17.0
Co^{2+}	3.23	3.74	3.81				

表 6-12   阴离子交换的选择系数

阴离子	选择系数		阴离子	选择系数	
	Dowex-1	Dowex-2		Dowex-1	Dowex-2
Cl^-	1.00	1.00	HSO_3^-	1.3	1.3
OH^-	0.09	0.65	NO_3^-	3.8	3.3
F^-	0.09	0.13	NO_2^-	1.2	1.3
Br^-	2.8	2.3	$H_2PO_4^-$	0.25	0.34
I^-	8.7	7.3	CNS^-	—	18.5
ClO_4^-	—	3.2	CN^-	1.6	1.3
BrO_3^-	—	1.01	HCO_3^-	0.32	0.53
IO_3^{2-}	—	0.21	$HCOO^-$	0.22	0.22
HSO_4^-	—	6.1	CH_3COO^-	0.17	0.18

β 值越大于或越小于 1 时，Me_1 与 Me_2 越易分离；$\beta=1$ 时，则无法用离子交换法将其分离。

6.4.4.1   离子交换吸附过程的影响因素

离子交换吸附过程包括吸附、洗涤、淋洗、冲洗和转型等作业，各作业的有关因素均影响交换吸附过程的技术经济指标，除离子交换树脂的质量和交换设备等影响因素外。影响过程的主要因素为吸附原液的性质、吸附作业条件和淋洗作业条件。

（1）吸附原液的性质

① 悬浮物及胶体物质的含量。清液吸附的原液应预先用澄清过滤等方法除去固体悬浮物和某些胶体物质，否则会堵塞树脂空隙，增加压头损失，胶体物质会堵塞和覆盖树脂，由于条件变化，还可能沉积于树脂微孔中，降低交换速率，使树脂中毒。矿浆吸附时也须预先用分级的方法除去粗砂，使稀矿浆的浓度和密度适于矿浆吸附的要求。

② 被吸组分的浓度。离子交换吸附法一般适于处理稀溶液，被吸组分含量低时比较有利。若原液中被吸组分浓度高于 0.1～0.5mol/L 时，常用树脂的交换容量很难满足要求，此时一次投入的树脂量大，使用周期短，操作费用高。

③ 干扰离子浓度。原液中与被吸组分同类型离子的种类太多和浓度高时会降低树脂的操作容量，其中高价金属离子（如 Fe^{3+}、Al^{3+}、Cr^{3+} 等）及各种络离子的不良影响更大。氧化剂（Cl_2、H_2O_2、O_2、H_2CrO_4 等）和还原剂（$Na_2S_2O_3$、Na_2SO_3 等）也会干扰树脂的使用。

④ pH。原液的 pH 不仅影响树脂的交换能力，而且影响被吸附组分的存在形态，如 Cr^{6+} 在碱性介质中主要呈 CrO_4^{2-} 形态存在，在弱酸性介质中则以 $Cr_2O_7^{2-}$ 形态存在。因此，原液 pH 对树脂的选用和交换容量的影响较大。

（2）吸附作业条件

① 交换柱。被吸组分在柱中交换重复的次数与柱的高度有关，树脂的利用率一般随柱高的增大而上升，开始上升快，后来上升慢。在高柱、低流速条件下的交换量较大。因此，小型实验用交换柱的柱高与柱径之比一般为（20～30）：1，大型柱的高径比以 4：1 为宜。因柱太高既影响树脂利用率又增加压头损失。

② 流速。吸附流速可以线速度和空间流速表示。吸附线速度为吸附原液在整个柱截面上的流速：

$$U=\frac{Q}{S} \tag{6-31}$$

式中 U——线速度，m/h；

  Q——通过交换柱的原液体积流量，m^3/h；

  S——交换柱的内截面积，m^2。

空间流速是单位时间内流经单位树脂的原液平均体积，有时称为比体积（SV）或层体积（BV）：

$$U_S = \frac{Q}{V} \tag{6-32}$$

式中 U_S——空间流速（每立方米树脂计），h^{-1}；

  Q——通过交换柱的原液体积流量，m^3/h；

  V——交换柱内的树脂体积，m^3。

U 与 U_S 的关系为：

$$U_S = \frac{U}{h_1} \tag{6-33}$$

式中 h_1——交换柱内树脂床的高度，m。

离子交换速度取决于离子扩散速度，而膜扩散速度与流速有关。适当提高流速，有利于膜扩散，可提高产能，但随着流速增大，树脂床的压头损失也增大。通常强酸、强碱树脂的交换速度较大，可用较高的流速，但弱酸、弱碱树脂的交换速度较慢，一般需用较低的流速。流速应与原液浓度、柱高相适应。通常空间流速为每立方米树脂 $5\sim40m^3/h$，浓度低用高流速，浓度高用低流速。在整个吸附过程中要保持流速稳定。

③ 温度。吸附温度影响原液的黏度、交换速度。温度高，交换速度快，效率高，但在室温下影响不明显。在不引起树脂氧化、热破坏的条件下，提高吸附温度对交换有利。

苯乙烯强酸树脂的耐氧化性能较好，使用温度可以高些。酚醛树脂的耐温性能稍差。而阴离子树脂上的氮原子易氧化，耐氧化性能很差，使用温度一般不超过 60℃。

（3）淋洗作业条件

① 淋洗剂的选择。淋洗剂的选择不仅关系到树脂的再生效果、淋洗结果，而且关系到淋洗液的处理和利用。为了使被吸组分较完全地淋洗下来，通常要求淋洗剂对被淋洗的饱和树脂有较大的亲和力，能破坏被吸组分所生成的络合物，对被吸组分有更强的络合能力或使被吸组分转变为不被树脂吸附的离子形态，从而使被吸组分从饱和树脂上淋洗下来。淋洗剂对被吸组分的淋洗过程实质上是淋洗剂中有关离子从饱和树脂上将被吸组分"挤"和"拉"下来的过程。

通常强酸树脂采用盐酸或硫酸液淋洗，而盐酸的淋洗效果较硫酸好。强碱树脂可用氯化钠与氢氧化钠混合液、硝酸铵与硝酸混合液、碳酸氢钠、硫氰化钠、硫化钠等溶液淋洗。弱酸树脂可用盐酸或硫酸淋洗，也可用铵盐淋洗。弱碱树脂可用碱性液（氢氧化钠、碳酸钠、碳酸氢钠、氨水）淋洗。

② 淋洗剂浓度。在一定范围内，淋洗效率随淋洗剂浓度的增大而提高，常用的淋洗剂浓度为 1%～10%。随淋洗剂浓度的增大，树脂会收缩脱水，使树脂层紧缩。而在冲洗阶段树脂又重新溶胀，易引起树脂破裂。因此，应根据具体条件选定淋洗剂浓度，不可太高，一般不大于 10%。

为节省试剂，淋洗过程中可根据情况改变淋洗剂浓度，即初期和后期可以稍稀、中期稍浓，也可采用变浓梯度淋洗，即采用逐级增浓返回的淋洗方法，可以提高淋洗效率和提高合格液中目的组分的浓度。

③ 淋洗流速。为了使淋洗剂与树脂充分接触，提高淋洗效率，一般淋洗流速比吸附流速低，淋洗空间流速为每立方米树脂 $3\sim6h^{-1}$，淋洗剂用量常为 $4\sim8$ 倍饱和树脂体积。

④ 淋洗方式。淋洗可采用柱外淋洗和柱内淋洗两种方式，柱内淋洗又可分为同流淋洗和逆流淋洗两种。一般柱内淋洗效率高于柱外淋洗，柱内逆流淋洗效率高于柱内同流淋洗效率。

⑤ 淋洗温度。提高淋洗温度可以强化淋洗过程，提高淋洗效率，但受树脂热稳定性的影响，淋洗温度应控制在一定范围内。树脂的热稳定性与类型有关，一般盐型较酸型或碱型稳定。钠型磺化聚苯乙烯阳离子树脂可在 $150℃$ 下使用，其氢型只能在 $100\sim120℃$ 下使用，酚醛阳离子树脂只能在温水中使用，阴离子树脂的热稳定性较差。羧基缩聚树脂的使用温度不应超过 $30℃$，聚苯乙烯类不应超过 $50\sim60℃$，氮型可在 $80\sim100℃$ 下使用。

6.4.4.2　离子交换法提取法应用

现以离子交换法提取铀、钨，净化钼和制备高纯水为例，说明离子交换的化学过程。

（1）强碱性阴离子树脂吸附铀　铀在硫酸浸出液中呈多种离子形态存在，浸出液中的大部分杂质呈阳离子形态存在，加之铀的浓度常为 $0.5\sim1.0g/L$，故常用强碱性阴离子交换树脂从硫酸浸出液中吸附铀，其反应为：

$$2\overline{R-Cl}+SO_4^{2-} \Longleftrightarrow \overline{R_2SO_4}+2Cl^-$$
$$2\overline{R_2SO_4}+UO_2(SO_4)_2^{2-} \Longleftrightarrow \overline{R_4UO_2(SO_4)_3}+SO_4^{2-}$$
$$2\overline{R_2SO_4}+UO_2(SO_4)_3^{4-} \Longleftrightarrow \overline{R_4UO_2(SO_4)_3}+2SO_4^{2-}$$
$$\overline{R_2SO_4}+2HSO_4^- \Longleftrightarrow 2\overline{RHSO_4}+SO_4^{2-}$$

多数杂质在浸出液中呈阳离子存在，不被吸附，但铁、磷、砷和钒例外，三价铁可形成络阴离子：

$$Fe^{3+}+nSO_4^{2-} \longrightarrow Fe(SO_4)_n^{(2n-3)-} \quad (n=1,2,3)$$

磷、砷、钒分别呈 $H_2PO_4^-$、$H_2AsO_4^-$、VO_3^- 形态存在，可被吸附，但因其含量小，一般影响不大，故采用强碱性阴离子树脂吸附铀的选择性高。

常用氯化物或硝酸盐的中性液或酸性液作淋洗剂，较常用的是硝酸盐的酸性液，淋洗反应为：

$$\overline{R_4UO_2(SO_4)_3}+4NO_3^- \Longleftrightarrow 4\overline{R-NO_3}+UO_2^{2+}+3SO_4^{2-}$$

柱内同流淋洗时所得淋洗液常分成几部分，合格液送后续处理，贫液返回淋洗。采用柱内逆流淋洗只得到合格液，可减少淋洗液体积和提高淋洗效率。

（2）强碱性阴离子树脂吸附钨　氢氧化钠溶液浸出含钨原料时，钨呈钨酸钠形态转入浸出液中，磷、砷、硅分别呈 PO_4^{3-}、AsO_4^{3-}、SiO_3^{2-} 形态存在于浸液中。由于钨酸根对强碱性阴离子树脂的亲和力大于磷、砷、硅离子对树脂的亲和力，故吸附时有较高的选择性。树脂饱和后，可用氮化铵与氢氧化铵的混合液进行淋洗。过程反应为：

$$2\overline{R-Cl}+Na_2WO_4 \Longleftrightarrow \overline{R_2WO_4}+2NaCl$$
$$\overline{R_2WO_4}+2NH_4Cl \Longleftrightarrow 2\overline{R-Cl}+(NH_4)_2WO_4$$

此法除磷、砷、硅的效率可达 95% 以上，三氧化钨的回收率可达 97% 以上。此法无法分离钨和钼，因其亲和力相近。

（3）弱酸性阳离子树脂净化钼　氨浸辉钼矿焙砂或氧化钼可得钼酸铵浸出液，而铜、铁、锰、镁、镍、钴等杂质呈阳离子形态存在，如 $Fe(NH_3)_6^{2+}$、$Cu(NH_3)_4^{2+}$、$Zn(NH_3)_4^{2+}$ 等，由于杂质含量少，钼含量高，可采用弱酸性阳离子树脂吸附浸液中的阳离子杂质，使钼留在浸出液中，从而使钼与杂质组分分离。吸附于树脂上的阳离子杂质可用适当浓度的盐酸或硫酸淋洗，然后用氢氧化铵将树脂转为铵型而重新用于吸附。

(4) 制备高纯水　离子交换技术的一个重要用途是制备高纯水、净化饮用水。制备高纯水的典型流程如图 6-16 所示。未处理的原水除含 H^+、OH^- 外，还可能含有 Na^+、NH_4^+、K^+、Ca^{2+}、Mg^{2+}、Fe^{3+}、Fe^{2+}、Cu^{2+}、Mn^{2+}、Al^{3+} 及痕量的 Zn^{2+} 等阳离子及 Cl^-、SO_4^{2-}、HPO_4^{2-}、HCO_3^-、NO_3^-、NO_2^-、HS^-、F^-、PO_4^{3-}、$HSiO_3^-$ 等阴离子。在自来水中则以 Ca^{2+}、Cl^- 为主。当原水通过阳柱时，交换反应为：

$$\overline{H}+Na^+ \rightleftharpoons \overline{Na}+H^+$$
$$2\overline{H}+Ca^{2+} \rightleftharpoons \overline{Ca}+2H^+$$

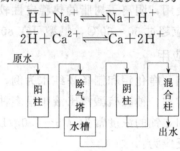

图 6-16　制备高纯水的典型流程

阳柱—内装强酸性阳离子树脂（H 型）；阴柱—内装强碱性阴离子树脂（OH 型）；
混合柱—内装充分混匀的阳离子树脂和阴离子树脂；除气塔—空气吹入式填料塔或筛板塔

因此，阳柱出水一般呈酸性或弱酸性。交换下来的 H^+ 还与水中的 HCO_3^-、CO_3^{2-} 作用：

$$H^+ + HCO_3^- \longrightarrow H_2CO_3 \longrightarrow H_2O + CO_2\uparrow$$
$$2H^+ + CO_3^{2-} \longrightarrow H_2CO_3 \longrightarrow H_2O + CO_2\uparrow$$

反应生成的 CO_2 经除气塔除去。除去 CO_2 后的原水进入阴柱。在阴柱中的交换反应为：

$$\overline{OH}+Cl^- \rightleftharpoons \overline{Cl}+OH^-$$
$$2\overline{OH}+SO_4^{2-} \rightleftharpoons \overline{SO_4}+2OH^-$$

交换下来的 OH^- 与 H^+ 结合成水。因此，阴柱出水接近中性或呈弱碱性。原水经阳柱和阴柱后，大部分杂质离子已被树脂吸附，残存的少量杂质离子再经混合柱进一步净化和中和酸度。从混合柱出来的水的电导率一般为 $5\times10^{-7}\sim5\times10^{-8}$ S/m，pH 为 7 左右。一般蒸馏水的电导率为 10^{-5} S/m 左右，故离子交换水较蒸馏水纯得多。

经一定时间后，交换柱的净化能力下降，此时应及时进行再生处理。再生时先用清水逆洗以除去污泥和悬浮物等杂质，然后用 2mol/L 盐酸再生阳离子树脂，用 2mol/L 氢氧化钠再生阴离子树脂。混合柱中的阳离子树脂和阴离子树脂可利用其密度差先用漂洗法将其分开，当密度差小时可用盐水使其分开，然后用酸和碱分别将其再生为 H 型和 OH 型。

制备高纯水应按阳离子柱、阴离子柱、混合离子柱的顺序进行。若原水先进阴柱，交换下来的 OH^- 可能与 Ca^{2+}、Mg^{2+} 生成沉淀，同时强碱性阴离子树脂对水中悬浮物、有机物比较敏感，价格也较高，故一般采用先阳后阴的顺序。在实验室可将蒸馏水直接通过混合柱而制得高纯水。

6.4.5　树脂中毒及处理方法

离子交换树脂在长期循环使用过程中其交换容量不断下降的现象称为树脂中毒。树脂中毒的主要原因：首先是原液中含有对树脂亲和力极大的杂质离子，它们不被正常淋洗剂所淋洗；其次是某些固体杂质或有机物质沉积于树脂网眼中降低了交换速率，从而降低了树脂的操作容量；再次是外界条件的影响使树脂变质。因此，树脂中毒可分为物理中毒（沉积）和化学中毒（吸附和变质）两种。根据中毒树脂处理的难易又可分为暂时中毒和永久中毒两种。暂时中毒是指用淋洗方法可以恢复树脂性能的中毒现象，而永久中毒则是目前用淋洗方法不能恢复其吸附性能的中毒现象。由于中毒现象使吸附容量不断降低，甚至完全失去交换能力，故树脂中毒将严重影响吸附作业的正常进行和降低其技术经济指标。

实践中发现树脂中毒现象时，首先必须详细查明树脂中毒的原因，然后采取相应措施进行"防毒"和"解毒"。如采用强碱性阴离子树脂从硫酸浸出液中提取铀时，常见的中毒现象有硅、钼、钛、钒和连多硫酸盐等中毒。预先将原液中的五价钒还原为四价，预先将原料中的硫化物浮出和预先用硫化钠沉钼等措施可有效地防止钒、连多硫酸盐和钼中毒。有时虽然采取了某些预防措施，但仍难免树脂中毒，或有时采取某些预防措施在经济上不合算或会给工艺造成很大困难时，最有效的方法是采用某些解毒试剂处理中毒树脂，如用 NaOH 或 Na_2CO_3 溶液淋洗可消除硅、钼、钒、元素硫中毒；用 H_2SO_4 混合液淋洗可消除硅、钛、锆中毒；用硝酸淋洗可消除连多硫酸盐和硫氰根中毒；用还原剂淋洗可消除钒中毒等。此外，还应严格注意操作条件和树脂保存，防止树脂的酸碱破坏和热破坏。

本章思考题

1. 离子交换吸附有哪几个方面的应用？
2. 有哪几种平衡关系？适用范围如何？
3. 简述几种常见的控制模型。
4. 什么是离子交换树脂？它由什么构成？
5. 简述静态吸附和动态吸附。
6. 简述离子交换吸附的化学过程。
7. 产生树脂中毒的原因有哪些？

第7章

化学选矿实践

7.1 金的化学选矿

7.1.1 混汞提金

7.1.1.1 概述

混汞法提金是一种古老而又简单的方法。其原理是基于金粒易被汞选择性润湿，进而汞向金粒内部扩散形成金汞齐（含汞合金）而捕收自然金。混汞反应可以用下式表示：

$$Au + 2Hg = AuHg_2$$

金汞齐（膏）的组成随其含金量而变。混汞时金粒表面先被汞润湿，然后汞向金粒内部扩散分别形成 $AuHg_2$、$AuAg$、Au_3Hg，最后形成金在汞中的固溶体 Au_3Hg。将汞膏加热至 375℃ 以上时，汞挥发出呈元素汞形态，金呈海绵金形态存在。

混汞提金法可分为两种类型：内混汞和外混汞。内混汞是指在磨矿设备内，一边使矿石磨碎，一边混汞提金的方法；外混汞是指在磨矿设备之外对矿石进行混汞提金的方法。常用的内混汞设备有碾盘机、捣矿机、混汞筒及专用的小型球磨机、棒磨机等。常用的外混汞设备主要为混汞板及不同结构的混汞机械。

内混汞法常用来处理品位较高的矿石或重选精矿。例如：当含金矿石中铜、铅、锌矿物含量甚微，矿石中不含使汞粉化的硫化物，金的嵌布粒度粗及以混汞法为主要提金方法时，一般采用内混汞法提金。采用内混汞法处理重选粗精矿和其他含金中间产物时，在内混汞设备内边磨矿边混汞以回收金粒。砂金矿山常采用内混汞法使金粒与其他重矿物分离。

外混汞常用于脉金选矿厂在选矿流程中提前回收部分游离金。例如：当金嵌布粒度细，又以浮选法或氯化法为主要提金方法时，一般采用外混汞法提金，在球磨机磨矿循环、分级机溢流或浓缩机溢流型装设混汞板，以回收单体自然金粒。另外，外混汞法可作为一种辅助手段，以回收捣矿机等内混汞设备中溢流出来的部分细粒金和汞膏。

目前，南非、美国等主要产金国仍在不断地研制新型高效的混汞设备，我国的选矿工作者在这方面也进行了大量工作，在加强混汞操作、强化汞作业和混汞设备的改进及研制方面都获得了许多成果。

混汞提金的基本理论基础及提金过程为：由于矿浆中单体金和其他贵金属颗粒表面和其他矿粒表面被汞润湿性不同，金粒及贵金属颗粒表面亲汞疏水，而其他矿粒表面疏汞亲水，汞与含金物料接触时，能选择性地润湿金粒，然后向被润湿的金粒中扩散而形成汞膏（金汞合金），从而汞能捕捉金粒，使金粒与其他矿及脉石分离。采用一定的方法将汞膏与矿浆分离，再从液态的（呈糊状）汞膏中分离出残留的汞，将获得的呈固态的汞膏送去蒸馏，蒸馏罐中残留下的即为黑色的海绵状金，海绵金经进一步处理即成金块，汞蒸气在冷凝器中冷凝下来后可返回再用。影响混汞提金效果的主要因素有：金粒解离程度及粒径大小、金的成色、矿浆浓度、矿浆作业温度、矿浆的酸碱度、汞的质量及用量。

混汞作业一般不作为独立过程，常与其他选别方法组成联合流程，多数情况下，混汞作业只是作为回收金的一种辅助方法。由于汞作业的劳动条件差、劳动强度大、易引起汞中毒、含汞废气废水净化等问题。目前正在逐渐被浮选或重选法所取代。但混汞法能回收单体自然金，可就地产金，且混汞法成本低、效率高、操作方便，即使在浮选法和氯化法提金迅速发展的今天，它仍是处理砂金重选精矿和回收脉金矿中单体解离金粒的重要选矿方法。

7.1.1.2 混汞提金实例

我国某金矿为金-铜-黄铁矿，金属矿物含量为 $10\%\sim15\%$，主要为黄铜矿、黄铁矿、磁铁矿及其他少量铁矿物，脉石矿物主要为石英、绿泥石和片麻岩，原矿含铜 $0.15\%\sim0.2\%$，含铁 $4\%\sim7\%$，含金 $10\sim20g/t$，含银约为金的 2.8 倍。金粒平均粒径为 $17.2\mu m$，最大为 $91.8\mu m$，表面洁净，大部分金呈游离金形态存在，部分金与黄铜矿共生，少量金与磁黄铁矿、黄铁矿共生，可混汞金占 $60\%\sim80\%$。矿石中的硫化物对混汞有不良影响，原矿经一段磨矿，磨矿细度−200 目为 60%，在球磨机与分级机闭路循环中设置两段混汞板，第一段混汞板呈两槽并列配置（每槽长 2.4m，宽 1.2m，倾角 13°），设置于球磨机排矿口前；第二段混汞板也为两槽并列配置（每槽长 3.6m，宽 1.2m，倾角 13°），设置于分级机溢流堰上方。球磨机排矿流段经第一段混汞板，混汞尾矿流至集矿槽内，再用板式给矿机提升至第二段混汞板，第二段混汞尾矿流入分级机，分级溢流送浮选处理。为了使浮选作用能正常进行，混汞浆浓度为 $50\%\sim55\%$。球磨排矿粒度−200 目占 60%，汞板上的矿浆流速为 $1\sim1.5m/s$。石灰加入球磨机中，矿浆 pH 为 $8.5\sim9.0$，每 $15\sim20min$ 检查一次汞板，并补加汞，汞的添加量为 $5\sim8g/t$（包括混汞作业外损失）。每班刮汞膏一次，刮汞膏时两列混汞板轮流作业。汞膏含汞 $60\%\sim65\%$，含金 $20\%\sim30\%$，火法熔炼产出含金 $55\%\sim70\%$ 的合质金。该金矿金的回收率为 93%，其中混汞金回收率为 70%，浮选金回收率为 23%。

7.1.2 氰化法浸金

7.1.2.1 氰化浸金基本原理

由于氰化物溶液中充入氧气与氰离子建立了可以使金溶解的体系，氰化物能够选择性地溶解金。在该体系中，可以使金生成一价金的络合物阴离子 $Au(CN)_2^-$，$Au(CN)_2^-$ 的生成最为容易。在氰化物溶液中金的溶解有许多理论解释，但公认的是 Elsner 反应式，即当有氧存在时，在氰化物溶液中金的溶解总反应是：

$$4Au+8KCN+2H_2O+O_2 \Longrightarrow 4KAu(CN)_2+4KOH$$

其中金阳极溶解反应速率由氰化物浓度控制：

$$Au + 2CN^- \Longrightarrow Au(CN)_2^- + e^-$$

而氧的阴极还原由溶解氧浓度控制：

$$O_2 + 4H^+ + 4e^- \Longrightarrow 2H_2O$$

由于金的溶解速度$\mu_{金}$是氰化物消耗速度的一半，是氧消耗速度的两倍，当溶液中氰化物的浓度CN^-很低时，金的溶解速度仅取决于氰化物浓度为：

$$\mu_{金} = \frac{1}{2} \frac{ADCN^-}{\delta} [CN^-] = K_1 [CN^-]$$

当氰化物浓度高时，金的溶解速度仅取决于氧的浓度。

$$\mu_{金} = 2 \frac{ADO_2}{\delta} [O_2] = K_2 [O_2]$$

氰化浸出剂中氰根浓度与溶解氧浓度的比值为6时，金的溶解速度达最大值。实验证明两者的比值在4.6～7.4时，金的溶解速度达最大值，此速度为极限溶解速度。这个比值还说明：溶解氧和氰根的浓度对于金的溶解都是很重要的，溶解氧的浓度和游离氰化物的浓度之比应有个合理的数值。仅致力于向溶液中充气，忽略溶液中的游离氰化物浓度和过量加入氰化物而溶液中的含氧量低于一定值，都难以使金的溶解速度达到最大值。所以，在生产操作中，必须同时测定和控制溶液中的游离氰化物和氧的浓度，并使其比值达到6左右，这样才能获得理想的溶解速度和经济效益。

由于饱和空气的纯水液中溶解氧仅为9mg/L，因此，在工厂的实际氰化物量的情况下，增大溶解氧的浓度有可能提高金的溶解速度。同时，当矿浆中的溶解氧与耗氧矿物发生副反应或因水的盐度大而使其浓度较低时，可喷纯氧或加过氧化物来增大氧的浓度。

7.1.2.2 氰化浸出剂

在金的氰化提出中常用的药剂主要有三类，即浸出剂氰化物和保护碱、空气和氧、过氧化物助浸剂。

(1) 氰化物和保护碱　工业用氰化物需考虑的是其溶金的相对能力、稳定性、价格、再生条件和对杂质的溶解能力等。常用的氰化物有氰化钠、氰化钾、氰化钙、氰化铵，这四种氰化物对金的相对溶解能力：$NH_4CN > Ca(CN)_2 > NaCN > KCN$。在含有$CO_2$的空气中，稳定性的大小顺序为：$KCN > NaCN > NH_4CN > Ca(CN)_2$。

在氰化生产中，当需用较强的碱度而使用石灰，并由此产生钙离子阻滞对金的溶解时，可改用氢氧化钠作为碱性剂。此外，使用氢氧化钠可以避免使用石灰时所造成的在设备和管道内部结钙的现象。

(2) 空气和氧　如果氧需要量不是太高，则压缩空气是最廉价的氧化剂方案。进气喷嘴的位置对空气利用效率有很大影响。为了使空气中的氧最大限度地溶解，空气必须喷入处于涡轮叶片顶端旋涡中的高压区，以最大限度地混合。这样氧的有效溶解比空气喷入叶轮之下的低压区要高得多。

如果氧化剂需要量较高，则采用氧气是合理的。充纯氧强化金浸出效果是明显的。例如：加拿大LAC矿物公司Doyon厂采用氧气使硝酸铅需要量减少55%，同时氰化物耗量减少25%。在澳大利亚两座矿山加氧后，金回收率提高5%，同时氰化物耗量减少10%。添加氧气的主要效果是加快浸出动力学，使浸出时间缩短到1/5～1/3。

(3) 过氧化物助浸剂　需氧量大的金浸出厂可采用添加过氧化物的方案，过氧化物助浸法作为强化氰化提金的一种工艺在国内外的某些易浸金矿石的浸出中已经获得应用。氧化物助浸剂又称为供氧体，常用的为 H_2O_2 和 CaO_2。采用 H_2O_2 是 20 世纪 80 年代末期由德国 Degussa 公司推出的 PAL（peroxide assistant leaching）法。该法是在氰化浸出过程中加入经稀释的 H_2O_2，直接在矿浆中释放出溶解氧参与溶金的化学反应，并解决了生产中通过监测溶解氧来控制 H_2O_2 加入量的技术关键。PAL 法的显著效果是能够大幅度提高浸出速度并提高浸出率和节省氰化物用量。典型的 PAL 法 H_2O_2 添加量为 0.2～0.5kg/t。对含高硫、高铜和含砷等几种硫化物金矿石的助浸研究表明该法不仅适用于易浸金矿石，而且对某些含硫化物较高的难浸金矿石也显示了良好的适应性和应用前景。因此，该法不仅可能为某些难处理金矿石的应用开辟一条新途径，而且还有希望使成熟的氰化提金法得到进一步发展。

PAL 法首先在南非 Farivaiew 金矿应用，处理硫化矿浮选尾矿。使用常规方法浸出 24h，金浸出率为 61%，而采用 H_2O_2 助浸后浸出 6h，浸出率即达 73%，在助浸过程中消耗 H_2O_2（浓度 30%）0.5kg/t，每月净增产黄金 5.25kg。此后该法又陆续在南非、北美和澳大利亚等地的 7 个金矿获得应用，都取得了显著的经济效益。例如：北美某金矿处理硫化物型高品位金精矿（含金 3kg/t，银 8kg/t）。采用 H_2O_2 助浸后，浸出时间减少为原来的 25%，金浸出率达 98%，银的浸出率也由 90% 提高到 98%，而且氰化钠用量节约了 75%。

进入 20 世纪 90 年代，国外关于 H_2O_2 助浸的报道逐渐增多。作为 PAL 的扩展，出现了有关 CaO_2 等其他过氧化物助浸研究的报道。Leterox 化学公司提出采用固体 CaO_2 代替 H_2O_2，认为 CaO_2 在高 pH 环境中能稳定、均匀地释放氧，可以避免活性较大的 H_2O_2 所发生的副反应。经过为期 120d 的 H_2O_2、CaO_2 助浸和充气工艺的现场对比，试验表明采用这两种过氧化物均能提高浸出速度和浸出率，助浸使尾矿含金从 0.11g/L 下降到 0.08g/L。其中采用 CaO_2 的氰化物单耗为 0.98kg/t，比充气工艺节约了 30% 左右，CaO_2 用量为 0.09kg/t，比 H_2O_2 消耗量降低 3%，而且采用 CaO_2 其实际操作也比较简单。

7.1.2.3 氰化法提金实例

中温热液裂隙充填含金石英脉型金矿采用两段闭路流程碎矿至 16mm 以下，磨矿分级出 0.074mm 以下占 95% 的矿浆，进入浸出系统。精金矿进入氰化系统，用两段浸出、三级逆流洗涤流程。贵液在沉降池使固体悬浮物降至 65～80mg/L，再过滤得固体悬浮物低于 1mg/L 的精液。精液置换得到的金泥含金为 6%～8%，经烘干后，与熔剂硼砂 40%～45%、硝酸钾 30%～35%、石英 5%～10% 混合后在 1200～1250℃ 下熔炼，得到含银 64%、金 20% 的合质金。用水淬、硝酸浸煮的办法提纯，得到含金 95%～96% 的粗金。

综合技术指标为：原矿品位 4.31g/t、尾矿品位 0.28g/t、贵液浓度 1.2g/m³、贫液品位 0.02g/m³、浸出率 95.84%、总回收率 90.05%、合质金品位 90.91%。处理矿石的主要消耗：钢球 3.64kg/t、氰化钠 0.88kg/t、石灰 12.6kg/t、絮凝剂 0.07kg/t、水 3.3m³/t、电 68kW·h/t。

7.1.3 炭浆法提金

7.1.3.1 炭浆法提金工艺流程

炭浆法提金工艺过程包括原料制备及活性炭再生等主要作业，其工艺流程见图 7-1。

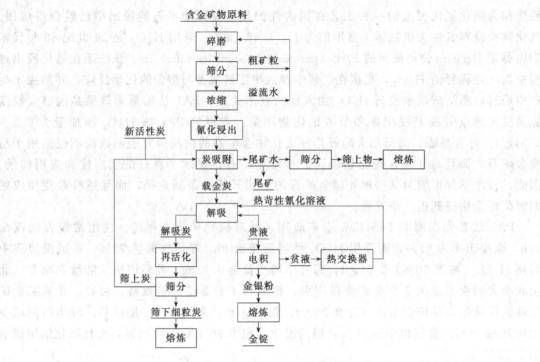

图 7-1 炭浆法提金工艺流程

（1）原料制备　把含金物料碎磨至适于氰化的粒度，一般要求小于 28 目，并除去木屑等杂质，经浓缩脱水使浸出矿浆浓度达到 45%～50% 为宜。

（2）搅拌浸出　与常规氰化法相同，一般为 5～8 个搅拌槽。

（3）炭吸附　氰化矿浆进入搅拌吸附槽（炭浆槽）。河南省灵湖金矿在吸附槽中装有格式筛和矿浆提升器，实现活性炭和矿浆逆向流动，吸附矿浆中已溶的金，桥式筛可以减少活性炭的磨损。目前桥式筛的筛孔易被活性炭堵塞，要用压缩空气清扫。

（4）炭解吸　目前可用几种方法解吸：①热压解吸法；②有机溶剂解吸法；③去离子解吸法等。

（5）电积法或常规锌粉置换沉淀金　载金炭解吸可达到含金 $600g/m^3$ 的高品位贵液，经电积或锌置换法得到金粉，并送熔炼获得金锭。

（6）活性炭的再生利用　解吸后的活性炭先用稀硫酸（硝酸）酸洗，除去碳酸盐等聚积物，经几次返回使用后需进行热力活化以恢复炭的吸附活性。

7.1.3.2　活性炭吸附金

活性炭的种类很多，用于黄金提取的活性炭可以用各种炭质物（椰子壳、杏壳、坚果壳和挤压煤等）制造，该活性炭为粒状（2～6mm），比表面积 700～1000m^2/g，吸附速度 R 值为 0.05g/（kg·min），吸附容量 K 值（金/炭）为 30g/kg。

先在 400～700℃炭化后，在 750～850℃下活化与水蒸气反应生成能够吸附金氰络离子的官能团——羧酸、酚式羟基、醌型羰基、内酯、荧光素内酯、环状过氧化物、羧酸酐等基团。活性炭吸附某些物质到炭内孔壁表面，因此有效吸附表面积越大，吸附作用就越强。通常吸附是一个放热过程，吸附分为物理吸附和化学吸附。物理吸附由很弱的范德华力（分子、偶极子间的相互作用和氢键）引起，这种吸附过程一般是可逆的；化学吸附由价键力

（离子键或共价键）引起，这种吸附过程一般是不可逆的。

有机组分在活性炭上吸附的最简单的模式是还原机理。活性炭对各种离子吸附亲和力的顺序由强到弱依次为：$AuCl_2^-$、$Au(CN)_2^-$、$Au(SCN)_2^-$、$Au[CS(NH_2)]_2^{3-}$、$Au(S_2O_3)_2^{3-}$。回收金所用的活性炭全表面的90%由微孔构成，活性炭吸附氰化亚金的机理有以下几类：①$Au(CN)_2^-$还原为单质金；②以$Me+Au(CN)_2^-$对被吸附；③$Au(CN)_2^-$和阳离子在带电表面的双电层上吸附；④$Au(CN)_2^-$被吸附后降解为$AuCN$。

活性炭对氰化亚金的吸附与活性炭的粒度、矿架密度、有机毒物、氰根浓度、pH、离子强度、温度等有关。活性炭对氰化亚金的吸附受温度的影响很大。温度升高，平衡吸附容量下降，而吸附速度加快，反应的活化能为10.9kJ/mol。游离氰根浓度增大，吸附速度和平衡容量均下降。酸度和离子强度增大，吸附速度和平衡容量均有所改善，且对容量的影响远大于动力学效果。活性炭吸附氰化亚金的吸附量与氰化亚金的浓度间的平衡对实际尤为重要，其符合付劳因德里希等温式。

在炭浆法中，活性炭从澄清液中吸附通常用4～6级逆流吸附柱，有固定床和膨松床两种，膨松床中炭占床高的1/3。从矿浆中吸附金就是把活性炭加入浸出槽，浸出与吸附同时进行。载金炭用筛分法从矿浆分离。炭浆法包括浸出在吸附之前的炭浆法（CIP）作业和浸出与吸附同时进行的炭浸法（CIL）作业两种。

7.1.3.3　载金炭的解吸

（1）热压解吸法　热压解吸法的试剂消耗随解吸剂组成、浓度、操作、解吸温度和解吸时间的不同而明显变化。氰化物的消耗从极微到7kg/t炭，苛性碱消耗7～30kg/t，炭在最佳条件下，不加氰化钠时碱的消耗量为7～10kg/t炭，能耗4.67GJ。

（2）去离子水解吸法（AARL法）　去离子水解吸法由南非的约翰斯特堡市美英研究实验所（AARL）的R. J. Davidson首先提出。去离子水解吸法用1个柱床体积的HCl洗涤载金炭以除去$CaCO_3$，用2个柱床体积的水洗除酸，用0.5个柱床体积的1%NaCN、5%NaOH溶液预浸0.5～1h，使载金炭上的金全部转化为氰化亚金酸钠，然后在105～110℃下用6个柱床体积的去离子水解吸4～8h。

为了使载金炭上的金全部转化为氰化亚金酸钠，R. J. Davidson研究了各种试剂预处理的效果。纯氢氧化钠预处理的效果较差，碳酸钠和氢氧化钠混合液预处理的效果很好，载金炭上的金全部转化为氰化亚金酸钠，解吸率可达99.1%。用10%的氰化钠和1%～10%的氢氧化钠混合液预处理的效果很好，载金炭上的金全部转化为氰化亚金酸钠。用12个柱床体积的8%NaCN和1%NaOH混合液预处理载金炭，解吸率达Au 99.5%、Ag 98.0%、Cu 92.3%、Ni 95.5%。

去离子水解吸法氰化物的消耗从极微到7kg/t炭（不用氰化钠时用碳酸钠），苛性碱消耗7～30kg/t炭，HCl消耗90kg/t炭。在最佳条件下，不加氰化钠时碱的消耗量为8kg/t炭，能耗4.0GJ。

（3）有机溶剂解吸法　有机溶剂解吸法又包括了有机溶剂淋洗法和醇回流法两种方法，解吸剂都采用了乙醇，因此归为一类解吸法。有机溶剂淋洗法所用的有机试剂有乙醇、甲醇、丙酮、乙腈等。醇淋洗法由美国矿业局的Heinen首创，是Zadra法的发展，也称为Dural法，醇淋洗法用1%NaCN、1%NaOH、20%的乙醇溶液，在80℃下5～8h，解吸率一般为98%；醇回流法由澳大利亚的Micron Research公司研究首创，使用1个蒸馏塔，将沸腾的乙醇蒸气通入该塔，活性炭上的金被乙醇蒸气与冷凝乙醇的混合流所解吸，使1t活性炭上的金解吸进入 $0.5m^3$ 的溶液中，解吸液中金的浓度很高，可达12g/L。

有机溶剂解吸氰化亚金的机理为：①水溶解简单离子，而有机溶剂溶解络离子；②加入有机相，增强了 CN^- 的反应活性，且促使氰化亚金溶解于有机溶剂中；③最适于提取氰化亚金的有机溶剂为乙腈＞丙酮＞乙醇＞甲醇。

7.1.4 树脂矿浆法提金

湿法冶金中的金通常以络阴离子的形态存在，阴离子交换树脂就比阳离子交换树脂更为重要。从金的氰化液中提取金氰络离子，采用强碱性阴离子交换树脂和弱碱性阴离子交换树脂。强碱性离子交换树脂在 pH＞5 时离子化，就可以交换金氰络离子，而且不受 pH 的影响。弱碱性离子交换树脂在 pH＜9 时离子化；pH＞9 时为自由基状态（未离子化），不具有离子交换特性，这是弱碱性离子交换树脂与强碱性离子变换树脂唯一重要的区别。

从金的氰化液中提取金氰络离子，通常采用阴离子交换树脂，交换反应为：

$$ROH + Au(CN)_2^- \Longrightarrow RAu(CN)_2 + OH^-$$

吸附符合付劳因德里希等温式：

$$\lg E_{Au} = \lg K + 1/n \lg C_{Au} \tag{7-1}$$

式中　　E_{Au}——吸附量；

　　　　K，n——在一定范围内表示吸附过程的经验常数，n 值大于1；

　　　　C_{Au}——作用达到平衡时溶液的浓度。

通常采用强碱性阴离子交换树脂和弱碱性阴离子交换树脂，它们的吸附性能有一定的差异。

7.1.4.1 强碱性离子交换树脂

强碱性离子交换树脂吸附氰化亚金具有以下特性。

① 在 pH 为 2～12 范围内，强碱性离子交换树脂对金氰络离子的吸附速度和饱和吸附容量没有影响。

② 由于 $Au(CN)_2^-$ 和 Cl^- 对离子交换树脂上活性点的强烈竞争，离子强度对强碱性离子交换树脂吸附氰化亚金的速度几乎没有影响，但对饱和吸附容量有显著影响。

③ 在不同金含量的溶液中，强碱性离子交换树脂对金氰络合物的吸附速度在最初 30min 内总是恒定的，与树脂上的载金量无关，吸附速率表现为一级反应。在溶液中没有竞争离子存在时，载金量可以达到极高的程度。

④ 在 20～80℃ 范围内，温度升高，强碱性离子交换树脂吸附氰化亚金饱和吸附容量降低而速度加快，阿伦尼乌斯曲线求得的活化能为 16.5kJ/mol。温度对强碱性离子交换树脂吸附氰化亚金的影响比活性炭吸附 $Au(CN)_2^-$ 的影响小得多。

⑤ 对强碱性离子交换树脂吸附氰化亚金的速度与溶液流速（流态化床）的研究表明：它是一种薄膜扩散控制过程；在强烈搅拌时受颗粒内扩散控制。对于受薄膜扩散控制的过程，吸附速度随混合均匀程度的提高而增大；在受颗粒内扩散控制的情况下，搅拌对速度没有影响。在受薄膜扩散控制的情况下，吸附速度和溶液中金的含量呈一级吸附关系；而在受颗粒内扩散控制下，并不严格遵循一级吸附。在受薄膜扩散控制的情况下，pH 对提金速度几乎没有影响；但在受颗粒内扩散控制的情况下，则有明显的影响。吸附速度对搅拌的依赖性随酸性和离子强度的增大而降低。

⑥ 强碱性树脂对铜、镍和锌的吸附比对金的吸附更强，对钴、银和铁的吸附不及金。这说明为了从氰化液中有效地提取金，必须把贵液中的铜、镍和锌全部提取。

金氰络离子的稳定性比大多数贱金属氰络离子稳定性好。这就提供了这样一种可能性，即通过在低 pH 的条件下对溶液中的贱金属选择性沉淀，降低强碱性树脂对这些杂质的吸附和提高载金量。

7.1.4.2 弱碱性离子交换树脂

在许多方面，弱碱性离子交换树脂与同基体的强碱性离子交换树脂表现出相似的性质。树脂在吸附金的同时也吸附贱金属。通常弱碱性离子交换树脂的选择性比强碱性离子交换树脂的高，饱和吸附容量也大。弱碱性离子交换树脂对氰化液中各种离子的吸附强度顺序为：

$$Au(CN)_2^- > Zn(CN)_4^{2-} > Ni(CN)_4^{2-} > Ag(CN)_2^- > Cu(CN)_3^{2-} > Fe(CN)_6^{4-}$$

弱碱性离子交换树脂吸附氰化亚金具有以下特性。

① pH 是决定弱碱性离子交换树脂特性的重要参数。pH 的影响在不同树脂间的变化相当大，对于 A7 和 MGI 树脂，在 pH<8 时，吸附率基本不依赖于溶液的 pH。弱碱性离子交换树脂对金氰络离子的吸附速度和饱和吸附容量没有影响，最高 pH 由树脂的 pK_a 决定。

② 与强碱性离子交换树脂一样，由于 $Au(CN)_2^-$ 和 Cl^- 对离子交换树脂上活性点的强烈竞争，离子强度对弱碱性离子交换树脂吸附氰化亚金的速度几乎没有影响，但对饱和吸附容量有显著影响。

③ 在弱碱性离子交换树脂中有强碱性离子交换官能团存在。这些官能团为氨基，其离子交换性与强碱性树脂中的官能团相同。这就意味着弱碱性离子交换树脂中一部分官能团的吸附不受 pH 的影响。这样一来，在解吸时就有一部分金很难被 OH^- 所解吸，导致提金效率降低。A7 是唯一能用氢氧化钠完全解吸的树脂。

④ 在 20～80℃ 范围内，温度升高，弱碱性离子交换树脂吸附氰化亚金的饱和吸附容量降低而速度加快。

⑤ 对弱碱性离子交换树脂吸附氰化亚金的速度与流态化床中溶液流速的研究表明，它是一种薄膜扩散控制过程。随着载金量的增加。接近树脂的饱和吸附容量时，缓慢的颗粒内扩散对吸附速率的作用增强。在树脂容量低时，薄膜扩散控制大于颗粒内扩散控制；而在树脂容量高时，颗粒内扩散控制大于薄膜扩散控制。

⑥ 竞争性离子对弱碱性离子交换树脂吸附氰化亚金的影响与强碱性离子交换树脂吸附氰化亚金非常相似，但大多数贵金属的吸附容量仅为同等条件下强碱性离子交换树脂的一半。

7.1.4.3 载金树脂的解吸

在把金从阴离子交换树脂上解吸下来的过程中，必须协调解吸液金浓度与解吸速度的矛盾。解吸速度受颗粒内扩散控制和薄膜扩散控制，薄膜扩散控制是解吸液流体动力学的函数，提高解吸液的流速就会增大薄膜扩散系数，提高总解吸速度。但是在树脂内低扩散速度的作用下，解吸液流量的增大就会使解吸液中金的浓度降低。要使解吸液中金的浓度较高而又要把薄膜扩散的影响降到最低，最简单的方法就是金的电解沉积与解吸结合到解吸循环。

强碱性离子交换树脂与弱碱性离子交换树脂的解吸性能有一定的差异，强碱性离子交换树脂的解吸方法主要有锌氰络合物解吸法、硫氰酸盐解吸法和硫脲解吸法，弱碱性离子交换树脂的解吸方法为氢氧化钠法。

7.1.5 硫脲法提金

7.1.5.1 硫脲法提金原理

硫脲又名硫化尿素，分子式为 SCN_2H_4，其物化性质为：白色，具光泽，菱形六面体，味苦，密度为 $1.405g/m^3$，易溶于水，水溶液呈中性，毒性小，无腐蚀性，对人体无损害。

试验证实硫脲能溶金，在氧化剂存在的条件下，金呈 $Au(SCN_2H_4)_2^+$ 络阳离子形态转入硫脲酸性液中。硫脲溶金是电化学腐蚀过程，其化学方程式可以用下式表示：

$$Au + 2SCN_2H_4 \Longrightarrow Au(SCN_2H_4)_2^+ + e^-$$

选择适宜的氧化剂是硫脲酸性溶金的关键问题，较适宜的氧化剂为 Fe^{3+} 和溶解氧，因此，硫脲溶金的化学反应式可表示为：

$$Au + 2SCN_2H_4 + 2Fe^{3+} \Longrightarrow Au(SCN_2H_4)_2^+ + 2Fe^{2+}$$

$$Au + \frac{1}{4}O_2 + H^+ + 2SCN_2H_4 \Longrightarrow Au(SCN_2H_4)_2^+ + \frac{1}{2}H_2O$$

硫脲溶金所得贵液，根据其所含金量的高低，可采用铁、铝置换或电积方法沉金，金泥熔炼得到合质金，金泥熔炼工艺与氯化金泥相同。

7.1.5.2 硫脲提金的影响因素

硫脲溶金时的浸出率主要取决于介质 pH、浸出温度及时间、氧化剂类型与用量、浸金工艺、硫脲用量、矿物组成等因素。

(1) 介质 pH 在碱性液中硫脲较不稳定，易分解为硫化物和氨基氰。但硫脲在酸性介质中较稳定。因此从硫脲的稳定性考虑，硫脲提金时一般采用硫脲的稀硫酸溶液作浸出剂，而且应该注意先加酸后加硫脲，以免矿浆局部温度过高而使硫脲水解失效。介质酸度与硫脲浓度有关，酸度随硫脲浓度提高而降低，在常用硫脲用量条件下介质 pH 小于 1.5 为宜，但酸度不宜太大，否则会增加杂质的酸溶量。

(2) 浸出温度及时间 硫脲溶金的速度随浸出温度上升而提高，但硫脲的热稳定性小，温度过高易发生水解而失效，矿浆温度不宜超过 55℃，一般在室温下进行硫脲提金；金的浸出率一般随浸出时间的增加而提高。

(3) 氧化剂类型与用量 硫脲溶金时需增加一定量的氧化剂，较为理想的氧化剂为二氧化锰、二硫甲醚、高价铁盐和溶解氧。硫脲酸性液溶金时只要维持矿浆中溶解氧的浓度，高价铁盐可得到再生。

(4) 浸金工艺 金的浸出率与浸金工艺有关，采用一步法（如炭浆法、炭浸法）提金工艺可以显著缩短浸金时间。

(5) 硫脲用量 金的浸出率一般随硫脲用量的增大而提高，由于硫脲提金主要靠高价铁离子作氧化剂，溶液中高价铁离子浓度远较溶解氧浓度高而且可以调节，所以硫脲溶金的硫脲浓度较高，硫脲用量随原料含金量而异，其单耗（kg/t）为几千克至几十千克。

(6) 矿物组成 硫脲为有机络合物，在酸性液中可以和许多金属阳离子形成络阳离子。除汞外，其他金属硫脲络阳离子的稳定性小，因此硫脲酸性溶液溶金时具有较高的选择性。但原料中的铜、铋氧化物会酸溶，并与硫脲络合而降低硫脲浸金效果、增加硫脲用量，原料中含较多量的酸溶物（如 Fe^{2+}、碳酸盐、有色金属氧化物等）和还原性组分时会增加氧化剂及硫酸的消耗，并降低金的浸出率。但铜、砷、锑、铅等元素的硫化矿物对硫脲溶金的有害影响较小，因此硫脲酸性液溶金可以从复杂的难选金矿物原料选择性地提取金、银。

硫脲法提金是一项无毒提金新工艺，我国已采用此法来处理重选金精矿和浮选金精矿。但此工艺目前仍存在成本较高的问题。

7.2 锰矿石的化学选矿

7.2.1 概述

锰是钢的最基本元素，对钢及钢材性能有重要影响，是钢铁工业的重要原料。世界上约95％的锰用于冶金工业，只有约5％的锰用于如化学工业、建筑材料、电子工业、环境保护和农牧业等其他领域。锰矿资源大致分为碳酸锰矿、氧化锰矿和海洋锰结核（亦称大洋多金属结核）。对于贫锰矿和难选锰矿，化学选矿法是较为有效的处理方法。不同种类的锰矿需选用不同的化学选矿法处理。中国是锰矿资源大国，也是锰矿消耗大国，国内产量难以满足需求。

7.2.1.1 世界锰矿石资源现状

世界锰矿资源包括海洋锰矿资源与陆地锰矿资源。其中，全球陆地锰矿床分布比较集中，主要分布在南非、乌克兰、澳大利亚、中国和墨西哥等国家。南非、澳大利亚、加蓬等国家的锰矿石品位较高（锰品位在35％以上），且大多数为氧化锰矿石。南非是世界上锰矿资源储量最多的国家，锰矿资源约占世界锰矿资源的71.8％。乌克兰的锰矿石70％为碳酸盐型，矿石品位不高，储量居世界第二（锰矿储量占世界储量的11.8％）。

海洋锰结核是一种很有潜力的潜在锰矿资源，蕴藏在世界海洋2～6km深的海洋底部。锰结核是多种矿物的集合体，含有锰、镍、铜、钴等多种有价金属，且储量丰富（据估计，总储量在3万亿吨以上），具有巨大的潜在经济价值。海洋锰结核在大西洋、太平洋和印度洋都有分布，其中太平洋东部海域最具开发潜力。

7.2.1.2 我国锰矿石资源与特点

我国的锰矿资源分布在23个省、市、自治区，但大部分集中在广西、湖南、云南等几个省（共占全国储量的87.6％）。国内已查明锰矿资源大部分是碳酸盐型（约占56％），其次是氧化型（约占25％），其他类型约占19％。我国锰矿石的一大特征是高磷、高铁、高硅。据统计，全国锰矿石 $w(P)/w(Mn)>0.005$、$w(Mn)/w(Fe)<3$ 的储量约占总储量的50％，$w(SiO_2)>10\%$ 的锰矿石占总量的68％。在已勘查矿床中，磷质量分数超过标准 $[w(P)\leqslant0.003\%]$ 的占49.6％，铁质量分数超过标准 $[w(Mn)/w(Fe)\geqslant6]$ 的占73％。锰矿石中伴生的银、铅、锌、钴等金属可作为伴生资源加以回收。

目前，在我国实际上能够利用的锰矿物主要有软锰矿（MnO_2，含锰63.2％）、硬锰矿（$MnO \cdot MnO_2 \cdot nH_2O$）、偏锰酸矿（$MnO_2 \cdot nH_2O$）、水锰矿（$Mn_2O_3 \cdot nH_2O$）、褐锰矿（$Mn_2O_3$，含锰69.62％）、黑锰矿（$Mn_3O_4$，含锰72.03％）、菱锰矿（$MnCO_3$，含锰47.8％）等。我国的锰矿石资源中富锰矿 [氧化锰矿 $w(Mn)>30\%$、碳酸锰矿 $w(Mn)>25\%$] 的储量只占总储量的6.4％，符合国际商品级的富锰矿石 $[w(Mn)>48\%]$ 几乎没有。而少数富锰矿石在选矿时仍需进行预处理。总的来说，我国锰矿资源贫矿多、富矿少，薄而分散，矿石杂质多，结构复杂。矿石粒度大多数为微粒，从几微米到几十微米，结构呈隐晶质，嵌布粒度极细，选矿难度较大。

纵观我国锰矿类型、资源分布、地质特征以及技术经济条件，有如下几个特点。

(1) 锰矿资源分布不平衡　虽然我国有 21 个省、市、自治区查明有锰矿，但大多分布在南方地区，尤以广西和湖南最多，约占全国锰矿储量的 50%，因而在锰矿资源开采方面形成了以广西和湖南为主的格局。

(2) 矿床规模多为中、小型　我国锰矿区中，仅有 1 处资源储量超过 1 亿吨的矿床（广西下雷锰矿床），6 处大型矿床（≥2000 万吨），54 处中型矿床（200～2000 万吨），其余为小型矿床。这就难以充分利用现代化工业技术进行开采，历年来，80% 以上锰矿产量来自中、小矿山及民采矿山。

(3) 矿石质量较差，且以贫矿为主　中国锰矿石平均品位约 22%，符合国际商品级的富矿石（Mn≥48%）几乎没有。富锰矿（氧化锰矿含锰大于 30%、碳酸锰矿含锰大于 25%）储量只占 6.4%，而且有部分富锰矿石在利用时仍需要工业加工。贫锰矿储量占全国总储量的 93.6%，碳酸锰矿占全国储量的 55.8%。

(4) 杂质含量高，优质锰矿少　在已勘查的矿床中，磷含量超过标准的占 49.6%，铁含量超过标准的占 73%。

(5) 矿石结构复杂、粒度细　绝大多数锰矿床属细粒或微细粒嵌布，锰矿物和其他脉石矿物呈细粒嵌布，从小于 $1\mu m$ 到几微米、十几微米、几十微米，而且矿物种类繁多。

(6) 矿石物质组分复杂　在已经勘查的锰矿床中共生、伴生矿床有 42 个，共生、伴生组分主要是银、铅、锌、钴等。

(7) 矿床多属沉积或沉积变质型，开采条件复杂　我国近 80% 的锰矿属于沉积或沉积变质型，这类矿床分布面广，矿体呈多层薄层状、缓倾斜、埋藏深，需要进行地下开采，开采技术条件差。适合露天开采的矿床的储量只占全国总储量的 6%。

7.2.2　锰矿石的化学处理方法

常用的锰矿选矿方法为机械选矿法洗矿、筛分、重选、强磁选和浮选，以及特殊选矿法火法富集、化学选矿法等。对于低品位矿石的选矿，因其金属通常呈细分散状态分布于矿体中，要达到单体解离必须细磨，但是过细的颗粒在重选和浮选中易造成选别困难，因此这类矿石简便有效的方法往往是化学选矿。根据锰矿石种类与性质的不同，适宜的化学选矿方法也不同。按照选矿方法的不同，锰矿的化学选矿可分为直接浸出、焙烧浸出和生物浸出。

7.2.2.1　直接浸出法

(1) SO_2 直接浸出法　SO_2 还原锰粉中的 MnO_2，并将其中的 Mn 转化为 $MnSO_4$ 和 MnS_2O_6 的反应如下：

$$SO_2 + H_2O \longrightarrow H_2SO_3$$
$$MnO_2 + H_2SO_3 \longrightarrow MnSO_4 + H_2O$$
$$MnO_2 + 2H_2SO_3 \longrightarrow MnS_2O_6 + 2H_2O$$

而在较高温度或酸性介质中 MnS_2O_6 易分解为 $MnSO_4$：

$$MnS_2O_6 \longrightarrow MnSO_4 + SO_2$$
$$MnO_2 + SO_2 \longrightarrow MnSO_4$$

张昭等通过研究纯矿物的反应动力学，在比较了影响锰浸出率的各个因素的基础上，得到了关于浸出的动力学方程式：

$$1 - (1-\alpha)^{\frac{1}{3}} = 2.80 \times 10^{-3} Q_{SO_2}^{1.04} e^{\frac{-22420}{3.31T}} t \tag{7-2}$$

该过程表明，浸出反应受矿粒表面的化学反应所控制，且反应可在常温下进行。同时还指出在浸出过程中，对锰矿的浸出具有催化的作用：

$$2Fe^{2+}+MnO_2+4H^+ \Longrightarrow Mn^{2+}+2Fe^{3+}+2H_2O$$

$$2Fe^{3+}+SO_2+2H_2O \Longrightarrow 2Fe^{2+}+SO_4^{2-}+4H^+$$

SO_2 浸出法的优点是：过程简单，原料易得，且可以利用工业废气 SO_2，达到综合利用和保护环境的双重目的；Mn 回收率高，且浸渣少，对于低品位软锰矿的综合利用极其有利。缺点是：原料用量大（尤其是无法利用 SO_2 废气时），能耗高，生产成本较高。

张文山等利用 SO_2 还原 MnO_2 制取硫酸锰，经过除铁、除重金属等工艺，最终获得品位为 83.22%、回收率达 97.81% 的硫酸锰。

（2）连二硫酸盐（MeS_2O_6）浸出法　连二硫酸根具有较强的还原性，在氧化锰矿浆中加入连二硫酸盐与 SO_2 气体，过滤除渣后加入 $Ca(OH)_2$，生成 $Mn(OH)_2$ 沉淀：

$$MnO_2+SO_2 \longrightarrow MnSO_4$$

$$MnO_2+2SO_2 \longrightarrow MnS_2O_6$$

$$MeS_2O_6+MnSO_4 \longrightarrow MnS_2O_6+MeSO_4$$

$$MnS_2O_6+Ca(OH)_2 \longrightarrow Mn(OH)_2+CaS_2O_6$$

该方法的优点是：对设备要求较低，适用范围较广；产品纯度好，指标较稳定；原料来源广，且最后生成的 CaS_2O_6 可以循环使用。其缺点是：原料用量大，浸渣产量也大。胡为柏等对广西木圭松软锰矿进行了连二硫酸法浸出的实验室试验和扩大试验，获得含锰品位 53%～60%，回收率 84%～90% 的锰精矿。

（3）两矿加酸浸出法　两矿加酸浸出法将氧化锰和另一矿物（硫铁矿、硫化锰）按比例混合，然后加入硫酸，使具有氧化性的高价锰与具有还原性的低价硫和铁、锰发生氧化还原反应，得到低价的酸溶性锰。其原理为：

$$MnO_2+2FeSO_4+2H_2SO_4 \longrightarrow MnSO_4+Fe_2(SO_4)_3+2H_2O \qquad (7\text{-}3)$$

$$7Fe_2(SO_4)_3+FeS_2+8H_2O \longrightarrow 15FeSO_4+8H_2SO_4 \qquad (7\text{-}4)$$

式（7-3）的产物为式（7-4）的反应物，式（7-4）的产物为式（7-3）的反应物，两个反应循环往复地进行，氧化锰矿被浸出，最终体现为式（7-5）：

$$2FeS_2+15MnO_2+14H_2SO_4 \longrightarrow 15MnSO_4+Fe_2(SO_4)_3+14H_2O \qquad (7\text{-}5)$$

贺周初等用硫酸亚铁浸出法浸出湖南省衡阳地区某低品位（原矿品位为 25.17%）的软锰矿，在浸出温度 95℃、浸出时间 4h、液固比 5∶1 的条件下，其浸出率达 93%。且该法可显著改善锰矿石中金、银的赋存状态，再用硫脲浸出金、银时，金、银浸出效果较好（金浸出率为 98%、银浸出率为 45%）。这是由于两矿加酸法避免了大量硫脲被二氧化锰-硫酸体系氧化为二硫甲脒，使硫脲失去与金、银的络合能力，造成硫脲消耗量过大的问题。而硫酸用量过大不利于浸出反应，甚至有降低锰浸出率的趋势。这是由于浸出过程中酸用量增大，反应处于低 pH 阶段的时间延长，使得反应体系中产生的 S^0 增多。S^0 的生成对浸出过程有两方面的不利影响：一是大量消耗黄铁矿；二是 S^0 覆盖在矿物表面，使矿物具有强疏水性，反应不能顺利向颗粒内部进行，进而影响到锰的浸出。

刘清华用二氧化锰和硫化锰两矿法制备高纯硫酸锰，可得到指标较理想的一水硫酸锰产品。主要反应为：

$$MnO_2+MnS+2H_2SO_4 \longrightarrow 2MnSO_4+S+2H_2O$$

$$4MnO_2+MnS+4H_2SO_4 \longrightarrow 5MnSO_4+4H_2O$$

$$MnS + H_2SO_4 \longrightarrow MnSO_4 + H_2S$$

(4) 硫酸亚铁浸出法 硫酸亚铁是简单易得的还原剂，利用其中的 Fe^{2+} 还原 MnO_2，可用于高价锰的还原浸出。其原理为：

$$MnO_2 + 2FeSO_4 + 2H_2SO_4 \longrightarrow MnSO_4 + Fe_2(SO_4)_3 + 2H_2O$$

彭荣华等用钛白副产硫酸亚铁浸出锰矿制备高纯二氧化锰，发现在 $-0.15mm$ 物料粒度、液固比 3:1、温度 70℃、硫酸浓度 2.1mol/L、1.2 倍硫酸亚铁理论用量的条件下浸出 3h，Mn 的浸出率达 98.5％以上。该方法最大的优点是可以利用钢铁厂的酸洗废液，浸出成本低，同时浸出率也较高；其缺点是浸出液中 Fe^{3+} 含量较高，传统的酸碱中和法除铁将产生大量的 $Fe(OH)_3$，极难过滤。王德全等发现，在硫酸亚铁浸出锰的同时加入硫酸钠，能使大部分铁以黄钠铁矾的形态沉淀，较易除去：

$$3Fe_2(SO_4)_3 + 12H_2O + Na_2SO_4 \longrightarrow Na_2Fe_6(SO_4)_4(OH)_{12} + 6H_2SO_4$$

除上述方法外，还有一些常用的无机还原剂浸出法（还原剂主要有铁粉、H_2O_2、煤等）、有机还原剂（醇类、酚类、草酸、蔗糖、葡萄糖等）浸出法、农林副产品还原浸出法（废糖蜜、木屑、纤维素等农林副产品）、电解还原法等。

7.2.2.2 焙烧浸出法

锰矿的焙烧浸出就是先将锰矿石在特定的条件下焙烧，然后采用化学浸出的方法从中回收锰。

(1) 还原焙烧-酸浸法 还原焙烧-酸浸法的优点是浸出速率高，回收率高，产品纯度高，缺点是酸耗量大。其反应机理为：

$$MnO_2 + C \longrightarrow MnO + CO$$
$$MnO_2 + CO \longrightarrow MnO + CO_2$$
$$MnO + H_2SO_4 \longrightarrow MnSO_4 + H_2O$$

蒋光辉等从含锶铅锰渣中还原焙烧-浸出锰，其中原矿锰品位为 26.7％。研究发现：在氧化气氛下，采用焦煤作为还原剂，焙烧 90min，然后使用硫酸进行浸出，浸出率高达 98.28％。王纪学等研究了低品位软锰矿流态化还原焙烧，结果表明：在 CO 体积分数 10％，焙烧温度 800℃下焙烧 3min 时，软锰矿中 MnO_2 的还原效率＞97％。与传统的静态堆积焙烧相比，流态化还原焙烧时间更短，效率更高。张汉泉等探索了软锰矿多级悬浮还原焙烧工艺，比较发现该工艺操作范围广，操作方便，系统运行稳定可控，能耗较低，时间较短，效率更高。

(2) 氯化焙烧-浸出法 氯化焙烧-浸出法主要针对复杂难选银锰矿的银、锰分离。预先对矿石进行氯化焙烧，使锰矿石中的银转化为氯化银，达到锰、银分离的目的，然后再进行氰浸或氨浸回收银，有利于提高银的回收率。

张晋霞等采用氯化焙烧-氰浸法处理含银锰精矿，含银锰精矿在焙烧温度为 750℃中焙烧 30min，然后在氰化钠 6kg/t 用量的矿浆中浸出 1h，银的浸出率可达 88.54％。吕福生采用氯化焙烧-氨浸法处理某锰硅型银矿石，在 $-0.074mm$（-200 目）占 78％的物料粒度、焙烧温度 800℃、焙烧时间 1h、氨水中 NH_3 浓度 14％、液固比 2:1、NaCl 用量 100kg/t、浸出时间 0.5h 的条件下，银浸出率达 95.38％，浸渣（锰精矿）含银 47.1g/t，Mn 品位 41.58％，锰回收率 99.98％。

(3) 铵盐焙烧-水浸法 铵盐焙烧-水浸法不仅具有水浸的优点，浸出液中杂质较少，工艺简单，有利于环保，而且将焙烧尾气通入浸出液中可得到铵盐结晶，循环使用。其反应机理为（以氯化铵为例说明）：

$$NH_4Cl \longrightarrow NH_3 + HCl$$
$$MnCO_3 + 2HCl \longrightarrow MnCl_2 + CO_2 + H_2O$$
$$MnO_2 + 4HCl \longrightarrow MnCl_2 + Cl_2 + 2H_2O$$

杨仲平等用混合铵盐焙烧法处理某含锰 20.19% 的锰矿石，在 m（锰矿石）：m（氯化铵）：m（硫酸铵）＝20：10：5 的混合比例、焙烧温度为 450℃ 的条件下焙烧 60min，锰浸出率超过 85%。

（4）硫酸化焙烧-水浸法　硫酸化焙烧-水浸法是将锰矿与硫酸化药剂混合或者通入 SO_2 气体进行焙烧，使锰矿中的锰转化为硫酸锰，然后用水将其浸出。与传统的酸浸相比，该方法采用水浸，浸出液中杂质较少，工艺简单，有利于环保。主要的反应机理为：

$$MnO_2 + SO_2 \longrightarrow MnSO_4$$

袁明亮等用硫酸化焙烧-水浸法浸出高磷高铁氧化锰矿，在 Mn/S 的摩尔比为 1：3 的条件，焙烧温度 600℃ 下焙烧 270min，Mn 的浸出率可达 85.6%。

7.2.2.3 生物浸出法

生物浸出是利用微生物的直接或间接作用来对矿石中的有价组分进行选择性或共同浸出，是处理矿石的一种新技术。与传统选矿技术相比较，其具有资源利用率高、矿石入选品位低、环境污染少、基建及能耗成本低等优势。直接浸出是指微生物吸附于矿物表面，直接对锰矿石进行分解；间接作用是指微生物利用 MnO_2 进行代谢呼吸，产生草酸、柠檬酸等具有还原性的有机物，利用产生的还原性有机物还原锰矿石。微生物浸出一般利用微生物生成的浸矿剂来对矿石进行浸出，浸矿剂有两种获得途径：一是菌生高铁浸矿剂，通过微生物生化作用将 $FeSO_4 \cdot 7H_2O$ 氧化成 $Fe_2(SO_4)_3$；二是菌生黄铁矿浸矿剂，用廉价易得的黄铁矿代替 $FeSO_4 \cdot 7H_2O$。

李浩然等用氧化亚铁硫杆菌和黄铁矿浸出海洋锰结核，在锰结核与黄铁矿的质量比为 1：1、矿浆质量浓度为 40g/L、pH 为 2、浸出温度为 30℃ 的条件下浸出 9d，陆地软锰矿浸出率达 95.6%，硬锰矿含锰 96.8%。试验表明：与无菌种时相比，有菌种存在时锰结核的浸出速度与效率相当高。

Mehta 等利用黑曲霉菌浸出印度洋多金属锰结核，发现在矿浆浓度为 5%、pH 为 4.5、浸出温度为 35℃、浸出时间为 30d 的情况下，锰的浸出率为 91%。结果表明：黑曲霉菌能代谢产生一种有机酸，通过有机酸还原锰结核。

钟慧芳等人用氧化亚铁硫杆菌菌株和黄铁矿生成菌生黄铁矿浸矿剂，并以此浸出锰矿，取得了一定的效果，还对不同来源的黄铁矿作为能源基质进行了探索，如表 7-1 所示。

表 7-1　T-M 菌对不同来源的黄铁矿的氧化作用（浸出 8d）

产地	pH	铁浸出速率 v/[g/(L·d)]	浸出液生产的硫酸根质量浓度/(g/L)	矿床类型
略阳黄铁矿	1.6	0.5	41.76	热液矿床
镇安黄铁矿	1.0	1.19	54.83	沉积矿床
白河黄铁矿	0.7	2.10	—	沉积矿床
西乡黄铁矿	0.8	1.44	—	沉积矿床

钟慧芳等指出菱锰矿的细菌浸出机理应是生物化学反应：

$$2FeS_2 + 7O_2 + 2H_2O \xrightarrow{\text{细菌}} 2FeSO_4 + 2H_2SO_4$$

$$4FeSO_4 + O_2 + 2H_2SO_4 \xrightarrow{\text{细菌}} 2Fe_2(SO_4)_3 + 2H_2O$$

$$FeS_2 + 7Fe_2(SO_4)_3 + 8H_2O \longrightarrow 15FeSO_4 + 8H_2SO_4$$

以上反应式同时存在，但占优的是生物催化作用。微生物代谢产物中的硫酸及硫酸盐可用于碳酸盐类型的锰矿和硫锰矿的浸出，发生的化学反应如下：

$$3MnCO_3 + Fe_2(SO_4)_3 + 3H_2O \longrightarrow 3MnSO_4 + 2Fe(OH)_3 + 3CO_2$$

细菌浸出菱锰矿，锰浸出率达 90% 以上，细菌浸出法在成本上要比常规的硫酸法低得多，经济效益十分明显，但由于各方面原因，尚未见用于工业。

7.3 铝土矿的化学选矿

铝是仅次于钢铁的世界第二大金属，由于其密度小，导电导热性能好，易于机械加工而广泛用于国民经济的各个部门。据统计，目前全世界铝消费量的 60% 用于建筑、交通运输和包装行业。铝也是极为重要的战略物资，是军事工业不可缺少的原材料。铝土矿是生产金属铝最重要、最理想的原料，其用量占世界铝土矿总产量的 90% 以上。铝土矿也可作耐火材料、化学制品及高铝水泥的原料，但这方面的用量不大。

7.3.1 国内外铝土矿的储量与组成特点

含铝矿物在地壳中约 250 种，最重要的也有十四种。铝土矿是目前氧化铝生产最主要的矿石资源，并且从目前经济性和技术发展趋势及铝土矿的储量保障程度来看，在近 20 年中，铝土矿仍将是氧化铝生产的主要矿石资源。

7.3.1.1 国外铝土矿的储量与组成特点

世界铝土矿主要分布在发展中国家，其储量约占世界总储量的 75%。全世界的铝土矿资源估计有 550 亿～750 亿吨。据美国地质调查局的资料，1998 年，全世界铝土矿储量已达 250 亿吨，铝土矿储量较大的国家有：几内亚（74 亿吨）、澳大利亚（32 亿吨）、巴西（39 亿吨）、牙买加（20 亿吨）等。

国外铝土矿大多是三水铝石型（$Al_2O_3 \cdot 3H_2O$）或三水铝石——水软铝石（$Al_2O_3 \cdot H_2O$）混合型，仅苏联、希腊等少数国家有一水硬铝石型（$Al_2O_3 \cdot H_2O$）铝土矿。国外一些矿山铝土矿的化学组成如表 7-2 所示。

表 7-2 国外一些矿山铝土矿的化学组成

国家（矿山）	矿石类型	主要成分/%		
		Al_2O_3	SiO_2	Fe_2O_3
几内亚(菲纳里亚矿)	三水铝石型	43	8.0	26
澳大利亚(韦帕矿)	三水铝石——水软铝石混合型	59	4.5～5	6～8
(昆士兰矿)	三水铝石型	57	5.7	8
牙买加(曼彻斯特矿)	三水铝石型	50	2.09	18.21
苏里南	三水铝石型	53	3.4	9.7
圭亚那	三水铝石型	50～71	0.8～2.1	0.1～11
美国(阿肯色)	三水铝石——水软铝石混合型	54	8.8	5.7
苏联(齐赫文)	一水软铝石-三水铝石型	45	8.6	19
匈牙利	一水软铝石型	51	6.2	25.5
南斯拉夫(依里特里亚)	一水软铝石型	50～62	1～5	18～25
印度(德干高原)	三水铝石型	50～62	6～7	—

7.3.1.2 我国铝土矿的储量与组成特点

我国共探明近 300 处铝土矿区，铝土矿资源已知储量有 13.86 亿吨，工业储量约 5.6 亿吨。其中价值高的可用作高级耐火材料的高铝低铁铝土矿储量占 30%，这部分资源是很宝贵的，应当充分合理利用。

我国铝土矿分布高度集中，主要集中在山西、贵州、河南和广西，这四个省的储量占全国总储量的 90%。已查明的铝土矿矿床以大、中型为主，储量大于 2000 万吨的大型矿床拥有的储量占全国总储量的 47.3%，储量在 500 万～2000 万吨之间的中型矿床拥有的储量占全国总储量的 37.6%。

我国的铝土矿几乎全是高铝、高硅、低铁的高岭石——水硬铝石型矿石，铝硅比多在4～7，但也有一定数量的铝硅比大于 9 的高质量矿石，见表 7-3。矿石中主要矿物是一水硬铝石，占 50%～60%，高岭石和多水高岭石占 30%～40%，次要矿物是石英、云母、绿泥石、方解石、针铁矿，少量的赤铁矿和硫化物。

表 7-3 我国铝土矿矿区矿石的主要化学成分

| 省份 | 矿石类型 | 化学组分/% | | | A/S | 占全国铝矿的比例/% |
		Al_2O_3	SiO_2	Fe_2O_3		
山东	高岭石——水硬铝石	54～61	15～22	5～9	3.8～9.9	3.8
山西	高岭石——水硬铝石	63～65	11～13	2～3	5.1～5.6	26.0
河南	高岭石——水硬铝石	64～71	7.5～13.7	3～5.1	4.7～9.4	26.4
贵州	高岭石——水硬铝石	67～68	8.8～11.1	2.2～3.0	6.1～7.8	18.1
广西	高铁——水硬铝石	58～60	5～6	15～17	9.96	12.2

7.3.2 铝土矿的化学处理方法

铝土矿选矿随着铝工业的发展及矿石资源的贫乏，逐渐引起人们的关注。为了充分利用低质铝土矿资源，国内外近几十年做了许多研究工作，在化学选矿等技术方面都取得了进展。

铝土矿的化学处理方法是指用铝土矿作为原料生产氧化铝，目前铝土矿化学处理方法有碱法、酸法和电热法三种，酸法和电热法在工业上使用较少，碱法是当前生产氧化铝的主要方法。按生产过程的特点，碱法又可分为拜耳法、烧结法和联合法。

不同的氧化铝生产方法，对铝土矿的铝硅比要求也不同。拜耳法为 8～10，联合法为5～7，烧结法则为 3.5～5。而我国的铝矿资源适合拜耳法生产的矿石储量仅占总储量的10%；铝硅比为 7～10 的占 20%；而铝硅比为 4～6 的矿量较多，约占总储量的 60%；还有铝硅比为 2～4 的贫铝土矿占 10%，低铝硅比的矿石仅能用联合法或烧结法生产氧化铝。由于其中硅、硫、铁等有害杂质含量过高，不仅使氧化铝生产工艺流程复杂化，且会使碱耗和电耗及生产成本增加。以拜耳法生产氧化铝，矿石中二氧化硅含量每增加 1%，每吨矿石多消耗 NaOH 达 6.6kg，多损失 Al_2O_3 达 8.5kg；用烧结法生产氧化铝时，矿石中二氧化硅每增加 1%，多消耗石灰 35kg。氧化铁会增加苛性碱耗量和氧化铝的机械损失；硫会破坏氧化铝的烧结和浸出过程。矿石中硫含量每增加 1%，处理每吨矿石多带走 NaOH 达 25kg，每千克硫多消耗 3.4kg 纯碱。

7.3.2.1 拜耳法

拜耳法生产氧化铝的基本过程是用 NaOH 溶液溶出铝土矿中的氧化铝而制得铝酸钠溶

液，采用对溶液降温、加晶种、搅拌的方法，从溶液中分解出氢氧化铝，将氢氧化铝焙烧可得产品氧化铝。分解后的母液（主要成分为 NaOH）经蒸发浓缩调浓后，用来重新溶出新的一批铝土矿。拜耳法的实质也就是以下反应在不同条件下的交替进行：

$$Al_2O_3 \cdot (1 \text{ 或 } 3)H_2O + 2NaOH + 水液 \longrightarrow 2NaAl(OH)_4 + 水液$$

拜耳法生产氧化铝的工艺由原矿浆制备、高压浸出、压煮矿浆稀释及赤泥分离和洗涤、晶种分解、氢氧化铝分级和洗涤、氢氧化铝焙烧、母液蒸发及苏打苛化等主要生产工序组成。

(1) 原矿浆制备　首先将铝土矿破碎到符合要求的粒度（如果处理一水硬铝石型铝土矿需加少量的石灰），与含有游离氢氧化钠的循环母液按一定的比例配合一道送入磨矿机内进行细磨（湿磨），制成合格的原矿浆，并在矿浆槽内储存和预热。

(2) 高压浸出　原矿浆经预热后进入压煮器组，在高压下浸出。处理一水硬铝石型铝土矿浸出温度通常在240～250℃，采用管道浸出技术，其提出压力高达9800kPa，提出过程可以在几分钟内完成。铝土矿内的氧化铝溶解成铝酸钠进入溶液，浸出所得的矿浆称为压煮矿浆，经自蒸发器减压降温后送入缓冲槽。

(3) 压煮矿浆稀释及赤泥分离和洗涤　压煮矿浆含铝酸钠浓度高，为了便于赤泥沉降分离和下一步的晶种分解，首先加入赤泥洗液将压煮矿浆进行稀释（称为赤泥矿浆），然后利用沉降槽进行赤泥与铝酸钠溶液的分离。分离后的赤泥经过几次洗涤回收所含的附碱后排至赤泥场。赤泥洗液用来稀释下一批压煮矿浆。

(4) 晶种分解　分离赤泥后的铝酸钠溶液（生产上称为粗液）经过进一步过滤净化后制得精液，经过热交换器冷却到一定的温度（粉状氧化铝的晶种分解初温 60～65℃，分解终温 38～42℃），在添加 Al(OH)_3 晶种作结晶核心的条件下进行分解，析出氢氧化铝。

(5) 氢氧化铝分级和洗涤　分解后所得氢氧化铝浆液送去沉降分离，并按氧化铝颗粒大小进行分级。细粒作晶种，粗粒经焙烧后制得氧化铝。分离氧化铝后的母液和氢氧化铝洗液经热交换器预热后送去蒸发。

(6) 氢氧化铝焙烧　工业生产的湿氢氧化铝含有部分附着水和结晶水，在回转窑内进行焙烧的过程中，要经过烘干、脱水、晶相转变三个过程。物料由窑尾加入，首先进入烘干带，加热到 200℃附着水全部蒸发。随着物料向窑头方向移动，窑内温度由 200℃升至 900℃，物料进入脱水带，全部脱除结晶水变为 γ-Al_2O_3。接近窑头，火焰温度可达 1500℃以上，物料由 900℃加热到 1200℃左右（煅烧带）进行晶相转变，即由 γ-Al_2O_3 转变为 α-Al_2O_3。将发生晶相转变后的物料冷却至 1000℃左右，然后进入冷却机继续冷却，即获得含有一定 γ-Al_2O_3 和 α-Al_2O_3 的氧化铝产品。

(7) 母液蒸发及苏打苛化　预热后的母液经蒸发器浓缩后得到合乎浓度要求的循环母液。在母液蒸发过程中会有一部分 Na_2CO_3 \cdot H_2O 结晶析出。为了回收这部分碱，将 Na_2CO_3 \cdot H_2O 加水溶解后再加石灰进行苛化使之变成氢氧化钠，可以用来溶出下批铝土矿。

拜耳法工艺的特点是流程简单，氧化铝回收率较高，产品质量好，生产成本低，适合处理铝硅比较高的优质铝土矿。

7.3.2.2　烧结法

拜耳法只适宜处理低硅优质铝土矿，而处理高硅铝土矿是不经济的。这是由于矿石中

SiO_2 在溶出的同时都转变为含水铝硅酸钠，因而消耗昂贵的苛性碱。碱-石灰烧结法是处理高硅铝土矿行之有效的方法。这时矿中的 SiO_2 主要转变为原硅酸钙，而且使用的溶剂是价格便宜的碳酸钠。

碱-石灰烧结法生产氧化铝的工艺由生料浆的制备、熟料烧结、熟料浸出、赤泥分离与洗涤、粗液脱硅、精液碳酸化分解、氢氧化铝分离及洗涤、氢氧化铝焙烧及母液蒸发等工序组成。

（1）生料浆的制备　将铝土矿、石灰（或石灰石）、碱粉、无烟煤及炭粉按一定比例送入原料磨磨成料浆，经料浆槽调配合格即成生料浆。为了清除硫的危害，所以配有一定量无烟煤。

（2）熟料烧结　熟料烧结过程通常在回转窑内进行。调配合格的生料送入窑内在 1200～1300℃的高温下发生的一系列化学变化，主要生成 Na_2O、Al_2O_3 和 $2CaO \cdot SiO_2$。并且烧至部分熔融，冷却后使之成为灰黑色的块状或粒状物料（即熟料）。

（3）熟料浸出　熟料破碎到合乎要求的粒度后用稀碱溶液（生产上称为调整液）在湿磨内进行粉碎浸出。有用成分 Al_2O_3 和 Na_2O 转入溶液，即成为 $NaAl(OH)_4$ 溶液。$2CaO \cdot SiO_2$ 和 Fe_2O_3 等杂质进入固相赤泥中。

（4）赤泥分离与洗涤　为了减少浸出过程中的化学损失，赤泥和铝酸钠溶液必须进行快速分离。为了回收赤泥附液中所带走的 Al_2O_3，将赤泥进行多次洗涤后再排入堆场或用来生产水泥。

（5）粗液脱硅　在熟料混出过程中，$2CaO \cdot SiO_2$ 不可避免地与溶液反应，使浸出后含 Al_2O_3 120g/L 左右的铝酸钠溶液中含有 5～6g/L SiO_2，生产上称为粗液。粗液中的 SiO_2 在以后的碳酸化分解过程中又将随氢氧化铝一同析出，使产品不纯。为了保证产品氧化铝的质量，必须进行专门的脱硅处理，使溶液中的 SiO_2 含量降到 0.3g/L 以下。

目前多以添加石灰乳的二次脱硅工艺取代传统的压煮脱硅工艺。在压力为 343kPa、温度为 140℃条件下，添加混合硅渣作为晶种使溶液中的 SiO_2 以含水铝硅酸钠的状态析出为一次脱硅。一次脱硅后的矿浆温度冷却到 100℃左右，再加入石灰乳脱硅。使残存的 SiO_2 降至 0.3g/L 以下。

（6）精液碳酸化分解　精液（铝酸钠溶液）碳酸化分解在分解槽中进行，连续不断地往分解槽中通入 CO_2 气体，中和精液中的游离苛性碱，使溶液的苛性比值降低，从而使铝酸钠溶液的稳定性下降，结晶析出 $Al(OH)_3$。$Al(OH)_3$ 与母液分离并经洗涤后，焙烧得氧化铝，少部分母液供配制浸出用调整液，大部分经蒸发浓缩到一定浓度后返去配制生料浆。

碱-石灰烧结法适于处理高硅铝土矿，特别是我国一水硬铝石型，铝硅比低于 4 的矿石，采用烧结法生产更为有利。与拜耳法相比，烧结法的碱耗较低，氧化铝总回收率高，但烧结法也存在着生产流程复杂、设备投资高、能耗高、产品质量较差等缺点。

7.3.2.3　联合法

联合法就是根据拜耳法和烧结法工艺流程上的优缺点，取长补短而发展起来的一种方法。联合法有并联、串联和混联三种。

通常在高品位矿区总会产生一些低品位矿石，为了充分利用资源，并用廉价的纯碱补偿拜耳法的苛性碱损失，降低生产成本，采用拜耳法处理高品位矿石，而用烧结法处理低品位矿石，这种方法称为并联联合法。

当处理的铝土矿是中等品位时，单独采用拜耳法或烧结法生产在经济上都不够理想。如果将矿石先经拜耳法浸出，浸出后的赤泥再用烧结法进一步提取其中的氧化铝和氧化钠则称为串联联合法。

对于中等品位的铝土矿采用串联法处理虽能收到经济效果，但目前烧结单一拜耳法赤泥配制的低铝硅生料因烧结温度范围窄而有一定的困难。而且烧结法部分所得出的铝酸钠溶液也很难恰好满足拜耳法所要求的补碱需要。如果在拜耳法赤泥配制的生料中添加一部分低品位的铝土矿，将熟料铝硅比提高到便于烧结窑操作的范围，这不但改善了大窑的技术操作和使烧结法部分提供拜耳法部分所需要的碱，而且可以取得较好的经济技术效果，这种兼有串联和并联特点的联合法称为混联联合法。

以上方法处理铝土矿得到的产品是氧化铝，它一般只作为生产金属的中间产品。欲提取金属铝，还须对氧化铝进行电解。

7.4 石煤型钒矿的化学选矿

钒是国家重要的战略金属资源，广泛地应用于现代工业、现代国防和现代科学技术中。在全球现代工业中，钒主要作为合金添加剂应用于钢铁工业，其在钢铁工业中的消耗量约占钒总消耗量的85%。目前，世界各国主要是在钒钛磁铁矿冶炼过程中产生的副产物钒渣中提取钒。在我国钒矿资源中，石煤是储量巨大的含钒资源，分布面积广且储量丰富，储量达$6.188×10^{10}t$，自20世纪60~70年代起便开始从石煤中提取钒。实现石煤资源中钒的高效提取，对于促进我国石煤资源的综合利用和我国钒工业的发展均具有重要意义。

7.4.1 国内外钒资源储量及其组成特点

钒在地壳中的丰度虽达到135mg/kg，但钒在自然界中相当分散，除极个别矿床（如秘鲁的米纳拉格拉矿）外，一般都不会形成单独的矿床。钒主要是同铁、钛、铀、铝、铜、铅、锌等金属矿共生或与碳质矿、磷矿共生。在开采与加工这些矿石时，钒作为共产品或副产品予以回收。

7.4.1.1 国外钒资源的储量与组成特点

由于钒的成矿条件非常复杂，所以含钒的矿物种类繁多，尽管如此，具有工业开采价值的矿物却极少。依据储量大小和目前的技术水平，可用来生产钒的主要原料如下。

（1）钒钛磁铁矿　钒钛磁铁矿是目前生产钒的主要资源，世界上钒产量的88%是从钒钛磁铁矿中获得的。该类矿在世界储量巨大，达400亿吨以上，且集中于俄罗斯、中国、美国、南非等国家。此外，芬兰、澳大利亚、挪威、加拿大等国家也有少量钒钛磁铁矿。

（2）钒铀矿　美国科罗拉多高原钾钒铀矿是世界上主要的钒矿之一，分布在科罗拉多州、犹他州、亚利桑那州和新墨西哥州，钒铀矿是美国主要的钒生产来源。矿石中UO_3平均含量约为0.2%，V_2O_2为0.7%~1.5%。除美国外，澳大利亚和意大利亦有少量钒铀矿。

（3）钒酸盐矿　南非、赞比亚、美国、墨西哥和阿根廷等国均有钒酸盐矿分布，钒酸盐矿床主要与铜、锌、铅的硫化物共生，这类矿床规模较小，且钒的品位也较低。

（4）铝土矿 钒在铝土矿中含量较低，一般仅为 0.01%～0.07%。铝土矿在使用拜耳法生产氧化铝的过程中，钒进入铝酸钠溶液中，由此可从溶液中回收钒。

（5）其他 这类原料主要有原油、油页岩、煤及沥青石等。钒在此类原料中含量较低，但经过燃烧后，钒在燃烧后的灰烬中得到富集，含量可大幅度提高，最高可达 40%（以 V_2O_5 计）左右。此外，含钒的废催化剂也是宝贵的钒二次资源，全世界每年产生的含钒钼的废催化剂为 50 万～70 万吨（1989 年的统计数据，每年以 8% 的速度递增）。因此，废催化剂也是钒生产的重要来源。

7.4.1.2 我国钒资源的储量与组成特点

中国主要的钒资源有钒钛磁铁矿和碳质含钒页岩（即含钒石煤）。其中含钒石煤是我国独特的钒矿资源，分布面积广而且储量丰富，超过世界其他国家 V_2O_5 储量的总和，从石煤中提钒是获得 V_2O_5 的重要途径。

（1）钒钛磁铁矿 我国的钒钛磁铁矿主要分布在四川攀枝花西昌、河北承德、湖北郧阳和襄阳、广东兴宁、陕西汉中及山西代县等地区，其中攀枝花地区钒钛磁铁矿储量按 V_2O_5 量计算近 1570 万吨，占全国钒钛磁铁矿中 V_2O_5 总储量的 60% 以上，占世界 V_2O_5 总储量的 11% 左右；河北承德钒钛磁铁矿探明储量亦达到近 80 亿吨，居我国第二位。我国钒钛磁铁矿中钒品位较低，攀枝花钒钛磁铁矿的平均品位为 0.26% 左右，承德钒钛磁铁矿中 V_2O_5 的品位 0.15%～0.25%。

（2）石煤钒矿 石煤作为中国独特的钒矿资源，其储量居世界首位，但其平均品位均偏低，因而尚未得到充分开发与利用。根据《南方石煤资源综合考察报告》，湖南、湖北、广西、江西、浙江、安徽、贵州、河南、陕西、广东 10 省、自治区总储量达 6.188 亿吨，其中已探明储量为 39.0 亿吨。石煤中 V_2O_5 总量达 1.1797 亿吨，是我国钒钛磁铁矿中 V_2O_5 总储量的 7 倍，超过世界其他各国 V_2O_5 储量的总和。表 7-6 为我国石煤中钒的平均品位及占有率。

表 7-4　石煤中钒的平均品位及占有率

V_2O_5/%	0.1	0.1～0.3	0.3～0.5	0.5～1.0	>1.0
占有率/%	3.1	23.7	33.6	36.8	2.8

我国石煤的蕴藏量极为丰富，但属于低品位钒资源，开发利用较为困难。各地石煤中钒的品位相差悬殊，一般为 0.13%～1.2%，小于边界品位 0.5% 的占 60%。在目前的技术经济条件下，含钒石煤中 V_2O_5 品位达到 0.8% 才具有工业开采价值，而这部分含钒石煤约占总量的 30%，故而具有经济利用价值的石煤钒矿资源十分丰富。因此，综合开发利用石煤钒矿资源具有重要的战略意义和产业需求。

7.4.2　含钒石煤的化学处理方法

石煤提钒工艺方法有多种，从经典的钠化焙烧水浸提钒到氧化焙烧浸出提钒、钙化焙烧浸出提钒、直接酸浸提钒、微波焙烧浸出提钒、超声波辅助浸出提钒等。

7.4.2.1 石煤提钒传统工艺

我国石煤提钒生产和研究是从 20 世纪 60 年代初开始起步的，湖南冶金研究所、锦州铁合金厂、浙江冶金研究所等单位最早对石煤提钒进行了研究，开发出了氯化钠焙烧—水浸出—酸沉粗钒—碱溶铵盐沉钒—热解脱氨制得精钒的工艺流程。该工艺为我国石煤提钒最早采用的工艺，被称作石煤提钒传统工艺、经典工艺。

该工艺的主要技术指标为：焙烧转化率低于53%，水浸回收率88%~93%，水解沉粗钒 V_2O_5 回收率92%~96%，精制回收率90%~93%，钒总回收率低于45%。

该工艺的优点在于：工艺流程简单，工艺条件不苛刻，设备简单，投资少。其主要缺点为：钒的总回收率低（不到45%）；资源综合利用率低；添加NaCl焙烧产生严重的HCl、Cl_2 和 SO_2 烟气污染；沉粗钒后的废水是严重的污染源；平窑占地面积大、生产能力小，不适合大规模生产。

在20世纪70~80年代，湖南安化东坪钒厂和新开钒厂曾采用该工艺提钒。但鉴于该工艺存在的严重缺点，后来新建的钒厂多不采用该工艺，而是采用一些新开发的工艺。石煤提钒的传统工艺流程如图7-2所示。

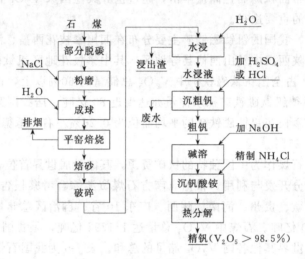

图7-2 石煤提钒的传统工艺流程

7.4.2.2 石煤提钒新工艺

石煤提钒传统工艺的特征是添加焙烧，某些提钒工艺也采用添加焙烧，但与传统工艺水浸不同，采用酸浸出，这类工艺也应属于传统工艺。相关的文献报道中常提及石煤提钒新工艺，新工艺在相对传统工艺而言时，其特征应是无氯（NaCl）焙烧（或不焙烧）。

石煤提钒从工艺流程上来说，多种多样，相关的文献报道很多，有的提钒工艺已经在工业生产上获得应用并取得了很好的效果，而更多的提钒工艺则还处在实验室研究阶段。另外，很多提钒工艺虽然在流程上有所不同，但在本质上属于同一类工艺的改进。在此，仅选择在工业上应用过的或进行过扩大试验的、有代表性的几种工艺作简要的介绍。

（1）空白焙烧—酸浸—净化—沉钒—制精钒工艺 空白焙烧，也称作无盐焙烧、氧化焙烧，即不加任何添加剂焙烧。与传统提钒工艺相比，该工艺的特点是采用空白焙烧，不添加NaCl，不会产生烟气污染；改水浸为酸浸，强化浸出；由于采用酸浸，浸出杂质较多，需在沉钒前净化除杂。在硫酸浓度较低时，浸出杂质较少，酸浸和净化可以一步完成，如湖南洪江市黔城钒厂就曾采用"空白焙烧—酸浸和杂质分离—沉钒—制精钒"的工艺流程，酸浸后浸出液无须净化，即可沉钒。1992年进行了工业性生产试验，V_2O_5 总回收率51.65%，比原沿用的传统提钒工艺提高了 14.62%。

该工艺的最大特点是无添加剂焙烧、流程简单，因而生产成本较低，但钒总回收率偏低，可能与平窑焙烧效果不好有关，工艺流程如图 7-3 所示。

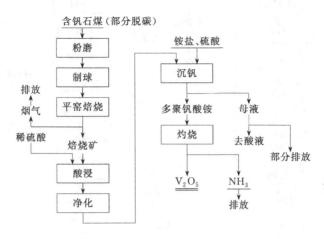

图 7-3 空白焙烧—酸浸—净化—沉钒—制精钒工艺流程

（2）空白焙烧—酸浸—萃取（离子交换）—沉钒—制精钒工艺　该工艺的特点是采用萃取或者离子交换工艺富集钒，使钒达到较高浓度，然后沉钒，以减少钒损失率。湖南怀化双溪煤矿曾应用该工艺提钒，采用萃取方法富集钒，生产中获得的主要技术指标为：焙烧转浸率大于 55%，酸浸回收率约为 98%，萃取率 99% 以上，反萃取率约为 95%，沉偏钒酸铵回收率约为 99%，钒总回收率约为 50%。钒总回收率偏低，原因应是焙烧效果不好，焙烧转浸率低。

湖北鄂西第一钒厂、浙江 771 矿和陕西中村钒矿采用该工艺从石煤中提钒（中试或生产），钒总回收率均达到 70% 以上。浙江化工研究院提出的空白焙烧—酸浸—中间盐—萃取—沉钒—制精钒工艺，也可归入此类工艺。1989 年在浙江建德进行了半工业试验，获得的主要技术指标为：浸出率 93.69%、中间盐回收率 99.07%、萃取率 98.10%、反萃取率 98.16%、偏钒酸铵沉淀率 99.0%、钒总回收率大于 80%。特别值得注意的是，该工艺钒总回收率达到 80% 以上，且可得到铵明矾副产品。从钒总回收率来看，该工艺有一定的优越性，但流程复杂，该工艺除在建德钒厂使用外，未能推广应用，工艺流程如图 7-4 所示。

（3）石煤直接酸浸—萃取—沉钒—制精钒工艺　长沙有色冶金设计研究院针对陕西某石煤矿，研发了石煤直接酸浸—萃取提钒的工艺，1996 年在陕西华成钒业有限公司成功应用于生产，可日处理原矿 300t，年产五氧化二钒 600t；1998 年扩大规模后，可日处理原矿 500t，年产五氧化二钒 1000t。该工艺在技术上可行，工艺参数容易操作控制，指标稳定，钒的浸出率高，总回收率达 65% 以上，生产成本低（每吨五氧化二钒 4 万元左右）。

该工艺的主要特点是直接酸浸，减少了焙烧环节，缩短了流程；不会生产烟气污染，废水和废渣经简单处理后可直接排放。但应注意到，硫酸和氨水及石灰消耗量较大，以每天处理 500t 原矿计算，每天消耗约 70t 硫酸、70t 石灰和 23t 氨水。此外，该工艺对矿石性质有要求，不适合处理耗酸物质（如碳酸盐、有机质等）高、含铁高的矿石，工艺流程如图 7-5 所示。

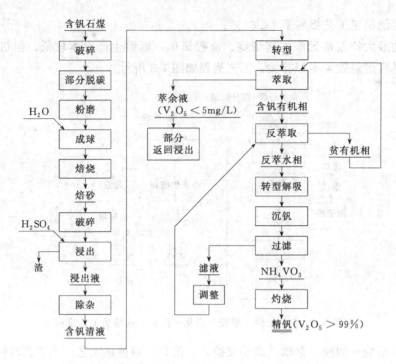

图 7-4 空白焙烧—酸浸—萃取—沉钒—制精钒工艺流程

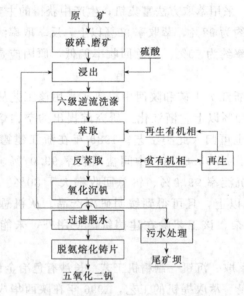

图 7-5 石煤直接酸浸—萃取—沉钒—制精钒工艺流程

（4）两段焙烧—逆流碱浸—萃取—沉钒—制精钒工艺 中南大学针对湖南岳阳石煤，开发了两段焙烧—逆流碱浸—萃取—沉钒—制精钒工艺。该工艺的主要特点是：采用无添加剂两段（沸腾炉＋回转窑焙烧），有利于钒的转化，热能利用率高；采用"碱性介质（NaOH）—两段逆流—内循环"浸出方法，可显著提高钒浸出率和浸出剂的利用率；采用无氯焙烧、碱性介质浸出工艺，能有效控制有害元素（铀、镉等）走向，解决了传统石煤提钒工艺中存在的严重环境污染和设备腐蚀问题。该工艺中试试验结果为：V_2O_5 纯度大于 99.5%，钒总回收率达到 67.55%。该提钒技术已于 2006 年通过湖南省科技厅组织的鉴定委员会鉴定。

实际上，除上述几种有代表性的工艺外，研究人员还开发出了很多工艺，例如钙化焙烧—碳酸氢氨浸出—离子交换工艺、氧化焙烧—稀碱溶液浸出工艺、水浸—常温稀酸浸出—净化—离子交换工艺、钙化焙烧—酸浸—萃取工艺、浮选脱碳—稀酸浸—氧化—离子交换工艺、循环氧化提钒工艺等，这些工艺在钒的浸出率、回收率、流程长短、生产成本、设备投资、环境保护等各个方面，各有优缺点，但大多未进行工业实践，因此未能成为成熟的工艺。

综上所述，石煤提钒工艺从传统工艺到后来发展出来的新工艺，工艺流程在不断变化和完善，但是总体来说，未能获得突破性进展，钒总回收率最高在65%左右（生产实践回收率）。从石煤提钒工艺发展历程可以看出，高回收率、低成本、绿色环保的提钒工艺将是主要发展方向。

7.5 铀矿石的化学选矿

铀作为核燃料的一种能源，越来越多地被用于核电站与航海事业，是重要的国防战略物资，也是重要的核电燃料。全世界已经达成共识，核能是可以大规模替代常规能源的最现实选择，美国和欧洲等发达国家核能的复苏也已成定局。虽受日本福田核电站遭遇地震事故的影响，为应对能源紧缺的局面，我国发展核电仍是大势所趋。

目前，铀矿石的富集方式主要采用化学选矿法，物理选矿法的应用极少，仅在个别情况下作为化学选矿前的预处理或综合回收别的有用组分。铀矿石难以采用物理分选的主要原因如下。

① 铀在矿石中多呈均匀分散状存在，有的铀矿浸染粒度极细，甚至以离子吸附形式或类质同象的形式存在于其他矿物中，较难单体解离。

② 铀矿石一般性脆，易泥化，要使铀矿物和含铀矿物单体解离，需要极细的磨矿粒度，磨矿后的铀矿需在极细至超极细级别下进行分选，目前的物理分选极难解决这一问题。

③ 同一矿石中，铀的存在形式极其复杂，既有性质各异的各种铀矿物，又有部分脉石矿物（通常为吸附和包裹铀）和其他含铀的金属矿物（通常为类质同象）。即使物理分选能够将其富集起来，其富集也比较低。

④ 铀及其化合物为对人体极其有害的物质，要求可抛弃的尾矿铀含量极低，普通的物理分选方法难以达到安全无害的尾矿要求。在铀的回收率方面也难以与化学选矿相比。

铀矿石的化学选矿方法通常采用先浸出铀矿石，得到含铀的浸出液。对于铀浓度高、杂质含量低的浸出液可直接采用化学沉淀法得到精矿；而对于铀浓度低、杂质含量高的浸出液通常先采用离子交换法或萃取法进一步富集铀，除杂后再采用化学沉淀法获得精矿。

7.5.1 全球铀矿储量及其组成特点

根据国际原子能机构的统计，全球铀矿资源储量约为1238万吨铀（以可回采矿石中铀的回收量计算），其中已查明资源量约为547万吨铀，待查明资源量约为791万吨铀。此外，开采难度大、经济价值较低或不具有经济价值的非常规铀矿资源量高达近3000万吨铀。世界铀资源分布极不均匀，主要集中于澳大利亚、哈萨克斯坦、俄罗斯、加拿大、尼日尔、南非等国。

通过对全世界范围内铀矿床成矿规律的研究，前人将铀矿床主要划分为不整合面型、砂岩型、脉型、浸入岩型、火山岩型、石英-卵石砾岩型、塌陷角砾岩筒型和黑色页岩型等类型铀矿床，个别铀矿床的形成还与生物作用有关。其中，世界上 1/3 的铀资源来源于不整合面型铀矿床；存在于内陆或海相沉积盆地的砂岩型矿床也是主要的产铀矿床类型；脉型铀矿床产出的铀占世界总量的 10%。

我国铀矿资源较为丰富，已查明的铀矿资源主要分布于全国 23 个省、市、自治区，而我国铀矿床的类型也很多样，大体分为岩浆型、热液型、陆相沉积型、海相沉积型 4 大类，成矿地质条件复杂。

7.5.2　铀矿石的化学处理方法

目前，除部分铀矿石采用放射性选矿法进行预选或用焙烧法处理以外，大部分铀矿石直接送选厂进行化学选矿（浸出、浸出液净化、生产化学精矿）。铀矿石的种类较多，成分复杂，大体上可分为硅酸盐矿石和碳酸盐矿石两大类，前者适用于酸浸，后者适用于用碳酸钠溶液浸出。

7.5.2.1　稀硫酸法浸出

天然矿石中，铀均以四价或六价形式存在。对于六价铀，在弱酸条件下，均可与硫酸根形成稳定的可溶化物或络合物；对四价铀来说，在酸性条件下易氧化为六价铀。因此，在氧化条件下，稀硫酸溶液中可浸出矿石中的铀。其反应式为：

$$UO_3 + 2H^+ = UO_2^{2+} + H_2O$$
$$UO_2^{2+} + SO_4^{2-} = UO_2SO_4$$
$$UO_2SO_4 + SO_4^{2-} = UO_2(SO_4)_2^{2-}$$
$$UO_2(SO_4)_2^{2-} + SO_4^{2-} = UO_2(SO_4)_3^{4-}$$
$$UO_2 + 2Fe^{3+} = UO_2^{2+} + 2Fe^{2+}$$

硫酸浸出时，通常使用的氧化剂为 MnO_2 和氯酸钠。在酸性条件下，矿石中的亚铁离子与磨矿带入的铁溶解，其被 MnO_2 和氯酸钠氧化为三价铁离子。其反应式为：

$$6Fe^{2+} + NaClO_3 + 6H^+ = 6Fe^{3+} + NaCl + 3H_2O$$
$$2Fe^{2+} + MnO_2 + 4H^+ = 2Fe^{3+} + Mn^{2+} + 2H_2O$$

由上述反应可知：酸是铀氧化和溶解的必要条件，为了使铀溶解，必须在浸出时维持一定的酸度。在浸出铀的过程中有许多易溶的脉石矿物和其他金属矿物也发生溶解。由于这些矿物量远远多于铀矿物或含铀矿物，因此实际浸出过程中的酸耗量主要由不含铀的耗酸矿物决定。因此，通常按其他矿物的耗酸量来估算浸出的酸耗量。常见的耗酸矿物有：方解石、白云石等碳酸盐类矿物；磁铁矿、软锰矿等金属氧化物和绿泥石、霞石、蒙脱石等可溶性硅酸盐。浸出液的处理通常可采用萃取法和离子交换法。我国曾用三脂肪胺的煤油和磷酸三丁酯的煤油作为萃取剂；离子交换法所用的树脂为强碱性阴离子交换树脂。目前用硫酸作浸出剂进行常规搅拌浸出、堆浸、浓酸拌和熟化等方法提取矿石中的铀。

7.5.2.2　碳酸盐浸出

铀矿石中碳酸盐含量较高时，不易采用硫酸酸浸法浸出铀矿石，可采用碳酸盐溶液进行浸出。碳酸盐浸出具有选择性好、浸出液较纯、试剂可循环使用、对设备腐蚀性小等诸多优点；但其缺点为浸出时间较长、浸出率较低（尤其是存在四价铀时）。若采用加压的碳酸盐浸出，在提高温度和强化氧化剂的条件下，可加快反应速度，提高浸出率。

铀矿石能够采用碳酸盐浸出是基于六价铀在碳酸盐溶液中能生成稳定的可溶性化合物，

而四价铀能被氧气氧化为六价，其溶解的总反应式为：

$$2UO_2 + O_2 = 2UO_3$$
$$UO_3 + Na_2CO_3 + 2NaHCO_3 = Na_4UO_2(CO_3)_3 + H_2O$$
$$UO_3 + (NH_4)_2CO_3 + 2(NH_4)HCO_3 = (NH_4)_4UO_2(CO_3)_3 + H_2O$$

所有的次生铀矿物及氧化焙烧、加盐烧结所产生的三氧化铀和碱金属铀酸盐均易被碳酸盐溶液分解。原生铀矿中的六价铀易被碳酸盐溶液溶解，但其中的四价铀仅在氧化剂存在的情况下才发生溶解。浸出过程中生成的氢氧化钠会升高浸出液的pH，当浸出液的pH＞10.5时，三碳酸铀酰络合物会分解析出重铀酸盐沉淀。因此，为保证浸出过程中浸出液的pH＝9～10.5，一般采用碳酸钠与碳酸氢钠的混合液作浸出剂。碳酸氢钠的用量常为碳酸钠用量的10%～30%，以中和浸出过程中产生的氢氧化钠。碳酸氢钠的作用是中和矿浆，降低其碱度，防止浸出过程中铀生成氢氧化物沉淀，其反应方程为：

$$UO_3 + 3Na_2CO_3 + H_2O = Na_4UO_2(CO_3)_3 + 2NaOH$$

无 $NaHCO_3$ 时：$2Na_4UO_2(CO_3)_3 + 6NaOH = Na_2U_2O_7 + 6Na_2CO_3 + 3H_2O$

有 $NaHCO_3$ 时：$NaOH + NaHCO_3 = Na_2CO_3 + H_2O$

碳酸盐溶液浸出时，铀矿石中的氧化硅、氧化铝、氧化铁和碳酸盐等脉石相当稳定，而磷、钒、钼、砷等氧化物极易被碳酸盐溶液分解，金属硫化物和硫酸盐也易被碳酸盐分解。碱土金属氧化物与碳酸盐溶液能发生剧烈作用。因此，矿石中碳酸盐含量高时，不宜预先焙烧，否则会显著增加浸出试剂的消耗量。

本章思考题

1. 氰化法提金的基本原理是什么？
2. 影响氰化法提金的主要因素有哪些？
3. 影响硫脲法浸金的因素有哪些？
4. 简述锰矿石的化学处理方法。
5. 拜耳法生产氧化铝的主要生产工序有哪些？
6. 简述几种石煤提钒新工艺。
7. 简述铀矿石的化学处理方法。

参 考 文 献

[1] 陈波. 索拉沟难选氧化铜矿石选矿试验研究 [D]. 沈阳：东北大学，2014.

[2] 袁延英. 化学选矿方法在提取金，银，铜和铀等金属方面的应用 [J]. 国外金属矿选矿，1990，27 (5)：34-38.

[3] 张圣杰，薛振宇，张超，等. 硫脲浸金的进展及展望 [J]. 工业，2015 (25)：66-67.

[4] 汪淑慧. 铀矿的需求与选矿 [J]. 国外金属矿选矿，2007，44 (1)：18-20.

[5] 许世伟，王建英，郑升，等. 用硫脲从低品位尾矿中提取金的试验研究 [J]. 湿法冶金，2013，32 (2)：79-81.

[6] 周义朋，沈照理，何江涛，等. 某砂岩型铀矿床矿石微生物浸出试验 [J]. 有色金属 (冶炼部分)，2014，10：54-56.

[7] 何东升. 石煤型钒矿焙烧-浸出过程的理论研究 [D]. 长沙：中南大学，2009.

[8] 别舒，王兆军，李清海，等. 石煤提钒钠化焙烧与钙化焙烧工艺研究 [J]. 稀有金属，2010 (2)：291-297.

[9] 李兰杰，张力，郑诗礼，等. 钒钛磁铁矿钙化焙烧及其酸浸提钒 [J]. 过程工程学报，2011，11 (4)：573-578.

[10] 张文，李来时. 硫酸铵粉煤灰混合焙烧法提取氧化铝的实验研究 [J]. 轻金属，2017 (11)：14-18.

[11] 郑强，吴文远，边雪. 白云鄂博尾矿一步法焙烧实验研究 [J]. 东北大学学报 (自然科学版)，39 (2)：205-210.

[12] 高建勇. 褐铁矿型红土镍矿钠化离析焙烧分离研究 [D]. 昆明：昆明理工大学，2017.

[13] 朱晓波，张一敏，刘涛. 石煤活化焙烧提钒试验及机制研究 [J]. 稀有金属，2013，37 (2)：283-288.

[14] 陈许玲，王海波，甘敏，等. 低品位钼精矿石灰焙烧-酸浸提取钼 [J]. 中国有色金属学报，2015，25 (10)：2913-2920.

[15] 黄尔君. 化学选矿 [M]. 北京：冶金工业出版社，1990.

[16] 黎海雁，韩勇. 化学选矿 [M]. 长沙：中南工业大学出版社，1989.

[17] 王洪忠. 化学选矿 [M]. 北京：清华大学出版社，2012.

[18] A. C. 切尔尼亚科，郑飞. 化学选矿 [M]. 北京：中国建筑工业出版社，1982.

[19] 刘慧纳. 化学选矿 [M]. 北京：冶金工业出版社，1995.

[20] 李洪桂. 湿法冶金学 [M]. 长沙：中南大学出版社，2002.

[21] 蒋汉瀛. 湿法冶金过程物理化学 [M]. 北京：冶金工业出版社，1984.

[22] 朱屯. 萃取与离子交换 (湿法冶金技术丛书) [M]. 北京：冶金工业出版社，2005.

[23] 许宪祝. 介孔材料与阴离子交换剂 [M]. 哈尔滨：东北林业大学出版社，2005.

[24] 刘家祺. 分离过程与技术 [M]. 天津：天津大学出版社，2001.

[25] 拉斯科林. 湿法冶金：加压浸出、吸附、萃取 [M]. 北京：原子能出版社，1984.

[26] 钱强. 溶剂萃取在湿法冶金中的应用 [M]. 北京：冶金工业出版社，1979.

[27] 王开毅. 溶剂萃取化学 [M]. 长沙：中南工业大学出版社，1991.

[28] 马伟. 固水界面化学与吸附技术 [M]. 北京：冶金工业出版社，2011.

[29] 陈家镛. 湿法冶金的研究与发展 [M]. 北京：冶金工业出版社，1998.

[30] 杨显万，邱定蕃. 湿法冶金. 第 2 版 [M]. 北京：冶金工业出版社，2011.

[31] 方兆珩. 浸出 [M]. 北京：冶金工业出版社，2007.

[32] 沈旭. 化学选矿技术 [M]. 北京：冶金工业出版社，2011.

[33] 余洪. 活性炭改性及其对金硫代硫酸根离子吸附特性研究 [D]. 昆明：昆明理工大学，2016.

[34] 郑其庚. 活性炭的应用 [M]. 上海：华东理工大学出版社，2002.

[35] 王爱平. 活性炭对溶液中重金属的吸附研究 [D]. 昆明：昆明理工大学，2003.

[36] Liu Q-S, Zheng T, Li N, et al. Modification of bamboo-based activated carbon using microwave radiation and its effects on the adsorption of methylene blue [J]. Appl Surf Sci, 2010, 256 (10)：3309-3015.

[37] Kinoshita K. Carbon：electrochemical and physicochemical properties [J]. John Wiley Sons New York Ny, 1988 (1)：3-12.

[38] Adhoum N, Monser L. Removal of cyanide from aqueous solution using impregnated activated carbon [J]. Chemical Engineering and Processing, 2002, 41 (1)：17-21.

[39] Monser L, Adhoum N. Modified activated carbon for the removal of copper, zinc, chromium and cyanide from wastewater [J]. Separation and Purification Technology, 2002, 26 (2-3)：137-146.

［40］ Kikuchi Y，Qian Q R，Machida M，et al. Effect of ZnO loading to activated carbon on Pb（II）adsorption from aqueous solution［J］. Carbon，2006，44（2）：195-202.

［41］ Alvarez-Merino M A，Lopez-Ramon V，Moreno-Castilla C. A study of the static and dynamic adsorption of Zn（Ⅱ）ions on carbon materials from aqueous solutions［J］. J Colloid Interf Sci，2005，288（2）：335-341.

［42］ Maroto-Valer M M，Dranca I，Lupascu T，et al. Effect of adsorbate polarity on thermodesorption profiles from oxidized and metal-impregnated activated carbons［J］. Carbon，2004，42（12）：2655-2659.

［43］ Rios R R A，Alves D E，Dalmzio I，et al. Tailoring activated carbon by surface chemical modification with O，S，and N containing molecules［J］. Materials Research，2003，6（2）：129-135.

［44］ Abubub A，Wurater D E. Phenobarbital interactions with derivatized activated carbon surfaces［J］. J Colloid Interf Sci，2006，296（1）：79-85.

［45］ Lee D，Hong S H，Paek K-H，et al. Adsorbability enhancement of activated carbon by dielectric barrier discharge plasma treatment［J］. Surface and Coatings Technology，2005，200（7）：2277-2282.

［46］ Faria P C C，Orfao J J M，Pereira M F R. Adsorption of anionic and cationic dyes on activated carbons with different surface chemistries［J］. Water research，2004，38（8）：2043-2052.

［47］ Jurewicz K，Babel K，Ziolkowski A，et al. Ammoxidation of active carbons for improvement of supercapacitor characteristics［J］. Electrochimica Acta，2003，48（11）：1491-1498.

［48］ Mangun C L，Benak K R，Economy J，et al. Surface chemistry，pore sizes and adsorption properties of activated carbon fibers and precursors treated with ammonia［J］. Carbon，2001，39（12）：1809-1820.

［49］ Stavropoulos G G，Samaras P，Sakellaropoulos G P. Effect of activated carbons modification on porosity，surface structure and phenol adsorption［J］. Journal of Hazardous Materials，2008，151（2-3）：414-421.

［50］ Adhoum N，Monser L. Removal of phthalate on modified activated carbon：application to the treatment of industrial wastewater［J］. Separation and Purification Technology，2004，38（3）：233-239.

［51］ Henning K-D，Schfer S. Impregnated activated carbon for environmental protection［J］. Gas separation & purification，1993，7（4）：235-240.

［52］ YinC Y，Aroua M K，Daud W. Review of modifications of activated carbon for enhancing contaminant uptakes from aqueous solutions［J］. Separation and Purification Technology，2007，52（3）：403-415.

［53］ Huang C，Vane L. Enhancing as sup 5＋ removal by a Fe sup 2＋-treated activated carbon［J］. Research Journal of the Water Pollution Control Federation；（United States），1989，61：9.

［54］ Bhatnagar A，Hogland W，Maroues M，et al. An overview of the modification methods of activated carbon for its water treatment applications［J］. Chemical Engineering Journal，2013，219：499-511.

［55］ Vander Hoek J P，Hofman J，Graveland A. The use of biological activated carbon filtration for the removal of natural organic matter and organic micropollutants from water［J］. Water Science and Technology，1999，40（9）：257-264.

［56］ Wilcox D，Chang E，Dickson K，et al. Microbial growth associated with granular activated carbon in a pilot water treatment facility［J］. Appl Environ Microb，1983，46（2）：406-416.

［57］ 刘瑶. 光催化再生活性炭的研究［D］. 南京：南京师范大学，2014.

［58］ 樊强，顾平，袁艳林，等. 粉末活性炭再生技术研究进展［J］. 工业水处理，2014，34（4）：1-4.

［59］ Mcdougall G J，Hancock R D. Gold complexes and activated carbon［J］. Gold Bulletin，1981，14（4）：138-153.

［60］ Adams M，Fleming C. The mechanism of adsorption of aurocyanide onto activated carbon［J］. Metallurgical Transactions B，1989，20（3）：315-325.

［61］ 周崇松. 金在活性炭上的吸附和解吸行为研究［D］. 成都：成都理工大学，2005.

［62］ 陈淑萍. 从氰化贵液（矿浆）中回收金技术进展［J］. 黄金，2012，（2）：43-48.

［63］ Ramirez-Muniz K，Song S，Berber-Mendoza S，et al. Adsorption of the complex ion Au（CN）2- onto sulfur-impregnated activated carbon in aqueous solutions［J］. J Colloid Interface Sci，2010，349（2）：602-606.

［64］ Eapiell F，Roca A，Cruells M，et al. Gold desorption from activated carbon with dilute NaOH/organic solvent mixtures［J］. Hydrometallurgy，1988，19（3）：321-333.

［65］ Ubaldini S，Massidda R，Abbruzzese C，et al. A cheap process for gold recovery from leached solutions. chemical

Engineering Transactions, 2003 (1): 485-490.

[66] Otu E O, Wilson J J. Supercritical carbon dioxide elution of gold - Cyanide complex from activated carbon [J]. Separ Sci Technol, 2000, 35 (12): 1879-1886.

[67] Navarro P, Vargas C, Alonso M, et al. Towards a more environmentally friendly process for gold: Models on gold adsorption onto activated carbon from ammoniacal thiosulfate solutions [J]. Proc Int Conf Env Sc, 2005, A1084-A1089.

[68] Kononova O N, Kholmogorov A G, Kononov Y S, et al. Sorption recovery of gold from thiosulphate solutions after leaching of products of chemical preparation of hard concentrates [J]. Hydrometallurgy, 2001, 59 (1): 115-123.

[69] Young C A, Gow R N, Twidwell L G, et al. Cuprous cyanide adsorption on activated carbon: pre-treatment for gold take-up from thiosulfate solutions, [J]. Journal of the American Academy of Dermatology, 2008, 33 (2): 262.

[70] Young A G, Green D P, Mcquillan A J. IR spectroscopic studies of adsorption of dithiol-containing ligands on CdS nanocrystal films in aqueous solutions [J]. Langmuir, 2007, 23 (26): 12923-12931.

[71] Young C, Gow N, Melashvili M, et al. Impregnated activated carbon for gold extraction from thiosulfate solutions [J]. Separation Technologies for Minerals, Coal, and Earth Resources, 2012: 391.

[72] Ahern N. Thiosulfate degradation during gold leaching in ammoniacal thiosulfate solutions: a focus trithionate [D]. The University of British Columbia, 2005.

[73] 徐隆香. 发酵工业废水固、液分离设备选型试验 [J]. 流体机械, 1988, 5: 003.

[74] 张雯. 固液分离设备 [J]. 上海化工, 1989 (1): 35-38.

[75] 秦廷模. 翼片式斜板沉淀装置——一种高效固液分离设备 [J]. 电镀与环保, 1989, 9 (4): 21-24.

[76] 沈永明, 黄耀基. 新型固-液分离设备——盘式滤机 [J]. 给水排水, 1989 (5): 36-38.

[77] 斯瓦罗夫斯基, 朱企新. 固液分离 [M]. 第 2 版. 北京: 化学工业出版社, 1990.

[78] 褚良银. 固液分离用水力旋流器的设计 [J]. 化工装备技术, 1995, 16 (1): 10-13.

[79] 方为茂. 固液分离过程设备选型 [J]. 过滤与分离, 1996 (1): 41-48.

[80] 赵宗艾, 鲁淑群. 离心沉降法粒度分析——固液分离设备选型依据之一 [J]. 化工机械, 1996, 23 (1): 16-19.

[81] 孙丽媛. 固液分离用水力旋流器性能的影响因素 [J]. 矿山机械, 1996, 24 (9): 34-37.

[82] 冯斌, 孟坤六. 旋转旋流分离原理固液分离机研究 [J]. 石油矿场机械, 1997, 26 (2): 42-45.

[83] 雷绍民, 范国安. 超微粒高岭土浆料特性及固液分离 [J]. 非金属矿, 1999 (4): 29-31.

[84] 王喜良, 黄云平. 斜板沉降固液分离理论及设备进展 [J]. 金属矿山, 1999 (2): 21-24.

[85] 孙贻公. 带式真空吸滤机在转炉除尘污水固液分离工艺中的应用 [J]. 给水排水, 2000, 26 (11): 82-84.

[86] 曲景奎, 隋智慧, 周桂英, 等. 固-液分离技术的新进展及发展动向 [J]. 过滤与分离, 2001, 11 (4): 4-9.

[87] 潘丁文. 加压过滤机用于氨碱厂蒸馏废液固液分离的中试取得初步成功 [J]. 化工环保, 2001, 1: 018.

[88] 王先舫. 钛白废酸固液分离与综合利用 [J]. 化工环保, 2001, 21 (2): 98-101.

[89] 杨守志, 等. 固液分离 (湿法冶金技术丛书) [M]. 北京: 冶金工业出版社, 2003.

[90] 孙传尧. 当代世界的矿物加工技术与装备 [M]. 北京: 科学出版社, 2006.

[91] 余恕行. 隔膜过滤技术——高效的固液分离和洗涤技术 [J]. 上海染料, 2007, 35 (2): 45-47.

[92] 周兴龙. 选矿厂固液分离技术及设备研究应用进展 [J]. 现代矿业, 2009, 1: 61-65.

[93] 解雷雷, 张传忠, 艾光富, 等. 滤带式固液分离装置设计 [J]. 科技信息, 2010 (35): J0055-J0056.

[94] 孙体昌. 固液分离 [M]. 长沙: 中南大学出版社, 2011.

[95] 金雷. 选煤厂固液分离技术 [M]. 北京: 冶金工业出版社, 2012.

[96] 谢广元. 选矿学 [M]. 徐州: 中国矿业大学出版社, 2012.

[97] 朱云. 冶金设备 [M]. 第 2 版. 北京: 冶金工业出版社, 2013.

[98] 李秋龙, 李茂, 周天, 等. 赤泥沉降槽固液分离数值仿真技术的研究进展及现状 [J]. 有色冶金节能, 2013 (5): 7-13.

[99] 骆嘉成, 李建朋. 隔膜压滤机在岩土工程废泥浆固液分离技术中的应用 [J]. 油气田环境保护, 2014, 24 (1): 9-12.

[100] 王丰雨. 尾矿固液分离新技术与工艺 [J]. 矿业工程, 2014 (5): 49-50.

[101] 谭雄. 南方某铀矿床高含泥量矿石浸出及固液分离试验研究 [D]. 衡阳: 南华大学, 2015.

[102] 李正要. 矿物化学处理 [M]. 北京：冶金工业出版社，2015.

[103] 刘建平，焦峥辉，赵稳. 固液分离技术的动力学研究与发展趋势 [J]. 石化技术，2016 (2)：79.

[104] 张守军. 浅谈卧螺离心机在盐泥固液分离中的应用 [J]. 纯碱工业，2016 (5)：38-40.

[105] 王志高，彭文博，杨积衡. 冶金中陶瓷膜固液分离技术和油水分离技术 [C]. 第五届全国膜分离技术在冶金工业中应用研讨会论文集，2016.

[106] 孟祥瑜，陈秀营. 卧螺离心机在碱渣固液分离中的应用 [J]. 过滤与分离，2017，27 (2)：45-48.

[107] 阮建军，朱爱云. 卧式离心机与真空带式过滤机在硫酸镍生产中固液分离工序的实践应用比较 [J]. 金川科技，2017 (3)：61-63.

[108] 池汝安，王淀佐. 离子型稀土矿化学选矿废液再生使用研究 [J]. 稀土，1989 (6)：6-10.

[109] 朱申红，荀志远. 化学选矿用于处理黄铁矿烧渣 [J]. 化工矿山技术，1997，26 (6)：37-39.

[110] 姜涛，李光辉. 一水硬铝石型铝土矿焙烧——碱浸脱硅新工艺（Ⅰ）[J]. 中国有色金属学报，2000，10 (4)：534-538.

[111] 中国冶金百科全书总委员会《选矿》卷委员会. 中国冶金百科全书 [M]. 北京：冶金工业出版社，2000.

[112] 汤雁斌. 铜绿山铜铁矿难选氧化铜矿石化学选矿工艺探讨 [J]. 中国矿山工程，2005，34 (2)：5-8.

[113] 罗仙平，陈江安，熊淑华. 近年化学选矿技术进展 [J]. 四川有色金属，2006 (2)：9-14.

[114] 刘炯天，等. 试验研究方法 [M]. 徐州：中国矿业大学出版社，2006.

[115] 许时. 矿石可选性研究 [M]. 第 2 版. 北京：冶金工业出版社，2007.

[116] 戴惠新. 选矿技术问答 [M]. 北京：化学工业出版社，2007.

[117] 牛福生，等. 选矿知识 600 问 [M]. 北京：冶金工业出版社，2008.

[118] 刘爱华，等. 特殊矿产资源开采方法与技术 [M]. 长沙：中南大学出版社，2009.

[119] 于福家，等. 矿物加工实验方法 [M]. 北京：冶金工业出版社，2010.

[120] 沈旭. 化学选矿技术 [M]. 北京：冶金工业出版社，2011.

[121] 段旭琴，等. 选矿概论 [M]. 北京：化学工业出版社，2011.

[122] 于春梅. 矿石可选性试验 [M]. 北京：冶金工业出版社，2011.

[123] 张泾生. 现代选矿技术手册. 第 2 册，浮选与化学选矿 [M]. 北京：冶金工业出版社，2011.

[124] 李青刚，廖宇龙，张启修，等. 白钨矿酸性化学选矿浸出液的钨钼萃取研究 [J]. 稀有金属与硬质合金，2011，39 (3)：1-5.

[125] 廖宇龙. 高钼白钨中矿酸性化学选矿浸出液的钨钼萃取研究 [D]. 长沙：中南大学，2011.

[126] 赵礼兵，等. 选矿学实验教程 [M]. 北京：冶金工业出版社，2012.

[127] 孙思. 高磷锰矿机械选矿及化学选矿脱磷研究 [D]. 重庆：重庆大学，2012.

[128] 黄琨，张亚辉，黎贵亮，等. 锰矿资源及化学选矿研究现状 [J]. 湿法冶金，2013，32 (4)：207-213.

[129] 孙传尧. 选矿工程师手册. 第 2 册，选矿通论 [M]. 北京：冶金工业出版社，2015.

[130] 张馨文. 化学选矿技术在工业上的应用 [J]. 黑龙江冶金，2015，35 (3)：52-53.

[131] 李望，朱晓波，管学茂. 赤泥化学选矿制备富钛渣的研究 [J]. 稀有金属与硬质合金，2016 (4)：25-27.

[132] 赖渊. 难选氧化铜矿石和表外铜矿石化学选矿新工艺 [J]. 科学中国人，2016 (10X)：18.

[133] 章晓林. 选矿试验研究方法 [M]. 北京：化学工业出版社，2017.

[134] 肖飞燕，王国生，孟庆波，等. 采用化学选矿提高难选稀土矿精矿品位的研究 [J]. 材料研究与应用，2017，11 (2)：109-111.

[135] 杜春芳，等. 非金属矿物加工与综合利用 [M]. 北京：化学工业出版社，2018.

[136] 黄礼煌. 化学选矿 [M]. 第 2 版. 北京：冶金工业出版社，2012.